计算机科学与技术专业规划教材

武汉大学规划教材建设项目资助出版

（第三版）

计算机操作系统

郑鹏　曾平　刘华俊　宋伟　蒋晶珏　编著

WUHAN UNIVERSITY PRESS
武汉大学出版社

图书在版编目(CIP)数据

计算机操作系统/郑鹏等编著.—3 版.—武汉:武汉大学出版社,2022.2
(2025.1 重印)
计算机科学与技术专业规划教材
ISBN 978-7-307-22691-3

Ⅰ.计…　Ⅱ.郑…　Ⅲ.操作系统　Ⅳ.TP316

中国版本图书馆 CIP 数据核字(2021)第 220733 号

责任编辑:林　莉　　责任校对:李孟潇　　版式设计:马　佳

出版发行:**武汉大学出版社**　　(430072　武昌　珞珈山)
　　　　　(电子邮箱:cbs22@whu.edu.cn 网址:www.wdp.com.cn)
印刷:武汉中科兴业印务有限公司
开本:787×1092　1/16　印张:20.25　字数:465 千字　插页:1
版次:2009 年 12 月第 1 版　　2014 年 7 月第 2 版
　　　2022 年 2 月第 3 版　　2025 年 1 月第 3 版第 3 次印刷
ISBN 978-7-307-22691-3　　定价:58.00 元

前　言

操作系统是现代计算机系统中必不可少的基本系统软件，是其他所有系统软件和应用软件的运行基础，也是计算机专业教学的重要内容。操作系统主要用来管理和控制计算机系统的软、硬件资源，提高资源利用率，为用户提供一个方便、灵活、安全和可靠地使用计算机的工作环境。

操作系统课程是计算机专业的一门重要的专业基础课，并从 2009 年开始，作为计算机专业硕士研究生的统考课程之一，其特点是概念多、内容抽象、灵活性和综合性较强。本书结合现代操作系统的设计并考虑操作系统的发展方向，着重介绍了操作系统的基本概念、基本原理和基本技术，并按照计算机专业研究生入学考试大纲的要求，对教材内容进行了取舍和组织。

本书共分 11 章。第 1 章简要介绍操作系统的基本概念、功能、分类以及发展历史等。第 2 章主要讨论操作系统进程和线程管理的有关概念和技术，如进程的引入、进程与程序的区别、进程的特征、进程的控制、线程的引入、线程与进程的区别等。第 3 章讨论进程的同步和通信问题，包括实现同步和互斥的方法、进程通信的方式等。第 4 章主要介绍处理机的调度策略和死锁问题，包括调度原则、调度时机、调度算法、死锁的概念、死锁的原因、死锁的必要条件、解决死锁的方法等。第 5 章介绍存储管理技术，包括存储管理的基本概念、单一连续分配、分区分配、伙伴系统、覆盖和交换技术、分页管理、分段管理和段页式管理等。第 6 章讨论虚拟存储技术，包括虚拟存储器的概念、请求分页管理方法和请求分段管理方法。第 7 章讨论对输入/输出设备的控制和管理，包括输入/输出体系结构、输入/输出控制方式、中断技术、缓冲区管理等。第 8 章介绍文件系统，对文件逻辑组织、文件物理结构、文件目录、外存空间管理进行了讲解，讨论了磁盘的调度和控制。第 9 章简单讨论操作系统的安全问题，包括计算机系统安全的要求、操作系统安全评测标准、操作系统安全模型、面临的安全威胁，以及增强操作系统安全的方法。第 10 章简要介绍网络操作系统和分布式操作系统。第 11 章介绍两个操作系统实例 Windows 和 Linux 系统。

本书由郑鹏、曾平、刘华俊、宋伟、蒋晶珏共同编写，郑鹏对全书进行了整理和统编。

尽管本书几易其稿，但由于编著者水平有限，书中难免有错误和不妥之处，恳请广大读者批评指正。

在本教材的编写过程中，李蓉蓉、丁建利、刘敏忠、余伟、朱常鹏、胡嘉群、刘琪、朱倩等同志提供了许多好的建议和无私的帮助，同时也得到武汉大学出版社的大力支持，在此表示衷心感谢。

作　者

2022 年 2 月

目　　录

第1章 操作系统概述

操作系统是伴随着计算机系统的发展，逐步形成、发展和成熟起来的。现代计算机系统中无一例外地配置了操作系统。操作系统成为其他所有系统软件和应用软件的运行基础。操作系统控制和管理整个计算机系统中的软硬件资源，并为用户使用计算机提供一个方便灵活、安全可靠的工作环境。本章主要介绍操作系统的基本概念，包括操作系统的特征、操作系统的作用与功能、操作系统的发展过程与分类、操作系统的运行环境等。

1.1 操作系统的概念

一个完整的计算机系统，不论是大型机、小型机还是微型机，都由两大部分组成：计算机硬件和计算机软件。计算机硬件是指计算机系统中由电子、机械、电气、光学和磁学等元器件构成的各种部件和设备，这些部件和设备依据计算机系统结构的要求组成一个有机整体，是软件运行的物质基础。计算机软件是指由计算机硬件执行以完成一定任务的程序及其数据。合适的软件能充分发挥硬件潜能，甚至可扩充硬件功能、完成各种任务。计算机软件包括系统软件和应用软件，系统软件包括操作系统、编译程序、编辑程序、数据库管理系统等，应用软件是为各种应用目的而编制的程序。

计算机硬件主要由运算器、控制器、存储器、输入设备和输出设备组成，如图1.1所示。

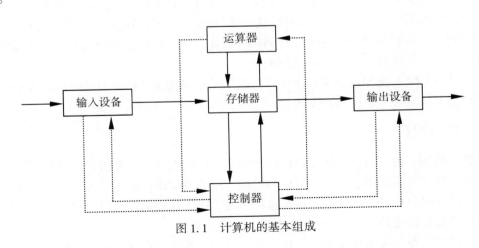

图 1.1 计算机的基本组成

1

运算器的主要功能是对数据进行算术运算和逻辑运算；存储器的主要功能是存储二进制信息；控制器的主要功能是按照机器代码程序的要求，控制计算机各功能部件协调一致地工作，即从存储器中取出程序中的指令，对该指令进行分析和解释，并向其他功能部件发出执行该指令所需要的各种时序控制信号，然后再从存储器中取出下一条指令执行，如此连续运行下去，直到程序执行完为止。通常将控制器与运算器集成在一起，称为中央处理器。输入设备的主要功能是将用户信息（数据、程序等）变换为计算机能识别和处理的二进制信息形式；输出设备的功能特点与输入设备正好相反，主要是将计算机中二进制信息变换为用户所需要并能识别的信息形式。

没有配置软件的计算机称为裸机，它仅仅构成了计算机系统的物质基础，而实际呈现在用户面前的计算机系统是经过若干层软件改造的计算机，如图 1.2 所示。

图 1.2　计算机系统的层次关系

从图 1.2 中可以看出，计算机的硬件和软件以及软件的各部分之间形成了一种层次结构的关系。裸机在最下层，它的上面是操作系统，经过操作系统提供的资源管理功能和方便用户的各种服务功能把裸机改造成为功能更强、使用更方便的机器，通常将裸机之上覆盖了软件的机器称为虚拟机或扩展机，而各种实用程序和应用程序运行在操作系统之上，它们以操作系统为支撑环境，同时向用户提供完成其工作所需的各种服务。

操作系统是裸机上的第一层软件，是对硬件功能的首次扩充。引入操作系统的目的在于：提供一个计算机用户与计算机硬件系统之间的接口，使计算机系统更易于使用；有效地控制和管理计算机系统中的各种硬件和软件资源，使之得到更有效的利用；合理地组织计算机系统的工作流程，以改善系统性能。

在计算机系统的操作过程中，操作系统提供了正确使用这些资源的方法。我们可以通过用户或系统的观点来研究操作系统。

1.1.1　用户观点

计算机的用户观点根据所使用界面的不同而异。绝大多数计算机用户坐在个人计算机前，个人计算机有显示器、键盘、鼠标和主机。这类系统设计是为了让单个用户单独使用其资源，优化用户所进行的工作。对于这种情况，操作系统的设计目的主要是为了用户使用方便，性能是次要的。

有些用户坐在与大型机或小型机相连的终端前，其他用户通过其他终端访问同一台计算机。这些用户共享资源并可以交换信息。这类操作系统的设计目的是使资源利用率最大化。

另一些用户坐在工作站前，工作站与其他工作站和服务器相连。这些用户不仅可以使用专用的资源，而且还可以使用共享资源。这类操作系统的设计目的是个人可用性和资源利用率的折中。

近年来，出现了许多类型的手持计算机，它们大多为单个用户所独立使用，有的也通过有线或无线与网络相连。由于受电源和接口限制，它们只能执行相对少的远程操作。这类操作系统的设计目的主要是个人可用性和电源管理。

有的计算机几乎没有或根本没有用户观点。如家电和汽车中所使用的嵌入式计算机，这些设备及其操作系统通常设计成无需用户干预就能执行。

1.1.2 系统观点

从计算机的角度看，操作系统是与计算机硬件最为密切的程序。可以将操作系统看作资源分配器，它是资源管理者。

在计算机系统中有两类资源：硬件资源和软件资源。硬件资源包括处理器、存储器和外部设备，软件资源包括程序和数据，主要以文件的形式存在。这些资源构成了操作系统本身和用户作业赖以活动的物质基础和工作环境。它们的使用方法和管理策略决定了整个操作系统的规模、类型、功能和实现。例如面对许多甚至冲突的资源请求，操作系统必须决定如何为各个程序和用户分配资源，以便计算机系统能公平有效地运行。

1.2 操作系统的形成与发展

要理解什么是操作系统，必须要首先清楚操作系统是如何形成及发展的。操作系统的许多基本概念都是在操作系统的发展过程中出现并逐步得到发展和成熟的。

操作系统的发展经历了一个从无到有，从简单到复杂的过程。下面我们将从最初的系统开始，经过批处理、多道程序系统、分时系统和实时系统，到现代操作系统，以此来追寻操作系统的发展足迹。

1.2.1 手工操作阶段

从1946年诞生第一台计算机起到20世纪50时年代末，计算机处于第一代。此时构成计算机的主要元器件是电子管，计算机运算速度慢(只有几千次/秒)，硬件价格昂贵，没有操作系统，甚至没有任何软件，人们采用手工操作方式操作计算机。在手工操作方式下，用户一个接一个地轮流使用计算机，每个用户的使用过程大致如下：先将程序纸带(或卡片)装到输入机上，然后启动输入机把程序和数据送入计算机，接着通过控制台开关启动程序运行，当程序运行结束时，由用户取走纸带和计算结果。

从上述操作过程可以看出，程序运行期间计算机系统中的所有资源由一个用户独占，并且在程序运行过程中需要人工干预，以完成装卸纸带、拨动开关等操作。由此可见，手

3

工操作方式具有用户独占计算机资源、资源利用率低及 CPU 等待人工操作的特点。

随着 CPU 速度的大幅提高，人工操作的慢速与 CPU 运算的快速之间出现了矛盾，这就是所谓的人机矛盾。例如，一个用户程序在速度为 1 万次/秒的计算机上运行需要 1 小时，人工操作时间需要 3 分钟，这种情况下操作时间和运行时间的比为 1∶20；若机器速度提高到 60 万次/秒，则该用户程序的运行时间降低为 1 分钟，而人工操作的速度不会有多大的提高，仍假定为 3 分钟，此时人工操作时间和运行时间的比为 3∶1。这就是说，人工操作时间远远超过了机器运行时间。由此可见，缩短人工操作时间就显得非常必要了。另一方面，CPU 与 I/O 设备之间速度不匹配的矛盾也日益突出。为了缓和这些矛盾，引入了批处理技术及脱机输入/输出技术。

1.2.2　早期批处理

为了解决程序运行过程中的人工干预问题，需要缩短建立作业和人工操作的时间，人们提出了从一个作业到下一个作业的自动过渡方式，从而出现了批处理技术。完成作业自动过渡的程序称为监督程序，监督程序是一个常驻内存的程序，它管理作业的运行，负责装入和运行各种系统程序来完成作业的自动过渡。监督程序是最早的操作系统雏形。

批处理技术是指计算机系统对一批作业自动进行处理的一种技术。早期的批处理分为联机批处理和脱机批处理两种类型。

1. 联机批处理

在早期联机批处理系统中，操作员把用户提交的若干个作业集中成为一批，由监督程序先把它们输入到磁带上，当该批作业输入完成之后，监督程序就开始执行。它自动地把磁带上该批作业的第一个作业调入内存，并对该作业进行汇编或编译，然后由装配程序把汇编或编译结果装入内存，再启动执行。计算机完成该作业的全部计算或处理后，输出计算或处理结果。第一个作业完成之后，监督程序又自动地调入该批作业中的第二个作业，并重复上述执行过程，一直到该批作业全部完成为止。在完成了一批作业之后，监督程序又控制输入另一批作业到磁带上，并按上述步骤重复处理。

2. 脱机批处理

在联机批处理中，作业的输入/输出都是联机的。也就是说，作业信息先送到磁带，再由磁带调入内存，以及计算结果在打印机上输出，这些都是由 CPU 来处理的，这种联机输入/输出的缺点是速度慢。为此，在批处理技术中引进了脱机输入/输出技术。

在脱机批处理系统中，除主机之外另设了一台外围机（又称卫星机），该机只与外部设备打交道，不与主机直接连接，如图 1.3 所示。用户作业通过外围机输入到磁带上，而主机只负责从磁带上把作业调入内存，并予以执行。作业完成后，主机负责把结果输出到磁带上，然后再由外围机把磁带上的信息在打印机上输出。

脱机输入是指将用户程序和数据在外围机的控制下，预先从低速输入设备输入到磁带上，当 CPU 需要这些程序和数据时，再直接从磁带机高速输入到内存。脱机输出是指当

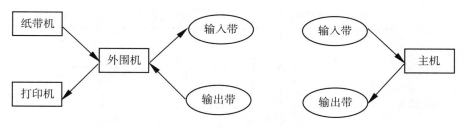

图 1.3 脱机输入/输出方式

程序运行完毕或告一段落，CPU 需要输出时，无需直接把计算结果送至低速输出设备，而是高速地把结果送到磁带上，然后在外围机的控制下，把磁带上的计算结果由相应的输出设备输出。

输入/输出操作若在主机控制下进行则称为联机输入/输出，若在外围机控制下进行则称为脱机输入/输出。采用脱机输入/输出技术后，低速 I/O 设备上数据的输入/输出都在外围机的控制下进行，而 CPU 只与高速的磁带机打交道，从而有效地减少了 CPU 等待慢速设备输入/输出的时间。

1.2.3 多道程序设计技术

在早期批处理系统中，内存中仅有一道用户程序运行，这种程序运行方式称为单道程序运行方式，图 1.4 给出了单道程序运行的工作情况。

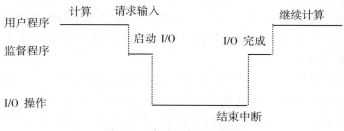

图 1.4 单道程序运行情况

从图 1.4 中可以看出，每当程序发出 I/O 请求时，CPU 便处于等待 I/O 完成的状态，致使 CPU 空闲。为进一步提高 CPU 的利用率，引入了多道程序设计技术。

多道程序设计的基本思想是在内存中同时存放多道程序，这些程序在管理程序的控制下交替运行，共享处理器及系统中的其他资源。现代计算机系统一般都基于多道程序设计技术。图 1.5 给出了多道程序运行的工作情况。

从图 1.5 中可以看出，计算机系统中有 A、B 两道程序运行，它们的运行过程如下：

（1）程序 A 先在 CPU 上运行，当程序 A 请求输入时，程序 A 停止运行；系统管理程序启动设备做输入工作，并将 CPU 分配给程序 B。此时，程序 A 利用输入设备进行输入，

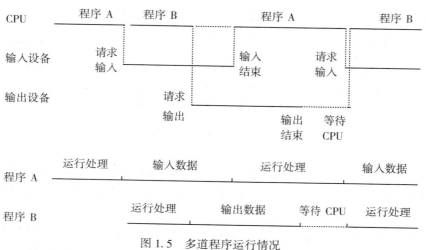

图 1.5　多道程序运行情况

而程序 B 正在 CPU 上执行。

（2）当程序 B 请求输出时，程序 B 停止运行；系统管理程序启动输出设备做输出工作。此时，输入设备和输出设备都在工作，而 CPU 处于空闲状态。

（3）当程序 A 请求的输入工作完成时，向系统发 I/O 结束中断，系统管理程序进行中断处理，然后调度程序 A 运行。此时，程序 A 在 CPU 上执行，程序 B 利用输出设备进行输出。

（4）当程序 B 请求的输出工作完成时，向系统发 I/O 结束中断，系统管理程序进行中断处理，由于此时程序 A 在 CPU 上运行，则程序 B 处于等待 CPU 的状态。

（5）当程序 A 再次请求输入时，程序 A 让出 CPU；系统管理程序启动设备做输入工作，并再次调度程序 B 运行……

从 A、B 程序的执行过程可以看出，两个程序可以交替运行，若安排合适就会使 CPU 保持忙碌状态，而 I/O 设备也可满负荷工作。与单道程序运行情况相比，两道程序运行时系统资源利用率提高了，在一段给定的时间内计算机所能完成的总工作量也增加了。

综上所述，在单处理器计算机系统中多道程序运行的特点如下：

（1）多道。计算机内存中同时存放多道相互独立的程序。

（2）宏观上并行。同时进入系统的多道程序都处于运行过程中，即它们先后开始了各自的运行，但都未运行完毕。

（3）微观上串行。内存中的多道程序轮流占有 CPU，交替执行。

多道程序设计技术能有效提高系统的吞吐量和改善资源利用率，但实现多道程序系统时，由于内存中同时存在多道作业，因而还需要妥善解决下述一系列问题：

（1）处理器管理问题。应如何在多道程序之间分配处理器，以使处理器既能满足各程序运行的需要又有较高的利用率，将处理器分配给某程序后，应何时收回等。

（2）存储器管理问题。如何为每道程序分配必要的内存空间，使它们各自获得需要的

6

存储空间又不致因相互重叠而丢失信息,应如何防止因某道程序出现异常而破坏其他程序等。

(3)设备管理问题。多道程序共享系统中的多类 I/O 设备,应如何分配这些 I/O 设备,如何做到既方便用户使用设备,又能提高设备的利用率等。

(4)文件管理问题。现代计算机系统通常都存放有大量的文件,应如何组织这些文件才能既方便用户使用又能保证文件的安全性和一致性等。

1.2.4 操作系统的发展

针对多道程序系统中存在的问题,人们研制了一组软件,利用这组软件来妥善有效地处理上述问题,这样便形成了操作系统。

操作系统是一组控制和管理计算机硬件和软件资源,合理地组织计算机工作流程,以及方便用户使用的程序的集合。

虽然操作系统已存在多年,但至今仍没有一个统一的定义。对操作系统定义的不同说法从不同角度反映了操作系统的特征。值得说明的是:操作系统是一个系统软件,它由一组程序组成;操作系统的基本职能是控制和管理计算机系统内的各种资源,有效地组织多道程序的运行;同时操作系统还提供众多服务功能,以方便用户使用计算机,并扩充硬件功能。

批处理系统缺少人机交互能力,因此用户使用不方便。为了解决这个问题,人们开发出分时系统。在分时系统中,一台主机可以连接几台乃至上百台终端,每个用户可以通过终端与主机交互,方便地编辑和调试自己的程序,向系统发出各种控制命令,请求完成某项工作;系统完成用户提出的要求,输出计算结果及出错、警告或提示等必要的信息。

为了满足某些应用领域对实时处理的需求,人们又开发出实时系统。实时系统具有专用性,不同的实时系统用于不同的应用领域。

近些年来,又开发出个人计算机操作系统、网络操作系统、分布式操作系统以及嵌入式操作系统等。伴随着硬件技术的飞速发展和应用领域的急剧扩大,操作系统不仅种类越来越多,而且功能更加强大,给广大用户提供了更为舒适的应用环境。

在国产操作系统方面,华为早在 2010 年左右就开始研发自己的操作系统 EulerOS,开源后命名为 openEuler。openEuler 内核源于 Linux,支持鲲鹏及其他多种处理器,能够充分释放计算芯片的潜能,是由全球开源贡献者构建的高效、稳定、安全的开源操作系统,适用于数据库、大数据、云计算、人工智能等应用场景。

1.2.5 推动操作系统发展的动力

从操作系统形成至今的 40 多年间,其性能、规模、应用等方面都取得飞速发展。推动操作系统发展的因素很多,但主要可归结为硬件技术更新和应用需求扩大两大方面。

1. 硬件技术更新

伴随计算机器件的更新换代——从电子管到晶体管、集成电路、大规模集成电路,直至当今的超大规模集成电路，计算机系统的性能得到快速提高，也促使操作系统的性能和结构有了显著提高。从没有软件，到早期的监督程序，发展成多道批处理系统、分时系统、实时系统等。计算机体系结构的发展——从单处理器系统到多处理器系统，从指令串行结构到流水线结构、超级标量结构，从单总线到多总线应用等，这些发展有力地推动了操作系统的更大发展，如从单 CPU 操作系统发展到对称多处理器系统（SMP），从主机系统发展到个人机系统，从单独自治系统到网络操作系统以及分布式操作系统。此外，硬件成本的下降也极大地推动了计算机技术的应用推广和普及。

2. 应用需求扩大

应用需求促进了计算机技术的发展，也促进了操作系统的不断更新升级。为了充分利用计算机系统内的各种宝贵资源，形成了早期的批处理系统；为了方便多个用户同时上机、实现友好的人机交互，形成了分时系统；为了实时地对特定任务进行可靠的处理，形成了实时系统；为了实现远程信息交换和资源共享，形成了网络系统及分布式操作系统等。

在当今信息时代，芯片技术的大量应用，使大家对智能手机功能要求越来越多，于是基于智能手机的多种操作系统又相互竞争着推向了市场。随着计算机和相关技术的发展，还会有更多的操作系统被开发出来，应用于多种不同的新的硬件平台。可以预见操作系统将会以更快的速度更新换代。

1.3 操作系统的类型

根据操作系统具备的功能、特征、规模和所提供应用环境等方面的差异，可以将操作系统划分为不同类型。目前的操作系统种类繁多，很难用单一标准统一分类。例如，从操作系统的应用领域、所支持的用户数目、硬件结构、使用环境和对作业处理方式来考虑，可划分为不同的类型。

针对单处理器、多用户的使用环境，最基本的操作系统类型有三种，即批处理操作系统、分时操作系统和实时操作系统，分别简称为批处理系统、分时系统和实时系统。

1.3.1 批处理系统

描述任何一种操作系统都要用到作业的概念。所谓作业就是用户在一次解题或一个事务处理过程中要求计算机系统所做工作的集合，包括用户程序、所需的数据及命令等。

单道批处理系统是早期计算机系统中配置的一种操作系统类型，因为内存中只有一道作业运行，故称为单道批处理系统，其工作流程大致如下：用户将作业交给系统操作员，系统操作员将多个用户作业组成一批输入并传送到外存储器；然后批处理系统按一定的原则选择其中的一个作业调入内存并使之运行；作业运行完成或出现错误而无法再进行下去时，由系统输出有关信息并调入下一个作业运行。重复上述过程，直至这批作业全部处理完毕为止。

单道批处理系统大大减少了人工操作的时间，提高了机器的利用率。但是对于某些作业来说，当它发出输入/输出请求后，CPU 必须等待 I/O 的完成，这就意味着 CPU 空闲，特别是当 I/O 设备的速度较低时，将导致 CPU 的利用率很低。为了提高 CPU 的利用率，引入了多道程序设计技术。

在单道批处理系统中引入多道程序设计技术就形成了多道批处理系统。在多道批处理系统中，不仅在内存中可以同时有多道作业运行，而且作业可随时（不一定集中成批）被接受进入系统，并存放在外存中形成作业队列，然后由操作系统按一定的原则从作业队列中调度一个或多个作业进入内存运行。多道批处理系统一般用于计算中心的大型计算机系统中。

多道批处理系统的主要特征如下：

（1）用户脱机使用计算机。用户提交作业之后直到获得结果之前几乎不再和计算机打交道。

（2）成批处理。操作员将各用户提交的作业组织成一批进行处理，由操作系统负责每批作业间的自动调度。

（3）多道程序运行。按多道程序设计的调度原则，从一批后备作业中选取多道作业调入内存并组织它们运行。

由于多道批处理系统中的资源为多个作业所共享，操作系统实现一批作业的自动调度执行，且运行过程中用户不能干预自己的作业，从而使多道批处理系统具有系统资源利用率高和作业吞吐量大的优点。多道批处理系统的不足之处是无交互性，即用户提交作业后就失去了对作业运行的控制能力，这使用户感觉不方便。

1.3.2 分时系统

在批处理系统中，用户以脱机操作方式使用计算机，用户在提交作业以后就完全脱离了自己的作业，在作业运行过程中，不管出现什么情况都不能加以干预，只能等待该批作业处理结束，用户才能得到计算结果，根据计算结果再作下一步处理，若作业运行出错，还得重复上述过程。这种操作方式对用户而言是极不方便的，人们希望能以联机方式使用计算机，这种需求导致了分时系统的产生。

在操作系统中采用分时技术就形成了分时系统。所谓分时技术就是把处理器的运行时间分成很短的时间片，按时间片轮流把处理器分配给各联机作业使用。若某个作业在分配给它的时间片内不能完成其计算，则该作业暂时停止运行，把处理器让给另一个作业使用，等待下一轮时再继续其运行。由于计算机速度很快，作业运行轮转得也很快，给每个用户的感觉是好像自己独占一台计算机。

在分时系统中，一台计算机和许多终端设备连接，每个用户可以通过终端向系统发出命令，请求完成某项工作，而系统则分析从终端设备发来的命令，完成用户提出的要求，然后用户再根据系统提供的运行结果，向系统提出下一步请求，这样重复上述交互会话过程，直到用户完成预计的全部工作为止。

分时系统也是支持多道程序设计的系统，但它不同于多道批处理系统。多道批处理系统是实现作业自动控制而无需人工干预的系统，而分时系统是实现人机交互的系统，这使得分时系统具有与批处理系统不同的特征，其主要特征如下：

（1）同时性。也称多路性，指允许多个终端用户同时使用一台计算机。即一台计算机与若干台终端相连接，终端上的这些用户可以同时或基本同时使用该计算机。

（2）交互性。用户能够方便地与系统进行人-机对话。即用户通过终端采用人-机会话的方式直接控制程序运行，同程序进行交互。

（3）独立性。系统中各用户可以彼此独立地进行操作，互不干扰。即各用户都感觉不到别人也在使用这台计算机，好像只有自己单独使用这台计算机一样。

（4）及时性。用户请求能在很短时间内获得响应。分时系统采用时间片轮转方式使一台计算机同时为多个终端用户服务，通常能够在 2s～3s 内响应各用户的请求，使用户对系统的及时响应感到满意。

1.3.3　实时系统

在计算机的某些应用领域内，要求对实时采样数据进行及时处理，做出相应的反应，如果超出限定的时间就可能丢失信息或影响到下一批信息的处理。例如生产控制过程中，必须及时对出现的各种情况进行分析和处理，这种系统是专用的，它对实时响应的要求是批处理系统和分时系统无法满足的。于是，人们引入了实时系统。

实时系统能及时响应外部事件的请求，在规定的时间内完成对该事件的处理，并控制所有实时设备和实时任务协调一致地工作。实时系统对响应时间的要求比其他操作系统更高，一般要求秒级、毫秒级甚至微秒级的响应时间，对响应时间的具体要求由被控制对象确定。

实时系统现在有两类典型的应用形式，即实时控制系统及实时信息处理系统。

（1）实时控制系统。实时控制系统是指以计算机为中心的生产过程控制系统，又称为计算机控制系统。在实时控制系统中，要求计算机实时采集现场数据，并对它们进行及时处理，进而自动地控制相应的执行机构，使某参数（如温度、压力、流量等）能按预定规律变化或保持不变，以达到保证产品质量、提高产量的目的。例如钢铁冶炼的自动控制，炼油生产过程的自动控制，飞机飞行过程中的自动控制等。

（2）实时信息处理系统。在实时信息处理系统中，计算机及时接收从远程终端发来的服务请求，根据用户提出的问题对信息进行检索和处理，并在很短时间内对用户做出正确响应。如机票订购系统、情报检索系统等，都属于实时信息处理系统。

实时系统的主要特征是响应及时和可靠性高。系统必须保证对实时信息分析和处理的速度要快，而且系统本身要安全可靠，因为像生产过程的实时控制、航空订票等实时信息处理系统，信息处理的延误或丢失往往会带来巨大的经济损失，甚至可能引发灾难性的后果。

实时系统与分时系统的区别如下：

（1）实时系统是专用系统，而批处理与分时系统通常是通用系统。

（2）实时系统用于控制实时过程，要求对外部事件迅速响应，具有较强的中断处理机构。

（3）实时系统用于控制重要过程，要求高度可靠，具有较高冗余。

（4）实时系统的工作方式：接受外部消息，分析消息，调用相应处理程序进行处理。

批处理系统、分时系统和实时系统是三种基本的操作系统类型。如果一个操作系统兼有批处理、分时和实时系统三者或其中两者的功能，则称该操作系统为通用操作系统。

1.3.4　其他操作系统类型

1. 嵌入式操作系统

现今，手持移动设备、智能机械、信息家电等发展迅速，日益普及。这些设备中都嵌入了各种微处理器或控制芯片，因此必然要有相应的系统软件进行管理。

对整个智能芯片以及它所控制的各种部件模块等资源进行统一调度、指挥和控制的系统软件称为嵌入式操作系统。嵌入式操作系统具有高可靠性、实时性、占有资源少、成本低等优点，其系统功能可针对需求进行裁减、调整和编译生成，以便满足最终产品的设计要求。

嵌入式操作系统支持嵌入式软件的运行，由于手持移动设备、智能机械、信息家电等面向普通家庭和个人用户，使得其应用市场比传统的计算机市场大很多，所以嵌入式软件可能成为 21 世纪信息产业的支柱之一，嵌入式操作系统也必将成为软件厂商争夺的焦点，成为操作系统发展的另一个热门方向。

2. 个人计算机操作系统

20 世纪 80 年代个人计算机开始出现，它逐渐进入家庭、办公室、车间、仓库等各种可能的应用场所，成功地渗透到人们的事务处理、办公、学习、生活、娱乐等领域中。个人计算机的出现使计算机技术得到极大的普及，从而改变了人们的工作和学习方式。

个人计算机操作系统主要供个人使用，它功能强，价格便宜，几乎可以在任何地方安装，能满足一般人工作、学习、游戏等方面的需求。由于个人计算机操作系统主要是个人专用，因此在处理器调度、存储保护方面比其他类型的操作系统简单得多。它的主要特点是计算机在某一段时间内为单个用户服务，采用图形界面人机交互的工作方式，界面友好，使用方便。

3. 网络操作系统

信息时代离不开计算机网络，特别是 Internet 的广泛应用正在改变着人们的观念和社会生活的方方面面。每天有成千上万人通过网络传递邮件、查阅资料、搜寻信息，以及网上订票、网上购物等。

虽然个人计算机系统大大推动了计算机的普及，但单台计算机的资源毕竟有限。为了实现计算机之间的数据通信和资源共享，可将分布在各处的计算机和终端设备通过数据通信系统连接在一起，构成计算机网络。

计算机网络是通过通信设施将物理上分散的具有自治功能的多个计算机系统互连起来，按照网络协议交换数据、实现信息交换及资源共享的系统。计算机网络具有以下特点：

(1) 分布性。计算机网络是一个互连的计算机系统群体。这些计算机系统在物理上是分散的，它们可以在一个房间里、在一个单位里、在一个城市或几个城市里、甚至在全国或全球范围。

(2) 自治性。网络上的每台计算机都有自己的内存、I/O 设备和操作系统等，各自独立完成自己承担的工作。网络系统中的各资源之间多是松散耦合的，不具备整个系统统一任务调度的功能。

(3) 互连性。利用通信设施将不同地点的资源 (包括硬件资源和软件资源) 连接在一起，在网络操作系统的控制下，实现网络通信和资源共享。

(4) 可见性。计算机网络中的资源对用户是可见的。用户任务通常在本地计算机上运行，利用网络操作系统提供的服务可共享其他主机上的资源。

网络操作系统是基于计算机网络的，是在各种计算机操作系统上按网络体系结构协议标准开发的软件，包括网络管理、通信、资源共享、系统安全和各种网络应用服务，其目标是互相通信及资源共享。

4. 分布式操作系统

分布式系统是指多个分散的处理单元经互连网络连接而形成的系统，其中每个处理单元既具有高度自治性又相互协同，能在系统范围内实现资源管理、任务动态分配，并能并行地运行分布式程序。

配置在分布式系统上的操作系统称为分布式操作系统。分布式操作系统具有以下特征：

(1) 统一性。分布式系统要求一个统一的操作系统，实现系统操作的统一性，即所有主机使用的是同一个操作系统。

(2) 共享性。分布式系统中的所有资源可供系统中的所有用户共享。

(3) 透明性。用户并不知道分布式系统是运行在多台计算机上，在用户眼里整个分布式系统像是一台计算机，用户并不知道自己请求系统完成的操作是哪一台计算机上完成的，也就是说系统对用户来讲是透明的。

(4) 自治性。分布式系统中的多个主机都处于平等地位。

分布式系统的优点是可以使用许多较低成本的计算机通过分布计算获得较高的运算性能；另一方面，由于拥有较多的分布在各地的计算机，因此当一台计算机发生故障时，整个系统仍旧能够工作。

1.4 操作系统的特征

虽然不同操作系统类型具有不同的特征，但它们也有一些共同特征，这就是并发性、共享性、虚拟性及不确定性。

1. 并发性

并发(concurrence)性和并行(parallel)性是两个容易混淆的概念。并行性是指两个或多个事件同时发生；而并发性是指两个或多个事件在同一时间间隔内发生。从宏观上看，多道程序环境下并发执行的程序在同时向前推进，但在单处理器系统中，每一时刻仅有一道程序在处理器上执行，故从微观上看这些程序交替在处理器上执行。

程序的并发执行能有效改善系统资源利用率，但由于多道程序对系统资源的共享和竞争，使系统的控制和管理复杂化，因此操作系统必须具有控制和管理各种并发活动的能力。

2. 共享性

资源共享(sharing)是指系统中的硬件和软件资源不再为某个程序所独占，而是供多个用户共同使用。例如，多道程序在内存中并发执行，它们共享内存资源同时也共享处理器资源；在这些程序执行期间，可能需要进行输入/输出操作或读写文件，因此它们也会共享设备及文件。

并发性和共享性是操作系统的两个最基本特征，二者之间互为存在条件。一方面，资源共享以程序的并发执行为条件，若系统不允许程序并发执行，自然不存在资源共享问题；另一方面，若系统不能对资源共享实施有效的管理，也必将影响到程序的并发执行，甚至根本无法并发执行。

3. 虚拟性

虚拟(virtual)是指把一个物理实体变为若干个逻辑实体。物理实体是实际存在的，逻辑实体是虚拟的，其实现思想是通过对物理实体的分开使用，达到让用户感觉有多个实体存在的效果。用于实现虚拟的技术称为虚拟技术。在操作系统中，可以利用时分复用和空分复用的方式实现虚拟技术。

时分复用是指多个用户或程序轮流使用某个资源。例如，在单处理器系统中引入多道程序设计技术后，虽然在系统中只有一个处理器，每次只能执行一道程序，但通过分时使用，在一段时间间隔内，宏观上这台处理器能同时运行多道程序，给用户的感觉是每道程序都有一个处理器为他服务。也就是说，多道程序设计技术可以把一台物理处理器虚拟为多台逻辑处理器。

空分复用是指多个用户或程序同时使用资源的一部分。例如，在一台机器上只配置一台硬盘，我们可以通过虚拟硬盘技术将一台硬盘虚拟为多台虚拟磁盘，使用户感觉有多台硬盘一样，这样既安全又方便。也可以将内存分给多个用户程序使用，但单纯的空分复用内存只能提高内存利用率，实现虚拟能存还需要增加请求调入和置换功能。

4. 不确定性

不确定性(nondetermistic)不是说操作系统本身的功能不确定，也不是说在操作系统控制下运行的用户程序的结果不确定(即同一程序对相同的输入数据在两次或两次以上运行有不同的结果),而是说系统中各种事件发生的时间及顺序是不可预测的。

在多道程序环境中,由于程序的并发执行及资源共享等原因,程序的执行具有"走走停停"的性质。系统中每个执行着的程序既要完成自己的事情,又要与其他执行着的程序共享系统资源,彼此之间会直接或间接相互制约,每个程序何时执行、多个程序间的执行顺序以及完成每道程序所需要的时间都是不可预知的。例如从外围设备发来的中断、I/O请求、程序运行时发生的故障等都是不可预测的。这是造成不确定性的基本原因。

1.5 操作系统的作用与功能

1.5.1 操作系统的作用

计算机发展到今天,无论是个人机,还是巨型机,至少要都配置一种操作系统。操作系统已经成为现代计算机系统不可分割的重要组成部分,它为人们建立各种各样的应用环境奠定了重要基础。

操作系统的作用主要体现在下述三个方面。

1. 操作系统是用户与计算机硬件之间的接口

操作系统是对计算机硬件系统的第一次扩充,用户通过操作系统来使用计算机系统。换句话说,操作系统紧靠着计算机硬件并在其基础上提供了许多新的设施和能力,从而使得用户能够方便、可靠、安全、高效地操纵计算机硬件和运行自己的程序。例如,改造各种硬件设施,使之更容易使用;提供原语和系统调用,扩展机器的指令系统;而这些功能到目前为止还难于由硬件直接实现。

操作系统还合理组织计算机的工作流程,协调各个部件有效工作,为用户提供一个良好的运行环境。经过操作系统改造和扩充过的计算机不但功能更强,使用也更为方便,用户可以直接调用操作系统提供的各种功能,而无需了解许多软硬件本身的细节,对于用户来讲操作系统便成为他与计算机硬件之间的一个接口。

2. 操作系统为用户提供了虚拟机

人们很早就认识到必须找到某种方法把硬件的复杂性与用户隔离开来。经过不断的探索和研究,目前采用的方法是在计算机裸机上加上一层又一层的软件来组成整个计算机系统,同时,为用户提供一个容易理解和便于程序设计的接口。在操作系统中,类似地把硬件细节隐藏并把它与用户隔离开来的情况处处可见,例如:I/O 管理软件、文件管理软件和窗口软件向用户提供了一个越来越方便地使用 I/O 设备的方法。由此可见,每当在计算机上覆盖了一层软件,提供了一种抽象,系统的功能便增加一点,使用就更加方便一点,用户可用的运行环境就更加好一点。所以,当计算机上覆盖了操作系统后,可以扩展基本功能,为用户提供一台功能显著增强,使用更加方便,安全可靠性好,效率明显提高的机器，对用户来说好像可以使用的是一台与裸机不同的虚拟计算机（Virtual Machine）。

3. 操作系统是计算机系统的资源管理者

在计算机系统中，能分配给用户使用的各种硬件和软件设施总称为资源。操作系统的重要任务之一是对资源进行抽象研究，找出各种资源的共性和个性，有序地管理计算机中的硬件、软件资源，跟踪资源使用情况，监视资源的状态，满足用户对资源的需求，协调各程序对资源的使用冲突；研究使用资源的统一方法，为用户提供简单、有效的资源使用手段，最大限度地实现各类资源的共享，提高资源利用率，从而，使得计算机系统的效率有很大提高。

资源管理是操作系统的一项主要任务，而控制程序执行、扩充机器功能、提供各种服务、方便用户使用、组织工作流程、改善人机界面等等都可以从资源管理的角度去理解。下面我们从资源管理的观点出发，讨论一下操作系统具有的几个主要功能。

1.5.2 操作系统的功能

从资源管理的角度看，操作系统要对计算机系统内的所有资源进行有效的管理，并合理地组织计算机的工作流程来优化资源使用，提高资源利用率，为此操作系统应具有处理器管理、存储器管理、设备管理和文件管理功能。

1. 处理器管理

处理器管理的主要任务是对处理器的分配和运行实施有效的管理。从传统的意义上讲，进程是处理器和资源分配的基本单位，因此对处理器的管理可以归结为对进程的管理。进程管理应实现下述主要功能：

（1）进程控制。进程是系统中活动的实体，进程控制包括进程的创建、进程的撤销以及进程状态的转换。

（2）进程同步。多个进程在活动过程中会产生相互依赖或相互制约的关系，为保证系统中所有进程能够正常活动，必须对并发执行的进程进行协调。

（3）进程通信。相互合作的进程之间往往需交换信息，为此系统要提供进程通信机制。

（4）作业和进程调度。一个作业通常需要经过两级调度才能在处理器上执行。作业调度将选中的一个或多个作业放入内存，为它们分配必要的资源并建立进程。进程调度按一定的算法将处理器分配给就绪队列中的合适进程。

2. 存储器管理

存储器管理的主要任务是内存分配、内存保护、地址映射和内存扩充。存储器管理应实现下述主要功能：

（1）内存分配。按一定的策略为每道程序分配一定的内存空间。为此操作系统应记录整个内存的使用情况，当用户程序提出内存空间申请要求时应按照某种策略实施内存分配，当程序运行结束时应回收其占用的内存空间。

（2）内存保护。系统中存在多道并发执行的程序，因此系统应保证各程序在自己的内存区域内运行而不相互干扰，更不能干扰和侵占操作系统空间。

（3）地址映射。通常源程序经过编译链接后形成可执行程序，可执行程序的起始地址都从 0 开始，程序中的其他地址相对于起始地址计算。这样在多道程序环境下，用户程序中的地址就有可能与它装入内存后实际占用的物理地址不一样，因此需要将程序中的地址转换为内存中的物理地址。

（4）内存扩充。一个计算机系统中的内存容量有限，而所有用户程序对内存的需求量之和通常大于实际内存容量。为了允许大程序或多个程序的运行，应借助虚拟存储技术去获得增加内存的效果。

3. 设备管理

计算机外部设备的管理是操作系统中最庞杂、琐碎的部分。设备管理的主要任务是对计算机系统内的所有设备实施有效的管理。设备管理应具有下述功能：

（1）设备分配。根据用户程序提出的 I/O 请求和相应的设备分配策略，为用户程序分配设备，当设备使用完后还应回收设备。为了缓解设备的慢速与处理器快速之间的矛盾，使设备与处理器并行工作，还需要使用缓冲技术。

（2）设备驱动。当 CPU 发出 I/O 指令后，应启动设备进行 I/O 操作，当 I/O 操作完成后应向 CPU 发出中断信号，由相应的中断处理程序进行传输结束处理。

（3）设备独立性。设备独立性又称设备无关性，是指用户程序中的设备与实际使用的物理设备无关。这样，用户程序不必涉及具体物理设备，由操作系统完成用户程序中的逻辑设备到具体物理设备的映射，使得用户能更加方便灵活地使用设备。

4. 文件管理

计算机系统中的程序和数据通常以文件的形式存放在外部存储器上，操作系统中负责文件管理的部分称为文件系统。文件系统的主要任务是有效地支持文件的存储、检索和修改等操作，解决文件的共享、保密和保护问题。文件管理应实现下述功能：

（1）文件存储空间的管理。文件存放在磁盘上，因此文件系统需要对文件存储空间进行统一管理，包括为文件分配存储空间，回收释放的文件空间，提高外存空间的利用率和文件访问效率。为此文件系统应设置专门的数据结构记录文件存储空间的使用情况。

（2）目录管理。外存上存放着成千上万的文件，为了方便用户查找自己需要的文件，通常由系统为每个文件设置一个目录项，目录项中包含文件名、文件属性及文件在外存的存放地址，以提供按名存取的功能。

（3）文件操作管理。为方便用户使用文件，系统提供了一组文件操作功能，包括文件创建、文件删除、文件读写等。

（4）文件保护。为了保证文件的安全性，防止系统中的文件被非法使用及遭到破坏，文件系统应提供文件保护功能。

1.6 操作系统的接口

操作系统除了对计算机系统中的软硬件资源实施管理外，还为用户提供了各种使用其服务功能的手段，即提供了用户接口。

不同的操作系统为用户提供的服务不完全相同，但有许多共同点。操作系统提供的共性服务使得编程任务变得更加容易。操作系统提供给程序和用户的共性服务大致如下：

(1) 创建程序。提供各种工具和服务，如编辑程序和调试程序，帮助用户编程并生成高质量的源程序。

(2) 执行程序。将用户程序和数据装入主存，为其运行做好一切准备工作并启动它执行。当程序编译或运行执行出现异常时，应能报告发生的情况，终止程序执行或进行适当处理。

(3) 数据 I/O。程序运行过程中需要 I/O 设备上的数据时，可以通过 I/O 命令或 I/O 指令，请求操作系统的服务。操作系统不允许用户直接控制 I/O 设备，而能让用户以简单方式实现 I/O 控制和读写数据。

(4) 信息存取。文件系统让用户按文件名来建立、读写、修改、删除文件，使用方便，安全可靠。当涉及多用户访问或共享文件时，操作系统将提供信息保护机制。

(5) 通信服务。在许多情况下，一个进程要与另外的进程交换信息，这种通信发生在两种场合，一是在同一台计算机上执行的进程之间通信；二是在被网络连接在一起的不同计算机上执行的进程之间通信。

(6) 错误检测和处理。操作系统能捕捉和处理各种硬件或软件造成的差错或异常，并让这些差错或异常造成的影响缩小在最小范围内，必要时及时报告给操作员或用户。

操作系统为用户提供了两类接口。一类是用户接口，用户利用这些接口来组织和控制作业的执行，包括命令接口及图形用户接口；另一类是程序接口，编程人员可以使用它们来请求操作系统服务。

1.6.1 命令接口

使用命令接口进行作业控制的主要方式有两种，即脱机控制方式和联机控制方式。脱机控制方式是指用户将对作业的控制要求以作业控制说明书的方式提交给系统，由系统按照作业说明书的规定控制作业的执行。在作业执行过程中，用户无法干涉作业，只能等待作业执行结束之后才能根据结果信息了解作业的执行情况。联机控制方式是指用户利用系统提供的一组键盘命令或其他操作命令和系统会话，交互式地控制程序的执行。其工作过程是用户在系统给出的提示符下键入特定命令，系统在执行完该命令后向用户报告执行结果；然后用户决定下一步的操作；如此反复，直到作业执行结束。

按作业控制方式的不同，可以将命令接口分为联机命令接口和脱机命令接口。

1. 联机命令接口

联机命令接口又称交互式命令接口，它由一组键盘操作命令组成。用户通过控制台或终端键入操作命令，向系统提出各种服务要求。用户每输入完一条命令，控制权就转入操作系统的命令解释程序，然后命令解释程序对键入的命令解释执行，完成指定的功能。之后，控制权又转回到控制台或终端，此时用户又可以键入下一条命令。

在微机操作系统中，通常把键盘命令分成内部命令和外部命令两大类：

（1）内部命令。这类命令的特点是完成命令功能的程序短小，使用频繁。它们在系统初始启动时被引导至内存并且常驻内存。

（2）外部命令。完成这类命令功能的程序较长，各自独立地作为一个文件驻留在磁盘上，当需要它们时，再从磁盘上调入内存运行。

2. 脱机命令接口

脱机命令接口也称批处理命令接口，它由一组作业控制命令（或称作业控制语言）组成。脱机用户不能直接干预作业的运行，他们应事先用相应的作业控制命令写成一份作业操作说明书，连同作业一起提交给系统。当系统调度到该作业时，由系统中的命令解释程序对作业说明书上的命令或作业控制语句逐条解释执行。

1.6.2　程序接口

程序接口由一组系统调用命令（简称系统调用）组成。用户通过在程序中使用这些系统调用命令来请求操作系统提供的服务。用户在程序中可以直接使用这组系统调用命令向系统提出各种服务要求，如使用各种外部设备，进行有关磁盘文件的操作，申请分配和回收内存以及其他各种控制要求；也可以在程序中使用过程调用语句，编译程序将它们翻译成有关的系统调用命令，再去调用系统提供的各种功能或服务。

1. 系统调用

所谓系统调用就是用户在程序中调用操作系统所提供的一些子功能。具体讲，系统调用就是通过系统调用命令中断现行程序，而转去执行相应的子程序，以完成特定的系统功能；系统调用完成后，控制又返回到系统调用命令的逻辑后继指令，被中断的程序将继续执行下去。

实际上，系统调用命令不仅可以供用户程序使用，还可以供系统程序使用，以此实现各类系统功能。对于每个操作系统而言，其所提供的系统调用命令条数、格式以及所执行的功能等都不尽相同，即使是同一个操作系统，其不同版本所提供的系统调用命令条数也会有所增减。通常，一个操作系统提供的系统调用命令有几十乃至上百条之多，它们各自有一个唯一的编号或助记符。这些系统调用按功能大致可分为如下几类：

（1）设备管理。该类系统调用完成设备的请求或释放、以及设备启动等功能。

（2）文件管理。该类系统调用完成文件的读、写、创建及删除等功能。

(3)进程控制。该类系统调用完成进程的创建、撤销、阻塞及唤醒等功能。

(4)进程通信。该类系统调用完成进程之间的消息传递或信号传递等功能。

(5)内存管理。该类系统调用完成内存的分配、回收以及获取作业占用内存区大小及始址等功能。

系统调用命令是作为扩充机器指令提供的,目的是增强系统功能,方便用户使用。因此,在一些计算机系统中,把系统调用命令称为广义指令。广义指令与机器指令在性质上是不同的,机器指令是用硬件线路直接实现的,而广义指令则是由操作系统提供的一个或多个子程序模块实现的。

2. 系统调用的执行过程

虽然系统调用命令的具体格式因系统而异,但用户程序进入系统调用的步骤及其执行过程大体上是相同的。

用户程序进入系统调用是通过执行调用指令(在有些操作系统中称为访管指令或软中断指令)实现的,当用户程序执行到调用指令时,就中断用户程序的执行,转去执行实现系统调用功能的处理程序。系统调用处理程序的执行过程如下:

(1)为执行系统调用命令做准备。主要工作是把用户程序的现场保留起来,并把系统调用命令的编号等参数放入指定的存储单元。

(2)执行系统调用。根据系统调用命令的编号,访问系统调用入口表,找到相应子程序的入口地址,然后转去执行。这个子程序就是系统调用处理程序。

(3)系统调用命令执行完后的处理。主要工作是恢复现场,并把系统调用的返回参数送入指定存储单元,以供用户程序使用。

3. 系统调用与过程(函数)调用的区别

程序中执行系统调用或过程(函数)调用,虽然都是对某种功能或服务的需求,但两者从调用形式到具体实现都有很大区别。

(1)调用形式不同。过程(函数)使用一般调用指令,其转向地址是固定不变的,包含在跳转语句中;但系统调用中不包含处理程序入口,而仅仅提供功能号,按功能号调用。

(2)被调用代码的位置不同。过程(函数)调用是一种静态调用,调用者和被调用代码在同一程序内,经过编译连接后作为目标代码的一部份。当过程(函数)升级或修改时,必须重新编译连接。而系统调用是一种动态调用,系统调用的处理代码在调用程序之外(在操作系统中),这样一来,系统调用处理代码升级或修改时,与调用程序无关。而且,调用程序的长度也大大缩短,减少了调用程序占用的存储空间。

(3)提供方式不同。过程(函数)往往由编程语言或编程者提供,不同编程语言或编程者提供的过程(函数)可以不同;系统调用由操作系统提供,一旦操作系统设计好,系统调用的功能、种类与数量便固定不变了。

(4)调用的实现不同。程序使用一般机器指令(跳转指令)来调用过程(函数),是在用户态运行的;程序执行系统调用,是通过中断机构来实现,需要从用户态转变到核心态，在管理状态执行，系统调用结束时，返回到用户态。

1.6.3 图形用户接口

通过命令接口方式来控制程序的运行虽然有效，但给用户增加了很大的负担，即用户必须记住各种命令，并从键盘键入这些命令以及所需的参数，以控制用户程序的运行。随着大屏幕高分辨率图形显示器和多种交互式输入/输出设备（如鼠标、触摸屏等）的出现，图形用户接口于 20 世纪 80 年代后期出现并广泛应用。

图形用户接口的目标是通过对出现在屏幕上的对象直接进行操作，以控制和操纵程序的运行。例如，用键盘或鼠标对菜单中的各种操作进行选择，使命令程序执行用户选定的操作；用户也可以通过滑动滚动条上的滑动块在列表框中的选择项上滚动，以使所要的选择项出现在屏幕上，并用鼠标选取的方式来选择操作对象（如文件）；用户还可以用鼠标拖动屏幕上的对象（如某图形或图标）使其移动位置或旋转、放大和缩小。这种图形用户接口大大减少或免除了用户的记忆工作量，其操作方式从原来的记忆并键入改为选择并点取，极大地方便了用户，受到普遍欢迎。目前图形用户接口是最为常见的人机接口形式，可以认为图形接口是命令接口的图形化。

1.7 操作系统的运行环境和内核结构

1.7.1 操作系统的运行环境

计算机硬件所提供的支持构成现代操作系统的硬件环境，如中央处理器（CPU）、主存储器、缓冲、时钟和中断等，其中中断技术是推动操作系统发展的重要因素之一。事件引发中断，中断必须加以处理，操作系统由此被驱动。

操作系统是一个众多程序模块的集合。根据运行环境，这些模块大致分为下述 3 类：

第 1 类是在系统初启时便与用户程序一起主动参与并发运行的，如作业管理程序、输入输出程序等。它们由时钟中断、外设中断所驱动。

第 2 类是直接面对用户态（亦称常态、或目态）程序的，这是一些“被动”地为用户服务的程序。这类程序的每一个模块都与一条系统调用指令对应，仅当用户执行系统调用指令时，对应的程序模块才被调用、被执行。系统调用指令的执行是经过陷入中断机构处理的。因此从这个意义上说，第 2 类程序也是由中断驱动的。

第 3 类是那些既不主动运行也不直接面对用户程序，而是隐藏在操作系统内部，由前 2 类程序调用的模块。既然前 2 类程序是由中断驱动的，那么第 3 类程序也是由中断驱动的。应当注意，操作系统本身的代码运行在核心态（亦称管态、特态）。从用户态进入核心态的唯一途径是中断。

操作系统控制和管理其他系统软件，并与其共同支持用户程序的运行，构建成用户的运行环境；同时，操作系统的功能设计也受到这些系统软件的功能强弱和完备与否的影响。

1.7.2 操作系统的内核结构

1. 模块结构

模块结构也称为单内核模型。整个系统是一个大模块，可以被分为若干逻辑模块，即处理器管理、存储器管理、设备管理和文件管理，其模块间的交互是通过直接调用其他模块中的函数实现的。

模块结构是基于结构化程序设计的一种软件结构设计方法。早期操作系统(如 IBM S/360 操作系统)采用这种结构设计方法，主要设计思想和步骤如下：把模块作为操作系统的基本单位，按照功能需要而不是根据程序和数据的特性把整个系统分解为若干模块(还可以再分成子模块)，每个模块具有一定独立功能，若干个关连模块协作完成某个功能；明确各个模块之间的接口关系，各个模块间可以不加控制自由调用(所以，又叫无序调用法)，数据多数作为全程量使用；模块之间需要传递参数或返回结果时，其个数和方式也可以根据需要随意约定；然后，分别设计、编码、调试各个模块；最后，把所有模块连接成一个完整的系统。

这种结构设计方法的主要优点是：结构紧密、组合方便，对不同环境和用户的不同需求，可以组合不同模块来满足，从而灵活性较大；针对某个功能可用最有效的算法和任意调用其他模块中的过程来实现，因此系统效率较高；由于划分成模块和子模块，设计及编码可齐头并进，能加快操作系统研制过程。

它的主要缺点是：模块独立性差，模块之间牵连甚多，形成了复杂的调用关系，甚至有很多循环调用，造成系统结构不清晰，正确性难保证，可靠性降低，系统功能的增、删、改十分困难。随着系统规模的扩大，采用这种结构的系统复杂性迅速增长，这就促使人们去研究操作系统新的结构概念及设计方法。

2. 层次结构

为了能让操作系统的结构更加清晰，使其具有较高的可靠性，较强的适应性，易于扩充和移植，在模块结构的基础上产生了层次式结构的操作系统。所谓层次结构，即是把操作系统划分为内核和若干模块(或进程)，这些模块(或进程)按功能的调用次序排列成若干层次，各层之间只能是单向依赖或单向调用关系，即低层为高层服务，高层可以调用低层的功能，反之则不能，这样不但系统结构清晰，而且不构成循环调用。

层次结构可以有全序和半序之分。如果各层之间是单向依赖的，并且每层中的诸模块(或进程)之间也保持独立，没有联系，则这种层次结构被称为是全序的。如果各层之间是单向依赖的，但在某些层内允许有相互调用或通信的关系，则这种层次结构称为半序的。

在用层次结构构造操作系统时，目前还没有一个明确固定的分层方法，只能给出若干原则，供划分层次中的模块(或进程)时参考。

(1)应该把与机器硬件有关的程序模块放在最底层，以便起到把其他层与硬件隔离开的作用。在操作系统中，中断处理、设备启动、时钟等反映了机器的特征，因此，与这些特征有关的程序都应该放在离硬件尽可能近的层次中，这样安排既增强了系统的适应性也有利于系统的可移植性，因为，只需把这层的内容按新机器硬件的特征加以改变后，其他层内容都可以基本不动。

（2）为进程（和线程）的正常运行创造环境和提供条件的内核程序，如 CPU 调度、进程（和线程）控制和通信机构等，应该尽可能放在底层，以支撑系统其他功能部件的执行。

（3）对于用户来讲，可能需要不同的操作方式，譬如可以选取批处理方式，联机控制方式，或实时控制方式。为了能使一个操作系统从一种操作方式改变或扩充到另一种操作方式，在分层时就应把反映系统外特性的软件放在最外层，这样改变或扩充时，只涉及到对外层的修改，内层共同使用的部分保持不变。

（4）应该尽量按照实现操作系统命令时模块间的调用次序或按进程间单向发送信息的顺序来分层。这样，最上层接受来自用户的操作系统命令，随之根据功能需要逐层往下调用（或传递消息），自然而有序。譬如，文件管理要调用设备管理，因此，文件管理诸模块（或进程）应该放在设备管理诸模块（或进程）的外层；作业调度程序控制用户程序执行时，要调用文件管理的功能，因此，作业调度模块（或进程）应该放在文件管理模块（或进程）的外层等等。一个操作系统按照层次结构的原则，从底向上可以被安排为：裸机、CPU 调度及其他内核功能、内存管理、设备管理、文件管理、作业管理、命令管理、用户。

3. 微内核结构

微内核是指把操作系统结构中的内存管理、设备管理、文件系统等高级服务功能尽可能地从内核中分离出来，变成几个独立的非内核模块，而在内核只保留少量最基本的功能，使内核变得简洁可靠，因此叫微内核。

微内核实现的基础是操作系统理论层面的逻辑功能划分。操作系统几大功能模块在理论上是相互独立的，形成比较明显的界限。微内核的优点如下：

（1）充分的模块化，可独立更换任一模块而不会影响其他模块，从而方便第三方开发设计模块。

（2）未被使用的模块功能不必运行，因而能大幅度减少系统的内存需求。

（3）具有很高的可移植性，理论上讲只需要单独对各微内核部分进行移植修改即可。由于微内核的体积通常很小，而且互不影响，因此设计开发的工作量减少。

但是，因为各个模块与微内核之间是通过通信机制进行交互的，微内核的明显缺点是系统运行效率较低。

1.8　小结

1. 计算机系统由硬件和软件组成。硬件是计算机系统的物质基础，操作系统是硬件之上的第一层软件，是支撑其他所有软件运行的基础。

2. 多道程序设计是指在内存中同时存放多道程序，这些程序在管理程序的控制下交替运行，共享处理器及系统中的其他资源。在单处理器系统中多道程序运行的特点如下：

（1）多道：计算机内存中同时存放多道相互独立的程序。

（2）宏观上并行：同时进入系统的多道程序都处于运行过程中，即它们先后开始了各自的运行，但都未运行完毕。

（3）微观上串行：内存中的多道程序轮流占有 CPU，交替执行。

3. 操作系统是一组控制和管理计算机硬件和软件资源，合理地组织计算机工作流程，以及方便用户使用的程序的集合。

4. 操作系统有三种基本类型，即批处理操作系统、分时操作系统及实时操作系统。

（1）批处理操作系统能对一批作业自动进行处理，在批处理系统中引入多道程序设计技术就形成了多道批处理系统。多道批处理系统的主要特征是用户脱机使用计算机、成批处理及多道程序运行。

（2）在分时操作系统中，处理器的运行时间被分成很短的时间片，系统按时间片轮流把处理器分配给各联机作业使用，若某个作业在分配给它的时间片内不能完成其计算，则该作业暂时停止运行，把处理器让给另一个作业使用，等待下一轮时再继续其运行。分时系统的特征是同时性、交互性、独立性和及时性。

（3）实时系统能及时响应外部事件的请求，在规定的时间内完成对该事件的处理，并控制所有实时设备和实时任务协调一致地工作。实时系统的主要特征是响应及时和可靠性高。

5. 操作系统的特征是并发性、共享性、虚拟性及不确定性。

（1）并发是指两个或多个事件在同一时间间隔内发生。

（2）共享是指系统中的资源供多个用户共同使用。

（3）虚拟是指把一个物理实体变为若干个逻辑实体。

（4）不确定性是指系统中各种事件发生的时间及顺序是不可预测的。

6. 操作系统的主要功能包括处理器管理、存储器管理、设备管理和文件管理。处理器管理的主要功能包括：进程控制、进程同步、进程通信及调度。存储器管理的主要功能包括：内存分配、内存保护、地址映射及内存扩充。设备管理的主要功能包括：设备分配、设备驱动及设备独立性。文件管理的主要功能包括：文件存储空间的管理、目录管理、文件操作管理及文件保护。

7. 操作系统提供三种类型的用户接口：命令接口提供一组操作命令供用户直接或间接控制作业的运行；程序接口提供一组系统调用供用户在程序中请求操作系统服务；图形接口提供菜单图标等图形元素供用户控制自己作业的运行。

8. 操作系统是由中断驱动的。

练习题 1

1. 单项选择题

（1）在脱机批处理方式中，有一台负责与外部设备交换信息的计算机，一般称为_____。

　　A. 终端处理机　　　　　　　　　B. 外围处理机

　　C. 客户机　　　　　　　　　　　D. 服务处理机

（2）在计算机系统中，操作系统是_____。

　　A. 一般应用软件　　　　　　　　B. 核心系统软件

　　C. 用户应用软件　　　　　　　　D. 硬件

（3）实时操作系统必须在_____内处理来自外部的事件。

　　A. 一个机器周期　　　　　　　　B. 被控制对象规定时间

　　C. 周转时间　　　　　　　　　　D. 时间片

（4）在设计实时操作系统时，不重点考虑的是_____。

　　A. 及时响应，快速处理　　　　　B. 有高安全性

　　C. 提高系统资源的利用率　　　　D. 有高可靠性

（5）操作系统提供给编程人员的接口是_____。

　　A. 库函数　　　　　　　　　　　B. 高级语言

　　C. 系统调用　　　　　　　　　　D. 子程序

（6）操作系统中最基本的两个特征是_____。

　　A. 并发和不确定　　　　　　　　B. 并发和共享

　　C. 共享和虚拟　　　　　　　　　D. 虚拟和不确定

（7）下述关于并发性的叙述中正确的是_____。

　　A. 并发性是指若干事件在同一时刻发生

　　B. 并发性是指若干事件在不同时刻发生

　　C. 并发性是指若干事件在同一时间间隔内发生

　　D. 并发性是指若干事件在不同时间间隔内发生

（8）一个多道批处理系统，提高了计算机系统的资源利用率，同时_____。

　　A. 减少各个作业的执行时间

　　B. 增加了单位时间内作业的吞吐量

　　C. 减少了部分作业的执行时间

　　D. 减少单位时间内作业的吞吐量

（9）分时系统追求的目标是_____。

　　A. 充分利用 I/O 设备　　　　　　B. 快速响应用户

　　C. 提供系统吞吐率　　　　　　　D. 充分利用内存

（10）批处理系统的主要缺点是_____。

　　A. 系统吞吐量小　　　　　　　　B. CPU 利用率不高

　　C. 资源利用率低　　　　　　　　D. 无交互能力

（11）从用户的观点看，操作系统是_____。

　　A. 用户与计算机之间的接口

　　B. 控制和管理计算机资源的软件

  C. 由若干层次的程序按一定的结构组成的有机体

  D. 合理地组织计算机工作流程的软件

(12)操作系统提供给用户的接口包括_____。

  Ⅰ. 命令接口 Ⅱ. 图形接口 Ⅲ. 系统调用接口 Ⅳ. 过程调用接口

  A. Ⅰ、Ⅱ   B. Ⅰ、Ⅱ和Ⅳ   C. Ⅰ、Ⅲ和Ⅳ   D. Ⅰ、Ⅱ和Ⅲ

2. 填空题

(1)操作系统是计算机系统中的一个__①__，它管理和控制计算机系统中的__②__。

(2)如果一个操作系统兼有批处理、分时和实时操作系统三者或其中两者的功能，这样的操作系统称为_____。

(3)没有配置_____的计算机称为裸机。

(4)在主机控制下进行的输入/输出操作称为_____操作。

(5)如果操作系统具有很强交互性，可同时供多个用户使用，系统响应比较及时，则属于__①__类型；如果 OS 可靠，响应及时但仅有简单的交互能力则属于__②__类型；如果 OS 在用户提交作业后，不提供交互能力，它所追求的是计算机资源的高利用率，大吞吐量和作业流程的自动化，则属于__③__类型。

(6)操作系统的基本特征是__①__、__②__、__③__、__④__。

(7)实时系统按应用的不同分为__①__和__②__两种。

(8)在单处理器系统中，多道程序运行的特点是多道、__①__和__②__。

3. 解答题

(1)什么是操作系统？从资源管理的角度看，操作系统应具有哪些功能？

(2)操作系统有哪几种基本类型？它们各有何特点？

(3)什么是多道程序设计技术？多道程序设计技术的特点是什么？

(4)简述并发与并行的区别。

(5)简述操作系统在计算机系统中的位置。

(6)操作系统有哪些特征？

(7)操作系统是随着多道程序设计技术的出现逐步发展起来的，要保证多道程序的正确运行，在技术上要解决哪些基本问题？

(8)用户与操作系统之间存在哪几种接口？

(9)有一台计算机，具有 1MB 内存，操作系统占用 200KB，每个用户进程各占 200KB。如果用户进程等待 I/O 的时间为 80%，若增加 1MB 内存，则 CPU 的利用率提高多少？

(10)一个计算机系统，有一台输入机和一台打印机，现有两道程序投入运行，且程序 A 先开始做，程序 B 后开始运行。程序 A 的运行轨迹为：计算 50ms、打印 100ms、再计算 50ms、打印 100ms，结束。程序 B 的运行轨迹为：计算 50ms、输入 80ms、再计算 100ms，结束(假设开始时刻为 0)。试说明：

  ①两道程序运行时，CPU 有无空闲等待？若有，在哪段时间内等待？为什么会等待？

  ②程序 A、B 有无等待 CPU 的情况？若有，指出发生等待的时刻。

（11）若程序 Pa 和 Pb 单独执行时所需时间分别是 Ta 和 Tb。Ta＝1 小时，Tb＝1.5 小时，其中处理器工作时间分别 Ta＝18 分钟，Tb＝27 分钟。

①单道运行时，处理器的利用率是多少？

②如果采用多道程序设计方法，让 Pa，Pb 并发执行，当不考虑系统开销时，处理器利用率达到 50%；请问：当系统开销为 15 分钟时，处理器的利用率是多少？

第 2 章　进程与线程

随着中断技术的出现，内存容量的增加，现代计算机系统通常允许将多个程序调入内存并发执行，从而要求对并发执行的程序提供更严格的控制和管理，于是产生了进程的概念。在计算机操作系统中，进程是最基本的概念之一。操作系统的基本任务是对进程实施管理。操作系统必须有效控制进程执行，给进程分配资源，允许进程之间共享和交换信息，保护每个进程在运行期间免受其他进程干扰，实现进程的互斥、同步和通信。

进程是资源分配的基本单位，往往也是独立运行的基本单位。本章主要介绍进程的引入、进程的状态及转换、进程控制及线程。

2.1　进程的引入

早期的计算机系统中，一次只允许运行一道程序，因此程序运行时完全控制了系统中的所有资源。在现代计算机系统中，内存中通常存放多道程序，这些程序并发执行，为了描述并发程序执行时的特征，引入了进程。下面先对程序的顺序执行及并发执行做一个简单的描述。

2.1.1　前趋图

为了描述一个程序的各部分(程序段或语句)间的依赖关系，或者是一个大的计算的各个子任务间的因果关系，我们常常采用前趋图方式。如图 2.1 所示，前趋图是一个有向无循环图，用于描述程序、程序段或语句执行的先后次序，图中的每个结点可以表示一条语句、一个程序段或一个进程，结点间的有向边表示两个结点之间存在的前趋关系"→"：

$$\rightarrow = \{(P_i, P_j) \mid P_i \text{ 必须在 } P_j \text{ 开始执行之前完成}\}$$

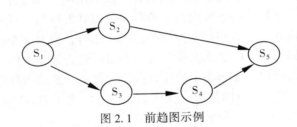

图 2.1　前趋图示例

如果(P_i，P_j) ∈ →，可以写成 P_i→P_j，则称 P_i 是 P_j 的直接前驱，P_j 是 P_i 的直接后继。若存在一个序列 P_i→P_j→…→P_k，则称 P_i 是 P_k 的前驱，P_k 是 P_i 的后继。在前趋图中，没有前驱的结点称为初始结点，没有后继的结点称为终止结点。图 2.1 给出了一个前趋图的示例，图中所描述的语句执行次序为：S_1 应首先启动执行，当 S_1 完成后才能启动 S_2 及 S_3 执行，S_3 完成后才能启动 S_4 执行，S_2 及 S_4 完成后才能启动 S_5 执行。

2.1.2 程序的顺序执行

人们利用计算机解题时，总要使用"程序"这一概念。程序的基本特性是它的顺序性，即一个程序通常由若干个操作组成，这些操作必须按照某种先后次序执行，仅当前一个操作执行完成后才能执行后继操作，这类计算过程就是程序的顺序执行过程。例如，系统中有 n 个作业，在执行每个作业时总是先输入程序和数据，然后进行计算，最后将所得的结果打印输出。若用 I_i、C_i 和 P_i 分别表示作业 i 的输入、计算及输出操作，则在顺序处理模式下这些操作的次序如图 2.2 所示。

图 2.2 程序的顺序执行

程序顺序执行时具有如下特征：

（1）顺序性。处理器的操作严格按照程序所规定的顺序执行，只有当上一个操作完成后，下一个操作才能开始执行。除了人为的干预造成机器暂时停顿外，前一个动作的结束就意味着后一个动作的开始。

（2）封闭性。程序一旦开始运行，其执行结果不受外界因素影响。因为程序在运行时独占系统的全部资源，除初始状态外，这些资源的状态只能由本程序改变，不受任何外界因素的影响。

（3）可再现性。只要程序执行时的初始条件和执行环境相同，当程序重复执行时，都将获得相同的结果（即程序的执行结果与时间无关）。

2.1.3 程序的并发执行

如果计算机系统中任何时刻只能运行一道作业，则系统的处理能力无法提高，系统资源利用率低下。为提高计算机系统的处理能力和资源利用率，现代计算机系统中普遍采用了多道程序设计技术，这样使得系统内的多道程序可以并发执行。让我们回到图 2.2 的例子，虽然同一作业的输入、计算和打印操作必须顺序执行，但对 n 个作业而言，有些操作是可以并发执行的，如作业 1 的输入操作完成后即可以进行该作业的计算操作；与此同时可以进行作业 2 的输入操作，即作业 1 的计算操作和作业 2 的输入操作可以并发执行。图 2.3 给出了一批作业并发执行时的情况。在图 2.3 中，I_1 先于 C_1 和 I_2，C_1 先于 P_1 和 C_2，P_1 先于 P_2；而 I_2 与 C_1，I_3、C_2 和 P_1 则可以并发执行。

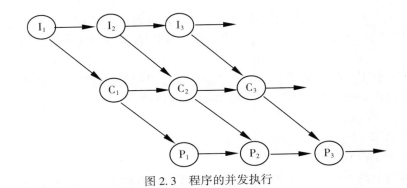

图 2.3　程序的并发执行

程序的并发执行是指若干个程序或程序段同时在系统中运行,这些程序或程序段的执行在时间上是重叠的,一个程序或程序段的执行尚未结束,另一个程序或程序段的执行已经开始。

程序的并发执行虽然提高了系统的处理能力和资源利用率,但它也带来了一些新问题,产生了一些与顺序执行时不同的特征。

(1)间断性。程序在并发执行时,由于它们共享资源或为完成同一项任务而相互合作,致使并发程序之间形成了相互制约关系。例如在图 2.3 中,若 C_1 未完成则不能进行 P_1,即作业 1 的打印操作暂时不能进行,这是由相互合作完成同一项任务而产生的直接制约关系;若 I_1 未完成则不能进行 I_2,即作业 2 的输入操作暂时不能进行,这是由共享资源而产生的间接制约关系。这种相互制约关系将导致并发程序具有"执行—暂停执行—执行"这种间断性的活动规律。

(2)失去封闭性。程序在并发执行时,多个程序共享系统中的各种资源,因而这些资源的状态将由多个程序来改变,致使程序的运行失去封闭性。这样一个程序在执行时,必然会受到其他程序的影响。例如,当处理器被某程序占用时,其他程序必须等待。

(3)不可再现性。程序并发执行时,由于失去了封闭性,也将导致失去其运行结果的可再现性。例如,有两个程序 A 和 B,它们共享一个变量 N。程序 A 对变量 N 执行 N=N+1 的操作;程序 B 对变量 N 执行 print(N)的操作。由于程序 A 和程序 B 都以各自独立的执行速度向前推进,故程序 A 的 N=N+1 操作既可以发生在程序 B 的 print(N)操作之前,也可以发生在 print(N)操作之后。假设某时刻 N 的值为 n,对于上述两种情况,执行完程序 A 和 B 的相应语句后,打印出来的 N 值分别为 n+1 和 n。

2.1.4　程序并发执行的条件

程序并发执行时具有结果不可再现的特征,这并不是使用者希望看到的结果。为此,要求程序在并发执行时必须保持封闭性和可再现性。由于并发执行失去封闭性的原因是共享资源,因此现在要做的工作就是消去这种影响。

1966 年,Bernstein 给出了程序并发执行的条件。为了描述方便起见,先定义一些表示方法:

R(P_i) = {a_1, a_2, ⋯, a_m}，表示程序段 P_i 在执行期间所需引用的所有变量的集合，称为读集；W(P_i) = {b_1, b_2, ⋯, b_n}，表示程序段 P_i 在执行期间要改变的所有变量的集合，称为写集。

若两个程序段 P_1 和 P_2 能满足下述三个条件，它们便能并发执行并且其结果具有可再现性。因该条件由 Bernstein 提出，故又称 Bernstein 条件。

(1) R(P_1) ∩ W(P_2) = { }；

(2) R(P_2) ∩ W(P_1) = { }；

(3) W(P_1) ∩ W(P_2) = { }。

其中，前两个条件保证一个程序在两次读操作之间存储器中的数据不会发生变化；最后一个条件保证程序写操作的结果不会丢失。只要同时满足三个条件，并发执行的程序就可以保持封闭性和可再现性。但这并没有解决所有问题，在实际程序执行过程中很难对这三个条件进行检查。

2.2　进程的定义及描述

在多道程序环境下，程序的并发执行破坏了程序的封闭性和可再现性，使得程序和计算不再一一对应，程序活动不再处于一个封闭系统中，程序的运行出现了许多新的特征。在这种情况下，程序这个静态概念已经不能如实地反映程序活动的这些特征，为此，人们引入了一个新的概念——进程。

2.2.1　进程的定义

进程的概念是 20 世纪 60 年代初期，首先由 MULTICS 系统和 IBM 公司的 TSS/360 系统引入的。从那以后，有许多人对进程下过各式各样的定义，但直至目前还没有一个统一的定义，这里给出几种比较容易理解又能反映进程实质的定义：

(1) 进程是程序在处理器上的一次执行过程。

(2) 进程是可以和别的计算并发执行的计算。

(3) 进程是程序在一个数据集合上的运行过程，是系统进行资源分配和调度的一个独立单位。

(4) 进程是一个具有一定功能的程序关于某个数据集合的一次运行活动。

上述这些描述从不同的角度对进程进行了定义，尽管各有侧重，但它们在本质上是相同的。

2.2.2　进程的特征

在多道程序系统中，多个进程并发执行，使得进程具有以下几个基本特征：

(1) 动态性。进程是程序在处理器上的一次执行过程，因而是动态的。动态特性还表现在它因创建而产生，由调度而执行，因得不到资源而暂停执行，最后由撤销而消亡。

(2) 并发性。多个进程实体同时存在于内存中，在一段时间内都得到运行。引入进程的目的就是为了使程序能与其他程序并发执行，以提高资源利用率。

（3）独立性。进程是能独立运行的基本单位，也是系统进行资源分配和调度的独立单位。

（4）异步性。系统中的各进程以独立的、不可预知的速度向前推进。

（5）结构性。为了描述和记录进程的运动变化过程，并使之能正确运行，应为每个进程配置一个进程控制块。这样，从结构上看，每个进程实体都由程序段、数据段和一个进程控制块组成。

2.2.3 进程和程序的关系

进程和程序是两个密切相关但又有所不同的概念，它们在以下几个方面存在区别和联系：

（1）进程是动态的，程序是静态的。进程是程序的一次执行过程；程序是一组代码的集合。

（2）进程是暂时的，程序是永久的。进程是一个状态变化的过程，有一定的生命周期。进程由创建而产生，因调度而执行，因等待资源而阻塞，因完成而撤销；程序可以作为资料而长久保存。

（3）进程与程序的组成不同。进程实体的组成包括程序、数据和进程控制块。

（4）进程与程序是密切相关的。通过多次执行，一个程序可以对应多个进程；通过调用关系，一个进程可以包括多个程序。

（5）进程可创建其他进程，而程序并不能形成新的程序。

2.2.4 进程控制块

进程控制块 PCB（Process Control Block）是进程实体的一部分，是进程存在的唯一标志。为了准确地描述每个进程，并对进程进行有效的控制与管理，系统为每个进程创建了一个进程控制块。系统通过进程控制块感知进程的存在，通过进程控制块中各项变量的变化了解进程的运行状况，根据进程控制块中各项信息对进程进行调度、控制和管理。因此，当进程创建时，系统为它建立一个 PCB；当进程在运行中状态发生变化时，系统将其运行信息记录在 PCB 中；当进程执行完毕时，系统回收其 PCB。所以 PCB 是进程在其生命期间的管理档案。尽管不同操作系统中进程控制块的结构不同，但通常包括下面所列出的内容：

（1）进程标识符。它是唯一标识进程的一个标识符或整数，以区别于系统内部的其他进程。在进程创建时，由系统为进程分配唯一的进程标识符。

（2）进程当前状态。说明进程的当前状态，以作为进程调度程序分配处理器的依据。

（3）进程队列指针。用于记录 PCB 队列中下一个 PCB 的地址。系统中的 PCB 可能组织成多个队列，如就绪队列、阻塞队列等。

（4）程序和数据地址。指出进程的程序和数据在内存或外存中的存放地址。

（5）进程优先级。反映进程获得 CPU 的优先级别，优先级高的进程可优先获得处理器。

（6）CPU 现场保护区。当进程因某种原因释放处理器时，CPU 现场信息被保存在 PCB 的该区域中，以便在进程重新获得处理器后能恢复执行。通常被保护的信息有通用寄存器、程序计数器、程序状态字等内容。

（7）通信信息。记录进程在执行过程中与其他进程所发生的信息交换情况。

（8）家族关系。有的系统允许进程创建子进程，从而形成一个进程家族树。在 PCB 中必须指明本进程与家族的关系，如它的子进程与父进程的标识。

（9）资源清单。列出进程所需资源及当前已分配资源。

2.3　进程的状态与转换

为了刻画进程的动态特征，可以将进程的生命期划分为一组状态，用这些状态来描述进程的活动过程。

2.3.1　进程的三种基本状态

在多道程序系统中，同时存在着多个进程，这些进程并发运行并共享资源，因而彼此之间相互制约，使得进程的状态不断发生变化。通常，一个进程至少应具有以下三种基本状态：

（1）就绪状态。进程已获得了除处理器以外的所有资源，一旦获得处理器就可以立即执行，此时进程所处的状态为就绪状态。处于就绪状态的进程已经具备了运行条件，但因为其他进程正占用处理器，使得它暂时不能运行而处于等待分配处理器的状态。在操作系统中处于就绪状态的进程可以有多个。

（2）执行状态。执行状态又称运行状态。当一个进程获得必要的资源并正在处理器上执行时，该进程所处的状态为执行状态。处于执行状态的进程数目不能大于处理器数目，在单处理器系统中处于执行状态的进程最多只有一个。

（3）阻塞状态。阻塞状态又称等待状态、睡眠状态。正在执行的进程，由于发生某事件而暂时无法执行下去（如等待输入/输出完成），此时进程所处的状态为阻塞状态。处于阻塞状态的进程尚不具备运行条件，这时即使处理器空闲，它也无法使用。系统中处于这种状态的进程可以有多个。

进程并非固定处于某一个状态，其状态会随着自身的推进和外界条件的变化而发生变化。通常，可以用一个进程状态转换图来说明系统中每个进程可能具备的状态，以及这些状态发生转换的可能原因。图 2.4 给出了进程的三种基本状态以及引起状态转换的典型原因。

从图 2.4 中可以看出，处于就绪状态的进程，当进程调度程序为之分配了处理器后，该进程便由就绪状态转变为执行状态；正在执行的进程因等待某事件发生时，如进程提出输入/输出请求并等待输入/输出操作完成，则进程由执行状态变为阻塞状态；处于阻塞状态的进程，当其等待的事件已经发生时，如输入/输出操作完成，则进程由阻塞状态转变

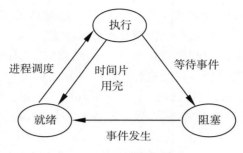

图 2.4　进程状态转换图

为就绪状态；正在执行的进程，如因时间片用完而暂停执行，该进程便由执行状态转变为就绪状态。

2.3.2　进程的创建状态和退出状态

在不少系统中，除了上述三种基本状态之外，又增加了两种状态，即创建状态和退出状态，如图 2.5 所示。

(1)创建状态。进程刚被创建，尚未放入就绪队列，此时进程所处的状态称为创建状态。创建状态也称为新建状态。

(2)退出状态。进程已结束运行，释放了除进程控制块之外的其他资源，此时进程所处的状态为退出状态。退出状态也称为终止状态。

从图 2.5 中可以看出，当系统有足够的资源能够接纳新进程时，将处于创建状态的进程移入就绪队列；当一个进程执行完成或因失败而终止时，进入退出状态。对于任何一个进程来说，它处于创建状态和退出状态只能一次，但可以在执行状态、就绪状态和阻塞状态之间多次转换。

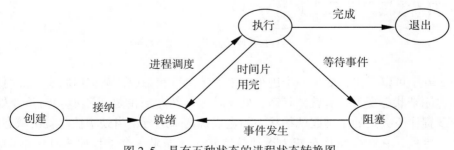

图 2.5　具有五种状态的进程状态转换图

2.3.3　进程的挂起状态

在某些系统中，为了更好地管理和调度进程及适应系统的功能目标，引入了挂起状态。引入挂起状态可能基于下述原因：

（1）系统有时可能出故障或某些功能受到破坏，这时就需要暂时将系统中的进程挂起，以便系统故障消除后，再将这些进程恢复到原来状态。

（2）用户检查自己作业的中间执行情况和中间结果时，因同预期想法不符而产生怀疑，这时用户要求挂起他的进程，以便进行某些检查和改正。

（3）系统中有时负荷过重（进程数过多），资源数相对不足，从而造成系统效率下降。此时需要挂起一部分进程以调整系统负荷，等系统中负荷减轻后再恢复被挂起进程的运行。

（4）在操作系统中引入了虚拟存储管理技术后，需要区分进程是驻留在内存还是外存，此时可以用挂起表示进程驻留在外存。

图 2.6 给出了具有挂起状态的进程状态转换图。与图 2.4 相比，在具有挂起状态的进程状态转换图中，对就绪状态和阻塞状态进行了细分，增加了两个新的状态：挂起就绪和挂起阻塞。为了易于区分，将原来的就绪状态称为活动就绪，将原来的阻塞状态称为活动阻塞。

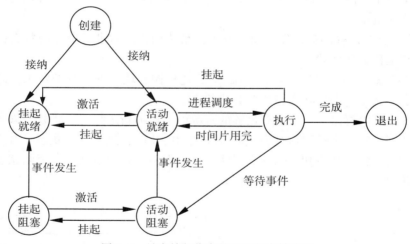

图 2.6　具有挂起状态的进程状态转换图

从图 2.6 中可以看出，如果一个进程原来处于执行状态或活动就绪状态，此时可因挂起命令而由原来状态变为挂起就绪状态，处于挂起就绪状态的进程不能参与争夺处理器，即进程调度程序不会把处于挂起就绪状态的进程挑选来运行；当处于挂起就绪状态的进程接到激活命令后，它就由原状态变为活动就绪状态；如果一个进程原来处于活动阻塞状态，它可因挂起命令而变为挂起阻塞状态，直到激活命令才能把它重新变为活动阻塞状态；处于挂起阻塞状态的进程，其所等待的事件发生后，该进程就由原来的挂起阻塞状态变为挂起就绪状态。

2.4 进程控制

进程控制的职责是对系统中的所有进程实施有效的管理,其功能包括进程创建、进程撤销、进程阻塞与唤醒、进程的挂起与激活等。这些功能一般由操作系统内核中的原语(primitive)来实现。原语是由若干条机器指令构成的一段程序,用以完成特定功能,这段程序在执行期间不可分割。这就是说,原语的执行不能被中断,所以原语操作具有原子性。

在现代操作系统设计中,往往把一些与硬件紧密相关的模块或运行频率较高的模块以及为许多模块所公用的一些基本操作安排在靠近硬件的软件层次中,并使它们常驻内存,以提高操作系统的运行效率,通常把这部分软件称为操作系统内核。操作系统内核是基于硬件的第一次软件扩充,它为系统控制和进程管理提供了良好的环境。操作系统内核的主要功能包括中断、时钟管理、进程管理、存储器管理、设备管理等。

一个计算机系统中通常都有两种运行状态,即核心态和用户态。当操作系统内核程序执行时处于核心态,当用户程序运行时处于用户态。

(1)核心态又称管态、系统态,是操作系统管理程序执行时机器所处的状态。这种状态具有较高的特权,能执行一切指令,访问所有的寄存器和存储区。

(2)用户态又称目态,是用户程序执行时机器所处的状态。这种状态具有较低特权,只能执行规定的指令,访问指定的寄存器和存储区。

之所以要区分两种运行状态,是为了给操作系统内核某些特权。例如改变状态寄存器的内容,这些特权是通过执行特权指令实现的,仅当在核心态下才能执行特权指令,在用户态下执行特权指令是非法的。

2.4.1 进程创建

1. 进程图

一个进程可以创建若干个新进程,新创建的进程又可以创建子进程,为了描述进程之间的创建关系,引入了如图 2.7 所示的进程图。

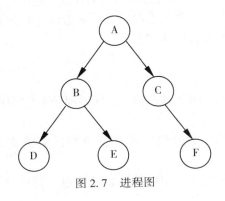

图 2.7 进程图

进程图又称为进程树或进程家族树，是描述进程家族关系的一棵有向树。图中的结点表示进程，若进程 A 创建了进程 B，则从结点 A 有一条有向边指向结点 B，说明进程 A 是进程 B 的父进程，进程 B 是进程 A 的子进程。创建父进程的进程称为祖父进程，从而形成了一棵进程家族树，把树的根结点称为进程家族的祖先。例如，若进程 A 创建了子进程 B、C，进程 B 又创建了自己的子进程 D、E，进程 C 创建了子进程 F，则构成了一棵如图 2.7 所示的进程家族树，其中进程 A 是该家族的祖先。

2. 进程创建原语

在多道程序环境中，只有进程才可以在系统中运行。为了使一个程序能运行，必须为它创建进程。引起进程创建的事件大致有以下几类：

（1）调度新作业。在批处理系统中，提交给操作系统的作业通常存放在磁带或磁盘上。当作业调度程序选中某个作业时，便为该作业创建进程，分配必要的资源并插入就绪队列。

（2）用户登录。在交互式系统中，当用户登录进入系统时，操作系统要建立新进程（如命令解释进程），负责接收并解释用户输入的命令。

（3）操作系统提供服务。当运行中的用户程序向操作系统提出某种请求时，操作系统也会创建进程来完成用户程序所需要的服务功能。例如，用户程序请求打印一个文件，操作系统将建立一个打印进程，负责管理用户程序需要的打印工作。

（4）应用请求。前三种情况下都是由操作系统根据需要为用户创建进程的，事实上应用程序也可以根据需要来创建一个新进程，使之与父进程并发执行，以完成特定的任务。例如，一个应用进程可以创建另一个进程，后者接收前者生成的数据，并把它们重新组织以满足后面分析的需要。

进程创建原语的功能是创建一个新进程，其主要操作过程如下：

（1）向系统申请一个空闲 PCB。从系统的 PCB 表中找出一个空闲的 PCB 表项，并指定唯一的进程标识号（PID）。

（2）为新进程分配资源。根据新进程提出的资源需求为其分配资源，例如为新进程分配内存空间以存放其程序及数据。

（3）初始化新进程的 PCB。在新进程的 PCB 中填入进程名、家族信息、程序和数据地址、进程优先级、资源清单及进程状态等信息。一般新进程的状态为就绪状态。

（4）将新进程的 PCB 插入就绪队列。

2.4.2　进程撤销

一个进程在完成其任务后应予以撤销，以便及时释放它所占用的各类资源。引起进程撤销的事件大致有以下几类：

（1）进程正常结束。当一个进程完成其任务后，应该将其撤销并释放其所占有的资源。

（2）进程异常结束。在进程运行期间，如果出现了错误或故障，则进程被迫结束运行。导致进程异常结束的事件较多，如运行超时、内存不足、越界错误、I/O 故障、算术运算错等。

（3）外界干预。进程因外界的干预而被迫结束运行。外界干预包括操作人员或操作系统的干预，如为了解除死锁，操作人员或操作系统要求撤销进程；父进程终止，当父进程终止时操作系统会终止其子孙进程；父进程请求，父进程有权请求系统终止其子孙进程。

撤销原语可以采用两种撤销策略：一种策略是只撤销指定标识符的进程，另一种策略是撤销指定进程及其所有子孙进程。下面给出的是后一种撤销策略的功能描述。

撤销原语的功能是撤销一个进程，其主要操作过程如下：

（1）从系统的 PCB 表中找到被撤销进程的 PCB。

（2）检查被撤销进程的状态是否为执行状态，若是则立即停止该进程的执行，设置重新调度标志，以便在该进程撤销后将处理器分配给其他进程。

（3）检查被撤销进程是否有子孙进程，若有子孙进程还应撤销该进程的子孙进程。

（4）回收该进程占有的全部资源并回收其 PCB。

2.4.3 进程阻塞与唤醒

当进程在执行过程中因等待某事件的发生而暂停执行时，进程调用阻塞原语将自己阻塞起来，并主动让出处理器。当阻塞进程等待的事件发生时，由事件的发现者进程调用唤醒原语将阻塞的进程唤醒，使其进入就绪状态。引起进程阻塞和唤醒的事件大致有以下几类：

（1）请求系统服务。当正在执行的进程向系统请求某种服务时，由于某种原因其要求无法立即满足，进程便暂停执行而变为阻塞状态。例如，当进程在执行中请求打印服务时，由于打印机已被其他进程占用，请求者只能进入阻塞状态去等待。当进程请求的系统服务完成时，应将阻塞进程唤醒。

（2）启动某种操作并等待操作完成。当进程执行时启动了某操作，且进程只有在该操作完成后才能继续执行，那么进程也将暂停执行而变为阻塞状态。例如，进程启动了某 I/O 设备进行 I/O 操作，但由于设备速度较慢而不能立刻完成指定的 I/O 任务，所以进程进入阻塞状态等待。当进程启动的操作完成时，应将阻塞进程唤醒。

（3）等待合作进程的协同配合。相互合作的进程，有时需要等待合作进程提供新的数据或等待合作进程做出某种配合而暂停执行，那么进程也将停止执行而变为阻塞状态。例如，计算过程不断地计算结果并存入缓冲区中，而打印进程不断地从缓冲区中取出数据进行打印。如果计算进程尚未将数据送到缓冲区中，则打印进程只能变为阻塞状态去等待。当合作进程完成协同任务时，应将阻塞进程唤醒。

（4）系统进程无新工作可做。系统中往往设置了一些具有特定功能的系统进程，每当它们的任务完成后便将自己阻塞起来，以等待新任务的到来。例如系统中设置的发送进程，若已有发送请求全部完成且尚无新的发送请求，这时发送进程将阻塞等待。当系统进程收到了新的任务请求时，应将阻塞进程唤醒。

阻塞原语的功能是将进程由执行状态转变为阻塞状态，其主要操作过程如下：

（1）停止当前进程的执行。进程阻塞时，由于该进程正处于执行状态，故应停止该进程的执行。

（2）保存该进程的 CPU 现场信息。为了使进程以后能够重新调度运行，应将该进程的现场信息送入其 PCB 现场保护区中保存起来。

（3）将进程状态改为阻塞，并插入到相应事件的等待队列中。

（4）转进程调度程序，从就绪队列中选择一个新的进程投入运行。

唤醒原语的功能是将进程由阻塞状态转变为就绪状态，其主要操作过程如下：

（1）将被唤醒进程从相应的等待队列中移出。

（2）将进程状态改为就绪，并将该进程插入就绪队列。

（3）在某些系统中，如果被唤醒进程比当前运行进程的优先级更高，可能需要设置调度标志。

应当注意的是，一个进程由执行状态转变为阻塞状态，是这个进程自己调用阻塞原语去完成的，而进程由阻塞状态转变为就绪状态，则是另一个发现者进程调用唤醒原语实现的，一般这个发现者进程与被唤醒进程是合作的并发进程。

2.4.4　进程的挂起与激活

当需要挂起某个进程时可以调用挂起原语。应注意，调用挂起原语的进程只能挂起它自己或它的子孙进程。挂起原语的实现方式有多种：把发出挂起原语的进程自身挂起、挂起具有指定标识符的进程、把某进程及其全部或部分（例如具有指定优先数的）子孙进程挂起。下面以挂起具有指定标识符的进程为例，说明挂起原语的主要操作过程。

（1）以进程标识符为索引，到 PCB 表中查找该进程的 PCB。

（2）检查该进程的状态。

（3）若状态为执行，则停止该进程执行并保护 CPU 现场信息，将该进程状态改为挂起就绪。

（4）若状态为活动阻塞，则将该进程状态改为挂起阻塞。

（5）若状态为活动就绪，则将该进程状态改为挂起就绪。

（6）若进程挂起前为执行状态，则转进程调度，从就绪队列中选择一个进程投入运行。

激活原语使处于挂起状态的进程变成活动状态，即将挂起就绪状态变成活动就绪状态，将挂起阻塞状态变成活动阻塞状态。一旦被激活的进程处于活动就绪状态，由于其优先级可能已发生改变，便可能引起处理器的重新调度。同样，激活原语也可以有多种激活方式：如激活一个具有指定标识符的进程，或者激活某进程及其所有的子孙进程。下面以激活具有指定标识符的进程为例，说明激活原语的主要操作过程。

（1）以进程标识符为索引，到 PCB 表中查找该进程的 PCB。

（2）检查该进程的状态。

（3）若状态为挂起阻塞，则将该进程状态改为活动阻塞。

（4）若状态为挂起就绪，则将该进程状态改为活动就绪。

（5）若进程激活后为活动就绪状态，可能需要转进程调度。

2.5 进程的组织

现代操作系统大都采用了多道程序设计技术，这样一个系统中可能会同时存在许多进程，它们有的处于就绪状态，有的处于阻塞状态，而且阻塞的原因各不相同，为了方便进程的调度和管理，需要将各进程的进程控制块用适当的方法组织起来。目前常用的进程组织方式有三种：线性方式、链接方式、索引方式。

（1）线性方式。线性方式是将系统中所有进程 PCB 顺序存放在一片连续内存中，如图2.8 所示。这种实现方式最简单，通常是由操作系统预先确定系统中同时存在进程的最大数目，比如 n，然后为 PCB 的存放静态分配内存空间，此后系统中进程的 PCB 都存放在此 PCB 表中。早期的 UNIX 系统就采用了这种方式。这种方式存在的主要问题是限制了同时存在进程的最大数目。

图 2.8　线性方式

（2）链接方式。链接方式是将系统中同一状态的进程控制块链接成一个队列，不同状态对应不同的队列，如图 2.9 所示。在单 CPU 的情况下，处于运行状态的进程只有一个，可以使用指针指向它的 PCB。处于就绪状态的进程可以有若干个，它们的 PCB 通过链接指针链接成一个队列；类似地系统中的多个阻塞进程也可以构成阻塞队列。

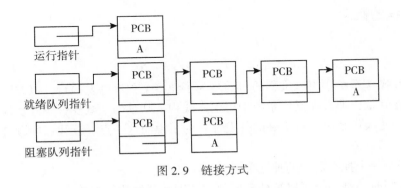

图 2.9　链接方式

（3）索引方式。索引方式是将系统中同一状态的进程组织在一个索引表中，索引表的表项指向相应的 PCB，不同状态对应不同的索引表，各索引表在内存的起始地址放在专门的指针单元中，如图 2.10 所示。

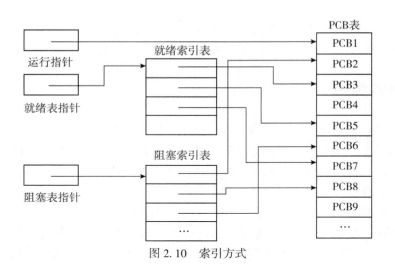

图 2.10　索引方式

2.6　线程

线程是近年来操作系统领域出现的一个非常重要的技术，其重要程度一点也不亚于进程。在传统的操作系统中，进程是系统进行资源分配的基本单位，同时也是处理器调度的基本单位。进程在任一时刻只有一个执行控制流，通常将这种结构的进程称为单线程结构进程。

随着计算机软硬件技术的发展，人们需要把并发的机制引入进程的内部来提高并发执行的程度，又想减少进程切换的开销，因此要求操作系统改进进程结构，提供新的机制，于是引入了多线程结构进程。多线程结构进程是指一个进程中包含多个线程。

2.6.1　线程的概念

1. 线程的引入

如果说在操作系统中引入进程的目的是为了使多个程序并发执行，以改善资源利用率及提高系统吞吐量；那么在操作系统中再引入线程，则是为了减少程序并发执行时所付出的时空开销，使操作系统具有更好的并发性。为了说明这一点，让我们回顾进程的两个基本属性。

（1）进程是一个拥有资源的独立单元。

（2）进程同时又是一个可以被处理器独立调度和分派的基本单元。

上述两个属性构成了进程并发执行的基础。然而为了使进程能并发执行，操作系统还必须进行一系列操作，如创建进程、撤销进程和进程切换。在进行这些操作时，操作系统要为进程分配资源及回收资源，为运行进程保存现场信息，这些工作都需要付出较多的时间及空间开销。正因为如此，在系统中不宜设置过多的进程，进程切换的频率也不能太高，从而限制了系统并发程度的进一步提高。

为使多个程序更好地并发执行，并尽量减少操作系统的开销，不少操作系统研究者考虑将进程的两个基本属性分离开来，分别交由不同的实体来实现。为此，操作系统设计者引入了线程，让线程去完成第二个基本属性的任务（即线程是独立调度和分派的基本单元），而进程只完成第一个基本属性的任务（即进程是资源分配的基本单元）。

2. 线程的定义

线程的定义情况与进程类似，存在多种不同的提法。这些提法可以相互补充对线程的理解，下面列出一些较权威的定义：

(1)线程是进程内的一个执行单元。

(2)线程是进程内的一个可调度实体。

(3)线程是程序（或进程）中相对独立的一个控制流序列。

(4)线程是执行的上下文，其含义是执行的现场数据和其他调度所需的信息（这种观点来自 Linux 系统）。

综上所述，我们不妨将线程定义为：线程是进程内一个相对独立的、可调度的执行单元。线程自己基本上不拥有资源，只拥有一点在运行时必不可少的资源（如程序计数器、一组寄存器和栈），但它可以与同属一个进程的其他线程共享进程拥有的全部资源。一个线程可以创建和撤销另一个线程；同一个进程的多个线程之间可以并发执行。线程也有就绪、阻塞、和执行三种基本状态。一个进程至少有一个线程。

多线程是指一个进程中有多个线程，这些线程共享该进程资源，这些线程驻留在相同的地址空间中，共享数据和文件。如果一个线程修改了一个数据项，其他线程可以了解和使用此结果数据。一个线程打开并读一个文件时，同一进程中的其他线程也可以同时读此文件。

引入线程后，线程作为 CPU 调度单位，而进程只作为其他资源的分配单位。线程减小了并发执行的时间和空间开销（线程的创建、退出和调度），因此容许在系统中建立更多的线程来提高并发程度。如：线程的创建时间比进程短；线程的终止时间比进程短；同一进程内的线程切换时间比进程短；由于同一进程内线程间共享内存和文件资源，可直接进行不通过内核的通信。

3. 线程的实现

在操作系统中有多种方式可实现对线程的支持。最自然的方法是由操作系统内核提供线程的控制机制。在只有进程概念的操作系统中，可以由用户程序利用函数库提供线程的控制机制。还有一种做法是同时在操作系统内核和用户程序两个层次上提供线程控制机制。

线程可分为内核级线程和用户级线程。

内核级线程是指依赖于内核，由操作系统内核完成创建、撤销和切换的线程。在支持内核级线程的操作系统中，内核维护进程和线程的上下文信息并完成线程切换工作。一个内核级线程由于 I/O 操作而阻塞时，不会影响其他线程的运行。这时，处理器时间分配的对象是线程，所以有多个线程的进程将获得更多处理器时间。

用户级线程是指不依赖于操作系统内核，由应用进程利用线程库提供创建、同步、调度和管理线程的函数来控制的线程。由于用户级线程的维护由应用进程完成，不需要操作系统内核了解用户级线程的存在，因此可以用于不支持内核级线程的多用户操作系统，甚至是单用户操作系统。用户级线程切换不需要内核特权，用户级线程调度算法可针对应用优化，在许多应用软件中都有自己的用户级线程。由于用户级线程的调度在应用进程内部进行，通常采用非抢占式和更简单的规则，也无需用户态/核心态切换，因此速度特别快。当然，由于操作系统内核不了解用户级线程的存在，当一个线程阻塞时，整个进程都必须等待，这时处理器时间是分配给进程的，进程内有多个线程时，每个线程的执行时间相对就少一些。

在有些操作系统中，提供了上述两种方法的组合实现。在这种系统中，内核支持多线程的建立、调度与管理；同时，系统中又提供使用线程库的便利，允许用户应用程序建立、调度和管理用户级的线程。由于同时提供内核线程控制机制和用户线程库，因此可以很好地将内核级线程和用户级线程的优点结合起来，由此产生了不同的多线程模型，即多对一模型、一对一模型、多对多模型。

（1）多对一模型（many-to-one model）：将多个用户级线程映射到一个内核级线程。线程管理在用户空间完成，所以它的效率比较高。当一个线程因执行系统调用而阻塞时，那么整个进程都被阻塞。另外，因为一次只有一个线程可以访问内核，所以在多处理器环境中多个线程不能够并发执行。

（2）一对一模型（one-to-one model）：将每个用户级线程映射到一个内核级线程。当一个线程因执行系统调用而阻塞时，允许调度其他线程运行，从而提供了比多对一模型更好的并发性；它也允许多个线程在多处理器环境中并行执行。这种模型的唯一缺点在于创建一个用户级线程就需要创建一个相应的内核级线程。因为创建内核级线程的开销会加重应用程序的负担，所以这种模型的大多数实现都要限制系统支持的线程数量。

（3）多对多模型（many-to-many model）：将多个用户级线程映射到较少或相等个数的内核级线程上。内核级线程的数量由具体的应用程序或具体的机器确定。

2.6.2　线程与进程的比较

由于进程与线程密切相关，因此有必要对进程与线程的异同进行比较，可以从以下几个方面对它们进行比较。

（1）调度。在传统的操作系统中，拥有资源和独立调度的基本单位都是进程。在引入线程的操作系统中，线程是独立调度的基本单位，进程是资源拥有的基本单位。在同一进程中，线程的切换不会引起进程切换。在不同进程中进行线程切换，如从一个进程内的线程切换到另一个进程中的线程时，将会引起进程切换。

（2）拥有资源。不论是传统操作系统还是设有线程的操作系统，进程都是拥有资源的基本单位，而线程不拥有系统资源（也有一点必不可少的资源），但线程可以访问其隶属进程的系统资源。

　　(3)并发性。在引入线程的操作系统中，不仅进程之间可以并发执行，而且同一进程内的多个线程之间也可以并发执行，从而使操作系统具有更好的并发性，大大提高了系统的吞吐量。

　　(4)系统开销。由于创建进程或撤销进程时，系统都要为之分配或回收资源，如内存空间、I/O 设备等，操作系统所付出的开销远大于创建或撤销线程时的开销。类似地，在进行进程切换时，涉及当前执行进程 CPU 环境的保存及新调度到的进程 CPU 环境的设置，而线程切换时只需保存和设置少量寄存器内容，因此开销很小。另外，由于同一进程内的多个线程共享进程的地址空间，因此，这些线程之间的同步与通信非常容易实现，甚至无需操作系统的干预。

2.7　小结

　　1. 一个程序通常由若干个操作组成，这些操作必须按照某种先后次序执行，仅当前一个操作执行完成后才能执行后继操作，这类计算过程就是程序的顺序执行过程。程序顺序执行时具有如下特征：

　　(1)顺序性：处理器的操作严格按照程序所规定的顺序执行，当上一个操作完成后下一个操作才能开始。

　　(2)封闭性：程序一旦开始运行，其执行结果不受外界因素影响。

　　(3)可再现性：只要程序执行时的初始条件和执行环境相同，当程序重复执行时，都将获得相同的结果。

　　2. 程序的并发执行是指若干个程序或程序段同时在系统中运行，这些程序或程序段的执行在时间上是重叠的，一个程序或程序段的执行尚未结束，另一个程序或程序段的执行已经开始。程序并发执行时有如下特征：

　　(1)间断性：程序在并发执行时具有"执行—暂停执行—执行"这种间断性的活动规律。

　　(2)失去封闭性：并发执行的程序共享系统中的各种资源，因而这些资源的状态将由多个程序来改变，致使程序的运行失去封闭性。

　　(3)不可再现性：程序并发执行时，由于失去了封闭性，也将导致失去其运行结果的可再现性。

　　3. 进程是程序在一个数据集合上的运行过程，是系统进行资源分配和调度的一个独立单位。进程具有以下特征：

　　(1)动态性：进程是一个动态的概念，是程序在处理器上的一次执行过程。

　　(2)并发性：多个进程实体同时存在于内存中，在一段时间内并发执行。

　　(3)独立性：进程是能独立运行的基本单位，也是系统进行资源分配和调度的独立单位。

　　(4)异步性：系统中的各进程以独立的、不可预知的速度向前推进。

(5) 结构性：从结构上看，进程由程序段、数据段和一个进程控制块组成。

4. 进程控制块是描述进程属性的数据结构，进程控制块中通常包含进程名、进程当前状态、进程队列指针、程序和数据地址、进程优先级、CPU 现场保护区、通信信息、家族关系、资源清单等信息。

5. 进程有三种基本状态：

(1) 就绪状态：进程已获得除处理器外的所有资源，一旦获得处理器就可以立即执行。

(2) 执行状态：进程获得必要的资源并正在处理器上执行。

(3) 阻塞状态：进程因等待某事件的发生而暂时无法执行下去。

6. 进程控制的职责是对系统中的所有进程实施有效的管理。常见的进程控制原语有进程创建、进程撤销、进程阻塞和进程唤醒。

7. 操作系统内核是基于硬件的第一次软件扩充。现代操作系统中把一些与硬件紧密相关或运行频率较高的模块以及公用的一些基本操作安排在靠近硬件的软件层次中，并使它们常驻内存以提高操作系统的运行效率，通常把这部分软件称为操作系统内核。操作系统内核的主要功能包括中断、时钟管理、进程管理、存储器管理、设备管理等。

8. 原语是由若干条机器指令构成的一段程序，用以完成特定功能，这段程序在执行期间不可分割。

9. 计算机系统中有两种运行状态：核心态和用户态。核心态是操作系统管理程序执行时机器所处的状态。用户态是用户程序执行时机器所处的状态。

10. 线程是进程内一个相对独立的、可调度的执行单元。线程自己基本上不拥有资源，只拥有一点在运行时必不可少的资源(如程序计数器、一组寄存器和栈)，但它可以与同属一个进程的其他线程共享进程拥有的资源。

练习题 2

1. 单项选择题

(1) 分配到必要的资源并获得处理器时的进程状态是_____。

　　A. 就绪状态　　　　B. 执行状态　　　　C. 阻塞状态　　　　D. 撤销状态

(2) 操作系统使用_____对进程进行管理和控制。

　　A. 指令　　　　　　B. 信号量　　　　　C. 信箱　　　　　　D. 原语

(3) 程序的顺序执行通常在___①___的工作环境中，具有以下特征___②___；程序的并发执行在___③___的工作环境中，具有如下特征___④___。

　　A. 单道程序　　　　　　　　　　B. 多道程序

　　C. 程序的可再现性　　　　　　　D. 资源共享

(4) 下列进程状态变化中，_____变化是不可能发生的。

　　A. 运行→就绪　　B. 运行→等待　　C. 等待→运行　　D. 等待→就绪

（5）当＿＿＿＿＿＿时，进程从运行状态转变为就绪状态。

    A. 进程被调度程序选中   B. 等待的事件发生

    C. 等待某一事件   D. 时间片到

（6）下面对进程的描述中，错误的是＿＿＿＿＿＿＿。

    A. 进程是动态的概念   B. 进程执行需要处理器

    C. 进程是有生命期的   D. 进程是指令的集合

（7）操作系统通过＿＿＿＿＿＿对进程进行管理。

    A. JCB   B. DCT   C. PCB   D. CHCT

（8）下面所述步骤中，＿＿＿＿＿＿＿不是创建进程所必需的。

    A. 由调度程序为进程分配 CPU   B. 建立一个进程控制块

    C. 将进程控制块链入就绪队列   D. 为进程分配内存

（9）多道程序环境下，操作系统分配资源以＿＿＿＿＿＿＿为基本单位。

    A. 程序   B. 指令   C. 进程   D. 作业

（10）如果系统中有 n 个进程，则就绪队列中进程的个数最多为＿＿＿＿＿＿。

    A. n+1   B. n-1   C. 1   D. n

（11）下述哪一个选项，体现了原语的主要特点＿＿＿＿＿＿。

    A. 并发性   B. 异步性   C. 共享性   D. 不可分割性

（12）下面对父进程和子进程的叙述不正确的是＿＿＿＿＿＿。

    A. 父进程创建了子进程，因此父进程执行完了子进程才能运行

    B. 父进程和子进程之间可以并发

    C. 父进程可以等待所有子进程结束后再执行

    D. 撤销父进程之时，可以同时撤销其子进程

（13）并发进程失去了封闭性是指＿＿＿＿＿＿。

    A. 多个相对独立的进程以各自的速度向前推进

    B. 并发进程的执行结果与速度无关

    C. 并发进程执行时，在不同时刻发生的错误

    D. 并发进程共享变量，其执行结果与速度有关

（14）下列几种关于进程的叙述中，最不符合操作系统对进程理解的是＿＿＿＿＿＿。

    A. 进程是在多程序并行环境中的完整的程序

    B. 进程可以由程序，数据和进程控制块描述

    C. 线程（Thread）是一种特殊的进程

    D. 进程是程序在一个数据集合上运行的过程，是系统进行资源分配和调度的一个独立单位

（15）当一个进程处于＿＿＿＿＿＿的状态时，称其为等待状态

    A. 它正等待调度   B. 它正等待协作进程的一个消息

    C. 它正等待分给它一个时间片   D. 它正等待进入内存

（16）进程从执行状态到阻塞状态可能是由于_____。

  A. 进程调度程序的调度   B. 现运行进程的时间片用完

  C. 现运行进程执行了 P 操作 D. 现运行进程执行了 V 操作

（17）一个进程被唤醒意味着_____。

  A. 该进程重新占有了 CPU   B. 进程状态变为就绪

  C. 它的优先权变为最大   D. 其 PCB 移至就绪队列的队首

（18）一个进程基本状态可以从其他两种基本状态转变过来，这个基本状态是_____。

  A. 执行状态   B. 阻塞状态   C. 就绪状态   D. 撤销状态

（19）关于线程和进程，下列说法中正确的是_____。

  A. 线程一定是分配处理器时间的基本单位

  B. 进程一定是分配处理器时间的基本单位

  C. 一个线程可以属于多个进程

  D. 一个进程可以拥有多个线程

（20）进程自身决定_____。

  A. 从运行状态到阻塞状态   B. 从运行状态到就绪状态

  C. 从就绪状态到运行状态   D. 从阻塞状态到就绪状态

2. 填空题

（1）进程的基本状态有执行、__①__和__②__。

（2）进程的基本特征是__①__、__②__、__③__、__④__及__⑤__。

（3）进程由__①__、__②__、__③__三部分组成，其中__④__是进程存在的唯一标志。而__⑤__部分也可以为其他进程共享。

（4）进程是一个程序对某个数据集的_____。

（5）程序并发执行与顺序执行时相比产生了一些新特征，分别是__①__、__②__和__③__。

（6）设系统中有 n（n>2）个进程，且当前不在执行进程调度程序，试考虑下述 4 种情况：

  ①没有运行进程，有 2 个就绪进程，n 个进程处于等待状态。

  ②有 1 个运行进程，没有就绪进程，n-1 进程处于等待状态。

  ③有 1 个运行进程，有 1 个就绪进程，n-2 进程处于等待状态。

  ④有 1 个运行进程，n-1 个就绪进程，没有进程处于等待状态。

  上述情况中，不可能发生的情况是_____。

（7）在操作系统中引入线程概念的主要目的是_____。

（8）在一个单处理器系统中，若有 5 个用户进程，且假设当前时刻为用户态，则处于就绪状态的用户进程最多有__①__个，最少有__②__个。

（9）下面关于进程的叙述中，不正确的有_____条。

①进程申请 CPU 得不到满足时，其状态变为等待状态。

②在单 CPU 系统中，任一时刻都有一个进程处于运行状态。

③优先级是进行进程调度的重要依据，一旦确定不能改变。

④进程获得处理器而运行是通过调度而实现的。

(10)程序顺序执行时的三个特征是___①___、___②___和___③___。

(11)如果系统中有 n 个进程，则在等待队列中进程的个数最多可为_____个。

(12)在操作系统中，不可中断执行的操作称为_____。

3. 解答题

(1)进程的定义是什么？它最少有哪几种状态？

(2)什么是管态？什么是目态？

(3)试画出下面四条语句的前趋图：

S₁：a=x+2；　　　S₂：b=y+4；　　　S₃：c=a+b；　　　S₄：d=c+6；

(4)试利用 Bernstein 条件证明解答题 3 中的语句 S₁ 和 S₂ 可以并发执行，而语句 S₃ 和 S₄ 不能并发执行。

(5)进程与线程的主要区别是什么？

(6)进程控制块何时产生？何时消除？它有什么作用？

(7)已知一个求值公式(A²+3B)/(B+5A)，若 A，B 已赋值，试画出该公式求值过程的前趋图。

(8)试对下列系统任务做出比较：

①创建一个进程与创建一个线程；

②两个进程间通信与同一进程中两个线程间通信；

③同一进程中两个线程的上下文切换与不同进程中两个线程的上下文切换。

(9)在一个分时操作系统中，进程可能出现如图 2.11 所示的变化，请把产生每一种变化的具体原因填在表 2.1 的相应框中。

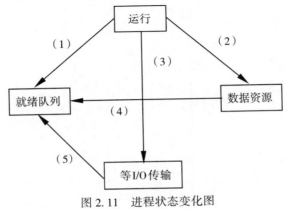

图 2.11　进程状态变化图

表 2.1　　　　　　　　　　　　　　进程状态变化原因

变化	原　因
（1）	
（2）	
（3）	
（4）	
（5）	

第 3 章　进程同步与通信

在多道程序系统中，进程是并发执行的，这些进程之间存在着不同的制约关系。这种制约关系来源于并发进程的合作以及对资源的共享，体现在如下两个方面：

第一，某一进程若收不到另一进程给它提供的必要信息就不能继续运行下去，这种情况表明了两个进程之间在某些点上要交换信息，相互交流运行情况。这种制约关系的基本形式是"进程—进程"，称为直接制约关系。

第二，若某一进程要求使用某一资源，而该资源正被另一进程使用，并且这一资源不允许两个进程同时使用，那么该进程只好等待已占用资源的进程释放资源后才能使用。这种制约关系的基本形式是"进程—资源—进程"，称为间接制约关系。

进程之间的这种相互依赖又相互制约、相互合作又相互竞争的关系，意味着进程之间需要某种形式的通信，这主要表现为同步和互斥两个方面。本章主要介绍进程的同步与互斥概念、实现进程同步与互斥的设施以及进程通信。

3.1　同步与互斥的基本概念

3.1.1　临界资源与临界区

进程在运行过程中，一般会与其他进程共享资源，而有些资源的使用具有排他性。例如，有两个进程 A、B 共享一台打印机，若让它们任意使用，则可能发生的情况是两个进程的输出结果交织在一起，很难区分。解决的方法是进程 A 要使用打印机时应先提出申请，一旦系统把打印机分配给进程 A，则打印机一直为进程 A 所占有；进程 B 若要使用这一资源，就必须等待，直到进程 A 用完打印机并释放打印机后，系统才能将打印机分配给进程 B 使用。

由此可见，系统中的多个进程可以共享系统中的各种资源，然而其中许多资源一次只能为一个进程所使用。我们把一次仅允许一个进程使用的资源称为临界资源。许多物理设备都属于临界资源，如打印机、绘图机等。除物理设备外，还有许多变量、数据等都可由若干进程所共享，它们也属于临界资源。进程中访问临界资源的那段代码称为临界区，也可以称为临界段。我们将所有与同一临界资源相关联的临界区称为同类临界区。

例如，有两个进程 A 和 B，它们共享一个变量 x，且两个进程按以下方式对变量 x 进行访问和修改：

A：　　　　R1 = x；

　　　　　　R1 = R1+1；

　　　　　　x = R1；

B：　　　　R2 = x；

　　　　　　R2 = R2+1；

　　　　　　x = R2；

其中 R1 和 R2 为处理器中的两个寄存器。这里，两个进程各自对 x 作了加 1 操作，相应地，x 增加了 2。如果两个进程按另一种顺序对变量进行修改：

A：　　　　R1 = x；

B：　　　　R2 = x；

A：　　　　R1 = R1+1；

　　　　　　x = R1；

B：　　　　R2 = R2+1；

　　　　　　x = R2；

虽然两个进程也各自对 x 作了加 1 操作，但 x 却只增加了 1。为了防止这种错误的发生，变量 x 也应按临界资源处理，即让两个进程顺序使用变量 x。

为了保证临界资源的正确使用，可以把临界资源的访问过程分成如图 3.1 所示的四个部分。

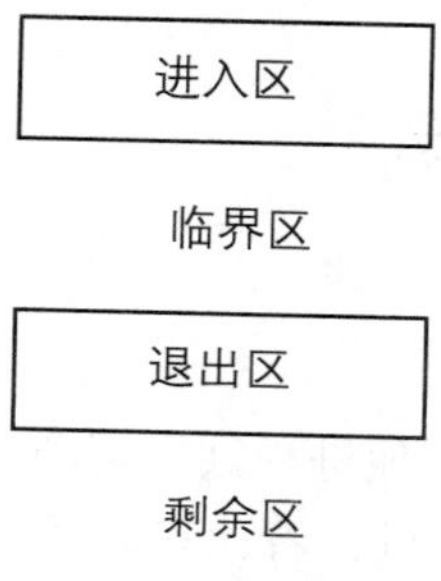

图 3.1　临界区的访问过程

（1）进入区：为了进入临界区使用临界资源，在进入区要检查是否可以进入临界区；如果可以进入临界区，通常设置相应的"正在访问临界区"标志，以阻止其他进程同时进入临界区。

（2）临界区：进程中访问临界资源的那段代码。

（3）退出区：临界区后用于将"正在访问临界区"标志清除的部分。

（4）剩余区：进程中除进入区、临界区、退出区以外的其他部分。

为了使临界资源得到合理使用，必须禁止两个或两个以上的进程同时进入临界区内，即进入临界区的进程必须满足如下条件：

（1）当有若干进程要求进入它们的临界区时，应在有限时间内使一个进程进入临界区。

（2）每次至多有一个进程处于临界区内。

（3）进程在临界区内仅逗留有限的时间。

也可以将上述条件描述如下：

（1）空闲让进。当没有进程处于临界区时，可以允许一个请求进入临界区的进程立即进入自己的临界区。

（2）忙则等待。当已有进程进入其临界区时，其他试图进入临界区的进程必须等待。

（3）有限等待。对要求访问临界资源的进程，应保证能在有限时间内进入自己的临界区。

（4）让权等待。当进程不能进入自己的临界区时，应释放处理器。

只有满足前三条，才能正确访问临界资源，如果还满足第四条，则可提高 CPU 的利用率。

3.1.2 同步与互斥的概念

一般来说，一个进程相对另一个进程的运行速度是不确定的。也就是说，进程之间是在异步环境下运行的，每个进程都以各自独立的、不可预知的速度向运行的终点推进。但是，相互合作的几个进程需要在某些确定点上协调它们的工作。一个进程到达这些点后，除非另一进程已完成了某些操作，否则就不得不停下来等待这些操作的结束。多个相互合作的进程在一些关键点上可能需要互相等待或互相交换信息，这种相互制约关系称为进程同步。

例如，系统中有两个合作进程，它们共用一个单缓冲区。这两个进程一个为计算进程，完成对数据的计算工作；另一个为打印进程，负责打印计算结果。当计算进程对数据的计算尚未完成时，计算的结果没有送入缓冲区，打印进程不能执行打印操作。一旦计算进程把计算结果送入缓冲区后，就应给打印进程发送一个信号，打印进程收到该信号后，便可以从缓冲区中取出计算结果进行打印。在打印进程尚未把缓冲区中的计算结果取出打印之前，计算进程也不能把下一次的计算结果送入缓冲区中。只有在打印进程取出缓冲区中的内容，给计算进程发出一个信号后，计算进程才能将下一次的计算结果送入缓冲区。计算进程和打印进程之间就是用这种发信号的方式实现同步的。

互斥是由于进程共享某些资源而引起的。当一个进程正在使用某资源时，其他希望使用该资源的进程必须等待，当该进程用完资源并释放后，才允许其他进程去访问此资源，我们称进程之间的这种相互制约关系为互斥。

例如某计算机系统中只有一台打印机，有两个进程需要共享使用它。为了保证打印结果的正确，要求两进程以互斥方式使用打印机。当进程需要使用打印机时，先提出使用请求，若打印机空闲则可以将它分配给申请进程，同时将打印机设置成忙状态，此后打印机一直归该进程使用，当进程使用完打印机后，应释放打印机并将打印机设置成空闲状态；在此期间若另一个进程申请使用打印机，则必须等待使用打印机的进程释放打印机后才能使用。

3.2　互斥的实现方法

为了解决进程互斥问题，需要采取有效的措施。互斥的实现既有硬件方法也有软件方法。下面将对进程互斥的一些实现方法进行介绍。

3.2.1　互斥算法

对互斥访问技术的研究始于 20 世纪 60 年代，早期主要从软件方法上进行研究。下面我们简单介绍这些实现互斥的软件算法，它们有的正确，有的不正确，之所以介绍这些方法是为了说明用软件方法解决互斥和同步问题的困难和复杂性。

例如有两个进程 P_0 和 P_1 互斥地共享某个临界资源。P_0 和 P_1 是循环进程，它们执行一个无限循环程序，每次使用该资源一个有限的时间间隔。

算法 1：设置一个公用整型变量 turn，用来指示允许进入临界区的进程标识。若 turn 为 0，则允许进程 P_0 进入临界区；否则循环检查该变量，直到 turn 变为本进程标识；在退出区，修改允许进入进程的标识 turn 为 1。进程 P_1 的算法与此类似。两个进程的程序结构如下：

```
int turn = 0;
P₀ : {
        do   {
                while( turn! = 0 );
                进程 P₀ 的临界区代码 CS₀;
                turn = 1;
                进程 P₀ 的其他代码;
             }
        while( true )
     }
P₁ : {
        do   {
                while( turn! = 1 );
                进程 P₁ 的临界区代码 CS₁;
                turn = 0;
                进程 P₁ 的其他代码;
             }
        while( true )
     }
```

此算法可以保证两个进程互斥访问临界资源，但存在的问题是强制两个进程以交替次序进入临界区，造成资源利用不充分。例如，当进程 P_0 退出临界区后将 turn 设置为 1，

以便允许进程 P_1 进入临界区，但如果进程 P_1 暂时并未要求访问该临界资源，而 P_0 又想再次访问临界资源，则 P_0 将无法进入临界区。可见，此算法不能保证实现"空闲让进"准则。

算法 2：设置标志数组 flag[ ] 表示进程是否在临界区中执行，初值均为假。在每个进程访问该临界资源之前，先检查另一个进程是否在临界区中，若不在则修改本进程的临界区标志为真并进入临界区，在退出区修改本进程临界区标志为假。两进程的程序结构如下：

```
enum    boolean {false,true};
boolean    flag[2] = {false,false};
    P0: {
            do  {
                    while    flag[1];
                    flag[0] = true;
                    进程 P0 的临界区代码 CS0;
                    flag[0] = false;
                    进程 P0 的其他代码;
                }
            while(true)
        }
    P1: {
            do  {
                    while    flag[0];
                    flag[1] = true;
                    进程 P1 的临界区代码 CS1;
                    flag[1] = false;
                    进程 P1 的其他代码;
                }
            while(true)
        }
```

此算法解决了"空闲让进"的问题，但又出现了新问题。即当两个进程都未进入临界区时，它们各自的访问标志值都为 false，若此时两个进程几乎同时都想进入临界区，并且都发现对方标志值为 false，于是两个进程同时进入了各自的临界区，这就违背了临界区的访问原则"忙则等待"。

算法 3：本算法仍然设置标志数组 flag[ ]，但标志用来表示进程是否希望进入临界区。在每个进程访问临界资源之前，先将自己的标志设置为真，表示进程希望进入临界区，然后再检查另一个进程的标志。若另一个进程的标志为真，则进程等待；否则进入临界区。两进程的程序结构如下：

```
enum    boolean {false,true};
boolean    flag[2] = {false,false};
P0: {
        do    {
                flag[0] = true;
                while    flag[1];
                进程 P0 的临界区代码 CS0;
                flag[0] = false;
                进程 P0 的其他代码;
              }
        while(true)
      }
P1: {
        do    {
                flag[1] = true;
                while    flag[0];
                进程 P1 的临界区代码 CS1;
                flag[1] = false;
                进程 P1 的其他代码;
              }
        while(true)
      }
```

　　算法 3 可以有效地防止两个进程同时进入临界区,但存在两个进程都进不了临界区的问题。即当两个进程几乎同时都想进入临界区时,它们分别将自己的标志值设置为 true,并且同时去检查对方的状态,发现对方也要进入临界区,于是双方互相谦让,结果谁也进不了临界区。

　　算法 4：本算法的基本思想是算法 3 和算法 1 的结合。标志数组 flag[ ]表示进程是否希望进入临界区或是否正在临界区中执行。此外,还设置了一个 turn 变量,用于指示允许进入临界区的进程标识。两进程的程序结构如下:

```
enum    boolean {false,true};
boolean    flag[2];
int turn;
P0: {
        do    {
                flag[0] = true;
                turn = 1;
                while(flag[1] && turn == 1);
```

进程 P_0 的临界区代码 CS_0;
flag[0]=false;
进程 P_0 的其他代码;

    }

    while(true)

  }

P_1: {

   do {

flag[1]=true;
turn=0;
while(flag[0] && turn == 0);
进程 P_1 的临界区代码 CS_1;
flag[1]=false;
进程 P_1 的其他代码;

    }

    while(true)

  }

至此,算法 4 可以完全正常工作。从上面的软件算法中可以看出,这些算法之所以出现问题,最主要的原因是临界资源状态的检查和修改没有作为一个整体来实现。

3.2.2 硬件方法

完全利用软件方法实现进程互斥有很大局限性,现在已很少单独采用软件方法。利用硬件方法实现互斥的主要思想是用一条指令完成标志的检查和修改两个操作,因而保证了检查操作与修改操作不被打断,或者通过禁止中断的方式来保证一段代码作为一个整体执行。

1. 禁止中断方法

当一个进程正在处理器上执行其临界区代码时,要防止其他进程再进入它们的临界区访问,最简单直接的方法是禁止一切中断发生,或称为关中断。因为 CPU 只在发生中断时引起进程切换,这样禁止中断就能保证当前运行进程将临界区代码顺利地执行完,从而保证了互斥的正确实现,然后再开中断。下面给出了利用禁止中断方法实现互斥的算法描述:

    ⋮
    关中断;
    临界区;
    开中断;
    ⋮

采用开关中断方法实现进程之间的互斥既简单又有效，但这种方法也存在一些不足，如开关中断的作法限制了处理器交替执行程序的能力，因此执行的效率将会明显降低；对于操作系统内核来说，当它在执行更新变量的几条指令期间将中断关掉是很方便的，但将关中断的权力交给用户进程则很不明智，若一个进程关中断之后不再开中断，则系统可能会因此终止。

2. 硬件指令方法

许多计算机中都提供了专门的硬件指令，实现对字节内容的检查和修改或交换两个字节内容的功能。使用这样的硬件指令就可以解决临界区互斥的问题。下面介绍两条硬件指令，并说明如何利用它们来实现互斥。

（1）TS（Test-and-Set）指令。该指令的功能是读出指定标志后把该标志设置为真。TS指令的功能可描述如下：

```
boolean    TS( boolean * lock )
{
        boolean old;
        old = * lock;
        * lock = true;
        return old;
}
```

为了实现多个进程对临界资源的互斥访问，可以为每个临界资源设置一个共享布尔变量 lock 表示资源的两种状态：true 表示正被占用，false 表示空闲，初值为 false。在进程访问临界资源之前，利用 TS 指令检查和修改标志 lock；若有进程在临界区则重复检查，直到其他进程退出。利用 TS 指令实现进程互斥的算法可描述为：

```
        ⋮
        while    TS( &lock );
        进程的临界区代码 CS；
        lock = false；
        进程的其他代码；
        ⋮
```

所有要访问临界资源的进程的进入区和退出区代码都是相同的。

（2）Swap 指令（或 Exchange 指令）。该指令的功能是交换两个字（字节）的内容。Swap指令的功能可描述如下：

```
Swap( boolean * a, boolean * b )
{
        boolean    temp；
        temp = * a；
        * a = * b；
```

$* b = temp;$

利用 Swap 指令实现进程互斥时，应为每个临界资源设置一个共享布尔变量 lock，初值为 false，表示临界资源空闲；在每个进程中再设置一个局部布尔变量 key，其初值为 true，用于与 lock 交换信息，当 key 值为 false 时进程可以进入其临界区。每个进程进入临界区之前，利用 Swap 指令交换 lock 与 key 的内容，然后检查 key 的状态；有进程在临界区时，重复交换和检查过程，直到其他进程退出。利用 Swap 指令实现进程互斥的算法可描述为：

```
        ⋮
key = true;
while(key! = false) Swap(&lock, &key);
进程的临界区代码 CS;
lock = false;
进程的其他代码;
        ⋮
```

与前面的软件实现方法相比，由于硬件方法采用处理器指令很好地把标志的检查和修改操作结合成一个不可分割的整体，因而具有明显的优点。具体而言，硬件方法的优点体现在以下几个方面：

(1)适用范围广。硬件方法适用于任何数目的进程，在单处理器和多处理器环境中完全相同。

(2)简单。硬件方法的标志设置简单，含义明确，容易验证其正确性。

(3)支持多个临界区。在一个进程内有多个临界区时，只需为每个临界区设立一个布尔变量。

硬件方法有许多优点，但也有一些自身无法克服的缺点。这些缺点主要包括：进程在等待进入临界区时要耗费处理器时间，不能实现让权等待；由于进入临界区的进程是从等待进程中随机选择的，有的进程可能一直未被选上，从而导致饥饿现象。

3.2.3 锁机制

锁机制也是解决互斥问题的一种方案，在锁机制中通过原语保证资源状态的检查和修改作为一个整体来执行，从而能够正确地实现互斥。

锁是一个代表资源状态的变量，通常用 0 表示资源可用(开锁)，用 1 表示资源已被占用(关锁)。进程在使用临界资源之前需要先考察锁变量的值，如果值为 0 则将锁设置为 1(关锁)，如果值为 1 则回到第一步重新考察锁变量的值。当进程使用完资源后，应将锁设置为 0(开锁)。

系统可以提供对锁变量进行操作的上锁原语 lock(w)和开锁原语 unlock(w)，其算法描述如下：

lock(w)

```
        {
            while( w = = 1 ) ;
            w = 1 ;
        }
    unlock( w )
        {
            w = 0 ;
        }
```

利用上锁原语和开锁原语可以解决并发进程对临界资源访问的互斥问题。下面给出了两个并发进程 P_1、P_2 互斥使用临界资源的描述:

进程 P_1　　　　　　　　进程 P_2
　⋮　　　　　　　　　　　⋮
lock(w) ;　　　　　　　lock(w) ;
临界区;　　　　　　　　临界区;
unlock(w) ;　　　　　　unlock(w) ;
　⋮　　　　　　　　　　　⋮

上述描述中的"⋮"表示进程中的其他语句,在后续内容的介绍中,也将采用这种表述方式,以突出所描述问题的解决方法。

3.3　信号量

虽然前面讨论的各种方法都可以解决互斥问题,但都存在一定缺点,如软件方法中的算法太复杂,效率不高且不直观;对用户进程而言禁止中断方法不是一种合适的互斥机制;硬件指令方法及锁机制不能实现让权等待。于是,人们开始寻找其他实现互斥的方法。

1965 年,荷兰学者 Dijkstra 提出利用信号量机制解决进程同步问题,信号量正式成为有效的进程同步工具,现在信号量机制被广泛的用于单处理器和多处理器系统以及计算机网络中。Dijkstra 同时还提出了对信号量操作的 P、V 原语。

3.3.1　信号量

在操作系统中,信号量 s 是表示资源的实体,它由两个成员(count,queue)构成,其中 count 是一个具有非负初值的整型变量,queue 是一个初始状态为空的队列。整型变量 count 表示系统中某类资源的使用情况,当其值大于 0 时,表示系统中当前可用资源的数目;当其值小于 0 时,其绝对值表示系统中因请求该类资源而阻塞等待的进程数目。除信号量的初值外,信号量的值仅能由 P 操作(又称为 wait 操作)和 V 操作(又称为 signal 操作)改变。因为这样的信号量是用记录型的数据结构描述的,所以称为记录型信号量,一般我们简称为信号量。

一个信号量的建立必须经过说明，即应该准确说明信号量的意义及初值(注意这个初值不是一个负数)。每个信号量都有一个相应的等待队列，信号量建立时该队列为空。

设 s 为一个信号量，P(s)执行时主要完成下述功能：先执行 s. count = s. count − 1；若 s. count ≥ 0 则进程继续运行；若 s. count < 0 则阻塞该进程，并将它插入该信号量的等待队列中。V(s)执行时主要完成下述功能：先执行 s. count = s. count + 1；若 s. count > 0 则进程继续执行；若 s ≤ 0 则从该信号量等待队列中移出第一个进程，使其变为就绪状态并插入就绪队列，然后再返回原进程继续执行。上述两个原语所执行的操作可用下面的函数描述：

```
structsemaphore{
            int count;
            queueType queue;
};
wait(semaphore s)
{
    s. count--;
    if(s. count<0)
        {
          阻塞该进程;
          将该进程插入等待队列 s. queue;
        }
}
signal(semaphore s)
{
    s. count ++;
    if(s. count<=0)
        {
          从等待队列 s. queue 取出第一个进程 P;
          将 P 插入就绪队列;
        }
}
```

3.3.2 利用信号量实现进程互斥

利用信号量可以方便地解决进程对临界资源的互斥访问。设 s 为实现进程 P_1、P_2 互斥的信号量，由于每次只允许一个进程进入临界区，所以 s 的初值应为 1(即可用资源数目为 1)。只需把临界区置于 P(s)和 V(s)之间，即可以实现两进程对临界资源的互斥访问。互斥访问临界区的算法描述如下：

```
main()
```

```
    {
        semaphore s =1;
        cobegin
          P₁( ) ;
          P₂( ) ;
        coend
    }
    P₁( )
    {
            ⋮      /*"┆"表示剩余区*/
        P(s) ;
        进程 P₁ 的临界区;
        V(s) ;
            ⋮
    }
    P₂( )
    {
            ⋮
        P(s) ;
        进程 P₂ 的临界区;
        V(s) ;
            ⋮
    }
```

由于信号量的初值为 1,若第一个进程 P₁ 先请求使用临界资源,执行 P 操作使信号量值减为 0,表明临界资源空闲,可以将临界资源分配给进程 P₁,P₁ 随后进入临界区执行。若此时又有第二个进程 P₂ 欲进入临界区,也需要先执行 P 操作,这时信号量的值减为−1,表示临界资源已被占用,因此第二个进程 P₂ 变为阻塞状态。当第一个进程 P₁ 执行完临界区代码后,接着执行 V 操作释放该临界资源,从而使信号量值恢复到 0,同时唤醒第二个进程 P₂。待第二个进程 P₂ 完成对临界资源的使用后,又执行 V 操作,最后使信号量值恢复到初值 1。

3.3.3 利用信号量实现前趋关系

若干进程为了完成一个共同任务而并发执行。然而,这些并发进程之间根据逻辑上的需要,有的操作可以没有时间上的先后次序,即不论谁先做,最后的计算结果都是正确的。但有的操作有一定的先后次序,也就是说它们必须遵循一定的同步规则,只有这样,并发执行的最后结果才是正确的。我们可以利用本书前面介绍的前趋图来描述进程在执行次序上的先后次序关系。

例如，P1、P2、P3、P4、P5、P6 为一组合作进程，其执行的先后顺序关系如图 3.2 所示，试用 P、V 操作完成这六个进程的同步描述。

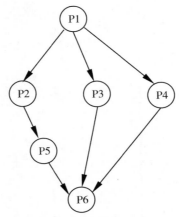

图 3.2　描述进程执行先后次序的前趋图

图 3.2 说明任务启动后 P1 先执行，当它结束后 P2、P3、P4 可以开始执行，P2 完成后 P5 可以开始执行，仅当 P3、P4、P5 都执行完后，P6 才能开始执行。为了确保这一执行顺序，设五个同步信号量 f1、f2、f3、f4、f5 分别表示进程 P1、P2、P3、P4、P5 是否执行完成，其初值均为 0。这六个进程的同步描述如下：

```
semaphore    f1 = 0;          /*表示进程 P1 是否执行完成*/
semaphore    f2 = 0;          /*表示进程 P2 是否执行完成*/
semaphore    f3 = 0;          /*表示进程 P3 是否执行完成*/
semaphore    f4 = 0;          /*表示进程 P4 是否执行完成*/
semaphore    f5 = 0;          /*表示进程 P5 是否执行完成*/
main( )
{
    cobegin
        P1( );
        P2( );
        P3( );
        P4( );
        P5( );
        P6( );
    coend
}
P1( )
```

```
    {
        执行 P1 的程序代码;
        V(f1);
        V(f1);
        V(f1);
    }
    P2()
    {
        P(f1);
        执行 P2 的程序代码;
        V(f2);
    }
    P3()
    {
        P(f1);
        执行 P3 的程序代码;
        V(f3);
    }
    P4()
    {
        P(f1);
        执行 P4 的程序代码;
        V(f4);
    }
    P5()
    {
        P(f2);
        执行 P5 的程序代码;
        v(f5);
    }
    P6()
    {
        P(f3);
        P(f4);
        P(f5);
        执行 P6 的程序代码;
    }
```

3.3.4 经典进程同步问题

在多道程序环境下，进程同步是一个十分重要而且相当有趣的问题，因而吸引了不少学者对它进行研究，由此产生了一系列经典进程同步问题，其中比较经典的是生产者—消费者问题、读者—写者问题、哲学家进餐问题及睡眠理发师问题。通过对这些问题的研究和学习，可以帮助我们更好地理解进程同步的概念及实现方法。

1. 生产者—消费者问题

生产者—消费者问题是最著名的进程同步问题，问题描述为一组生产者向一组消费者提供产品，它们共享一个有界缓冲区，生产者向其中投放产品，消费者从中取得产品。生产者—消费者问题是许多相互合作进程的一种抽象模型。例如，在输入时，输入进程是生产者，计算进程是消费者；在输出时，计算进程是生产者，打印进程是消费者。因此，该问题具有很大实用价值。

我们把一个长度为 n 的有界缓冲区(n>0)与一群生产者进程 P_1，P_2，…，P_m 和一群消费者进程 C_1，C_2，…，C_k 联系起来，如图 3.3 所示。假定这些生产者和消费者是互相等效的，只要缓冲区未满，生产者就可以把产品送入缓冲区；类似地，只要缓冲区未空，消费者便可以从缓冲区中取走物品并消费它。生产者和消费者的同步关系将禁止生产者向满缓冲区中输送产品，也禁止消费者从空缓冲区中提取产品。

图 3.3 生产者—消费者问题

为了解决生产者—消费者这类问题，应该设置两个同步信号量，一个说明空缓冲单元的数目，用 empty 表示，其初值为有界缓冲区的大小 n；另一个说明满缓冲单元的数目(即产品数目)，用 full 表示，其初值为 0。在本例中有多个生产者和多个消费者，它们在执行生产活动和消费活动时都要对有界缓冲区进行操作，也就是说它们需要共享有界缓冲区，因此对有界缓冲区的使用必须互斥，为此还需要设置一个互斥信号量 mutex，其初值为 1。生产者—消费者问题的同步描述如下：

```
semaphore    full = 0;        /* 满缓冲单元的数目 */
semaphore    empty = n;       /* 空缓冲单元的数目 */
semaphore    mutex = 1;       /* 对有界缓冲区进行操作的互斥信号量 */
```

```
main( )
{
    cobegin
        producer( );
        consumer( );
    coend
}
producer( )
{
    while( true )
    {
        生产一个产品;
        P( empty );
        P( mutex );
        将一个产品送入缓冲区;
        V( mutex );
        V( full );
    }
}
consumer( )
{
    while( true )
    {
        P( full );
        P( mutex );
        从缓冲区中取一个产品;
        V( mutex );
        V( empty );
        消费一个产品;
    }
}
```

注意:无论在生产者进程还是在消费者进程中,P 操作的次序都不能颠倒,否则将可能造成进程死锁。

2. 读者—写者问题

读者—写者问题是指多个进程对一个共享资源进行读写操作的问题。在读者—写者问题中,一个数据集(如文件或记录)可以被多个并发进程所共享,其中有些进程只要求读数据集的内容，而另一些进程则要求修改或写数据集的内容，这种情形在文件系统和数据库中很常见。通常我们把只要求读数据的进程称为读进程，把要求修改数据的进程称为写进程，而把此类问题归结为读者—写者问题。

很显然，多个读进程可以同时读此数据集，不需要互斥也不会产生任何问题，不存在破坏数据集中数据完整性、正确性的问题，但是一个写进程不能与其他进程(不管是写进程还是读进程)同时访问此数据集，它们之间必须互斥，否则将破坏此数据集的完整性。例如在一个银行管理系统中，当一个分行向总账目中写入存款数时(写者)，如结账进程(阅读总账目数据的读者)或其他分行的写进程同时并发对此数据操作，就会产生与3.1.1节例子中同样的问题，即数据完整性被破坏，账目是错误的。所以写操作必须互斥地进行。

为了实现读进程与写进程之间的同步，应设置两个信号量和一个共享变量：读互斥信号量 rmutex，用于使读进程互斥地访问共享变量 readcount，其初值为1；写互斥信号量 wmutex，用于实现写进程与读进程的互斥以及写进程与其他写进程的互斥，其初值为1；共享变量 readcount，用于记录当前正在读数据集的读进程数目，初值为0。当一个读进程要读数据集时，应将读进程计数 readcount 增加1；如果此前(readcount 加1以前)数据集中无读进程，还应对写互斥信号量 wmutex 做 P 操作，这样若数据集中无写进程则通过 P 操作阻止后续写进程写，若数据集中有写进程，则通过 P 操作让读进程等待。同理，当一个读进程完成读数据集的操作时，应将读进程计数 readcount 减少1；如果此时(readcount 减1以后)数据集中已无读进程，还应对写互斥信号量 wmutex 做 V 操作，以允许写进程写。

读者—写者问题的同步算法可描述如下：

```
semaphore    rmutex = 1;
semaphore    wmutex = 1;
int    readcount = 0;
main( )
{
    cobegin
        reader( );
        writer( );
    coend
}
reader( )
{
    while( true )
    {
        P( rmutex );
        if( readcount == 0) P( wmutex );    /* 当第一个读进程读数据集时，阻止写进
```

程写 * /

```
            readcount ++;
            V( rmutex);
            读数据集;
            P( rmutex);
            readcount --;
            if( readcount = = 0) V( wmutex); / * 当最后一个读进程读完数据集时，允许写
进程写 * /
            V( rmutex);
        }
    }
    writer( )
    {
        while( true)
        {
            P( wmutex);
            写数据集;
            V( wmutex);
        }
    }
```

请注意对读互斥信号量 rmutex 意义的理解，rmutex 是一个互斥信号量，用于使读进程互斥地访问共享变量 readcount，该信号量并不表示读进程的数目，表示读进程数目的是共享变量 readcount。

在上面的解法中，读者是优先的，即当存在读者时，写操作将被延迟，并且只要有一个读者活跃，随后而来的读者都将被允许访问文件，从而，导致了写进程长时间等待。增加信号量并修改上述算法可以得到写进程具有优先权的解决方案，保证当一个写进程声明想写时，已经开始读的进程，就让它们读完，但不允许新的读进程再访问数据集。

3. 哲学家进餐问题

哲学家进餐问题描述的是五个哲学家，他们的生活方式是交替地进行思考和进餐。哲学家们共用一张圆桌，分别坐在桌子周围的五张椅子上。在圆桌上有五个碗和五支筷子，平时哲学家进行思考，饥饿时便试图取用其左、右最靠近他的筷子，只有在他拿到两支筷子时才能进餐。进餐完毕，放下筷子又继续思考。哲学家进餐问题也许并不重要，但可以将此问题看作并发进程执行时处理共享资源的一个有代表性的问题。

为了解决哲学家进餐问题，可以用一个信号量表示一支筷子，由这五个信号量构成信号量数组：semaphore stick[5]；所有信号量初值为 1，第 i 个哲学家的活动算法可描述如下：

```
semaphore    stick[5]={1, 1, 1, 1, 1};
main()
{
    cobegin
        philosopher(0);
        philosopher(1);
        philosopher(2);
        philosopher(3);
        philosopher(4);
    coend
}
philosopher(int i)
{
        while(true)
         {
            思考;
            P(stick[i]);
            P(stick[(i+1) % 5]);
            进餐;
            V(stick[i]);
            V(stick[(i+1) % 5]);
         }
}
```

　　上述算法可以保证不会有相邻的两个哲学家同时进餐，但有可能引起死锁。如五个哲学家几乎同时饥饿而各自拿起了左边的筷子，这使五个筷子信号量值均为 0，当他们试图去拿右筷子时，都将因无筷子拿而无限期地等待下去。

　　为了防止死锁的发生，可以对哲学家进餐施加一些限制条件。如至多允许 4 个哲学家同时进餐；仅当一个哲学家左右两边的筷子都可用时才允许他抓起筷子；将所有哲学家顺序编号，要求奇数号哲学家先抓起他的左筷子，然后再抓起他的右筷子，而要求偶数号哲学家先抓起他的右筷子，然后再抓起他的左筷子。

4. 睡眠理发师问题

　　睡眠理发师问题描述的是，理发店里有一位理发师、一把理发椅和 N(N>0)把供等候理发的顾客坐的椅子。如果没有顾客，理发师便在理发椅上睡眠；当一个顾客到来时，他必须叫醒理发师；如果理发师正在理发时又有顾客来到，那么，如果有空椅子可坐，顾客就坐下来等待，否则就离开理发店。

　　为了解决睡眠的理发师问题，我们设置了两个进程：顾客进程及理发师进程。理发师开始工作时，先看一看店内有无顾客：如果没有顾客，他就在理发椅上打瞌睡；如果有顾客，他就为等待时间最久的顾客服务，且等待人数减 1。每位顾客进程开始执行时，先看看店内有无空座位：如果没有空座位，就不等候了，离开理发店；如果有空座位，则排队等候理发，等待人数加 1；如果理发师在睡眠，则唤醒他工作。为此算法中引入 3 个信号量和 1 个共享变量：

信号量 customers 用来记录等候理发的顾客数(不包括正在理发的顾客)，初值为 0；

信号量 barbers 用来记录正在等候顾客的理发师数，初值为 0；

信号量 mutex 用于互斥访问共享变量 waiting，初值为 1；

共享变量 waiting 用来记录等候理发的顾客数，初值为 0。变量 waiting 是 customers 信号量值的一个副本，因同步描述中需要判断等候的顾客人数，而信号量上只能进行 P、V 操作，无法读取信号量的值，所以设置共享变量 waiting 来跟踪 customers 的值。

用信号量解决理发师问题的算法如下：

```
semaphore    customers = 0;
semaphore    barbers = 0;
semaphore    mutex = 1;
int  waiting = 0;
main( )
{
   cobegin
      barber( );
      customer( );
   coend
}
barber( )
{
   while(true)
      {
          P(customers);  /*若无顾客，理发师睡眠*/
          P(mutex);
          waiting = waiting - 1;
          V(barbers);  /*理发师准备为一个顾客理发*/
          V(mutex);
          cut-hair( );
      }
}
customer( )
{
```

```
        P(mutex);
        if waiting < N
            {
                waiting = waiting + 1;
                V(customers); /*唤醒理发师*/
                V(mutex);
                P(barbers); /*理发师忙，顾客等待*/
                get-haircut( );
            }
        else V(mutex); /*人满离开*/
    }
```

3.3.5　信号量集机制

利用记录型信号量机制可以很好地解决单个资源的互斥访问，当需要同时控制多个资源的互斥访问时，利用前面的记录型信号量机制容易出现死锁，为此又引入了集合型信号量机制。集合型信号量机制是指同时需要多个资源时的信号量操作。

1. AND 型信号量集机制

在有些场合，一个进程需要先获得两个或更多的共享资源，方能执行其任务。假定现有两个进程 A 和 B，它们都要求访问共享数据 D 和 E，当然，共享数据都应作为临界资源。

```
        Process  A:                Process B:
        P(S_D);                    P(S_E);
        P(S_E);                    P(S_D);
```
若进程 A 和 B 按下面次序交替执行 P 操作：
```
        process A:   P(S_D);   于是 S_D=0
        process B:   P(S_E);   于是 S_E=0
        process A:   P(S_E);   于是 S_E=-1，A 阻塞
        process B:   P(S_D);   于是 S_D=-1，B 阻塞
```
最后，两个进程 A 和 B 都处在阻塞状态，若无外力作用，两者都无法从阻塞状态中解脱出来，我们称此时进程 A、B 进入死锁状态。

将进程在整个运行过程中需要的所有临界资源，一次性地全部分配给进程，待该进程使用完后再一起释放。只要尚有一个资源未能分配给该进程，其他所有可能为之分配的资源，也不分配给它，这就是 AND 同步机制的基本思想。为此，在 P 操作中增加一个"AND"操作，故称为 AND 同步，或称为同时 P 操作。我们用 SP 和 SV 表示相应的原语操作。SP 和 SV 的定义如下：
```
        SP(S1, S2, S3, …, Sn)
```

```
    {
        if(S1>=1 && … &&   Sn >=1)
            for (i =1; i<= n; i++)    Si =Si-1;
        else
            Place the process in the waiting queue associated with the first Si found
            with Si<1, and set the program count of this process to the beginning of
            Swait operation.
    };
SV(S1, S2, ….  , Sn)
    {

        for(i =1; i<= n; i++)
          {Si = Si + 1;
          Remove all the process waiting in the queue associated with Si into the
          ready queue.

          }

    };
```

2. 一般信号量集机制

一般"信号量集"是指同时需要申请多种资源、每种资源申请数目不同、且可分配的资源还存在一个临界值的信号量机制。由于一次需要申请 n 个某类资源，因此如果通过 n 次 P 操作申请这 n 个资源，操作效率很低，并且可能出现死锁。一般信号量集的基本思路就是在 AND 型信号量集的基础上进行扩充，在一次原语操作中完成所有的资源申请。假设信号量 Si 的临界值为 ti(表示信号量的判断条件，若 Si<ti，即当资源数量低于 ti 时，便不予分配)，资源申请量为 di，用 SP 和 SV 表示相应的原语操作，其定义如下：

```
SP(S1, t1, d1, ….. , Sn, tn, dn)
    {
        if(S1>=t1 && S1>=d1 && … && Sn>=tn && Sn>=tn)
            for(i =1; i<= n; i++)    Si = Si-di;
        else
            Place the process in the waiting queue associated with the first Si found
            with Si<1, and set the program count of this process to the beginning
            of the Swait operation.
    };
SV(S1, d1, ….. , Sn, dn)
    {

        for(i =1; i<= n; i++)
            {Si = Si + di;
```

Remove all the process waiting in the queue associated with Si into
the ready queue.

```
        }
    };
```

一般"信号量集"可以用于各种情况的资源分配和释放。下面是一般信号量集的几种特殊情况：

（1）SP(S，d，d)：此信号量集中只有一个信号量 S，但允许每次申请 d 个资源，当资源数量少于 d 个时，便不予分配。

（2）SP(S，1，1)：此时信号量集已退化为记录型信号量，当 S 等于 1 时表示互斥信号量。

（3）SP(S，1，0)：这是信号量集的一种很特殊情况，可作为一个可控开关。当 S≥1 时，允许多个进程进入某特定区域；当 S=0 时禁止任何进程进入某特定区域。

3.4 管程

用信号量机制可以实现进程间的同步和互斥，但由于信号量的控制信息分布在整个程序中，其正确性分析很困难，使用不当还可能导致进程死锁。针对信号量机制中存在的这些问题，Dijkstra 于 1971 年提出，为每个共享资源设立一个"秘书"来管理对它的访问，一切来访者都要通过秘书，而秘书每次仅允许一个来访者(进程)访问共享资源。这样既便于系统管理共享资源，又能保证互斥访问和进程间同步。1973 年，Hansen 和 Hoare 又把"秘书"概念发展为管程概念。

3.4.1 管程的定义

管程定义了一个数据结构和能为并发进程所执行的一组操作，这组操作能同步进程和改变管程中的数据。由管程的定义可知，管程由局部于管程的共享数据结构说明、对这些数据结构进行操作的一组过程以及对这些数据结构设置初值的语句组成。管程的语法描述如下：

```
Monitor   monitor _name; /＊管程名＊/
variable   declarations;        /＊共享变量说明＊/
P1(...)              /＊对数据结构操作的函数＊/
   { ... }
P2(...)
   { ... }
        ⋮
Pn(...)
   { ... }
{
```

　　　　initialization code；　　　／＊设初值语句＊／

　　｝

管程具有以下基本特性：

（1）局部于管程的数据只能被局部于管程内的过程所访问。

（2）一个进程只有通过调用管程内的过程才能进入管程访问共享数据。

（3）每次仅允许一个进程在管程内执行某个内部过程。即进程互斥地通过调用内部过程进入管程，其他想进入管程的进程必须在等待队列中等待。

　　如果不考虑第三条特性，管程的概念非常类似于面向对象语言中对象的概念，现在，管程的概念已被并行 Pascal，Pascal-Plus、Modula-2 等语言作为一个语言的构件或程序库予以实现。

　　由于管程是一个语言成分，所以管程的互斥访问完全由编译程序在编译时自动添加，无需程序员关心，而且保证正确。

　　为实现进程间的同步，管程还必须包含若干用于同步的设施。例如，一个进程调用管程内的过程而进入管程，在该过程执行期间，若进程要求的某共享资源目前没有，则必须将该进程阻塞，于是必须有使该进程阻塞并且使它离开管程以便其他进程可以进入管程执行的设施；类似地，在以后的某个时候，当被阻塞进程等待的条件得到满足时，必须使阻塞进程恢复运行，允许它重新进入管程并从断点（阻塞点）开始执行。因此在管程定义中，还应包含以下一些支持同步的设施：

　　（1）局限于管程并仅能从管程内进行访问的若干条件变量，用于区别各种不同的等待原因。

　　（2）在条件变量上进行操作的两个函数过程 Cwait 和 Csignal。Cwait（c）将调用此函数的进程阻塞在与该条件变量相关的队列中，并使管程成为可用，即允许其他进程进入管程。Csignal（c）唤醒在该条件变量上阻塞的进程，如果有多个这样的进程则选择其中的一个进程唤醒，如果该条件变量上没有阻塞进程，则什么也不做。

3.4.2　用管程实现生产者—消费者问题

　　我们仍然以生产者—消费者问题为例说明如何用管程实现进程同步。管程模块 PC 控制着用于保存和取出字符的缓冲区，缓冲区大小为 N。管程中有两个条件变量：当缓冲区中至少有增加一个字符的空间时，notfull 为真；当缓冲区中至少有一个字符时，notempty 为真。下面给出管程 PC 的描述：

```
monitor   PC；
char    buffer[N]；
int    nextin，nextout；
int count；
condition    notfull，notempty；
append(char x)
    {
```

```
        if(count = = N) Cwait(notfull);
        buffer[nextin] = x;
        nextin = (nextin+1)% N;
        count++;
        Csignal(notempty);
    }
take(char x)
    {
        if(count = = 0)    Cwait(notempty);
        x = buffer[nextout];
        nextout = (nextout+1)% N;
        count--;
        Csignal(notfull);
    }
{
        count = 0;
        nextin = 0;
        nextout = 0;
}
```

利用上面定义的管程，可以实现生产者—消费者问题，其算法描述如下：

```
main()
{
    cobegin
        producer();
        consumer();
    coend
}
producer()
{
    char x;
    while(ture)
        {
            produce(x);
            PC. append(x);
        }
    }
void consumer()
```

```
        {
            char x;
            while( ture)
                {
                    PC. take( x) ;
                    consume( x) ;
                }
        }
```

从上述算法中可以看出，生产者可以通过管程中的过程 append 往缓冲区中增加字符，该过程首先检查条件 notfull，以确定缓冲区是否还有可用空间。如果没有，执行管程的进程在这个条件上被阻塞。当缓冲区不再满时，阻塞进程可以从队列中移出，并恢复处理。在往缓冲区中放置了一个字符后，该进程发送 notempty 条件信号。对消费者的描述与此类似。

从这个例子可以看出，与信号量相比，管程担负的责任不同。对于管程而言，它本身实现了互斥，使生产者和消费者不可能同时访问缓冲区；程序员只需把适当的 Cwait 和 Csignal 原语放在管程中，便可防止进程往一个满缓冲区中存放产品，或者从一个空缓冲区中取出产品。而在使用信号量时，互斥和同步都属于程序员的责任。

3.4.3　用管程实现哲学家进餐问题

为了利用管程来解决哲学家进餐问题，我们首先定义了哲学家在不同时刻所处的三种不同状态：进餐、饥饿和思考。为此，我们引入以下数组表示哲学家的状态：

enum {thinking, hungry, eating} state[5];

哲学家 i 能建立状态 state[i]=eating，仅当他的两个邻座不在进餐时，即 state[(i−1) % 5]≠eating，以及 state[(i+1) % 5]≠eating。

另外，还要为每个哲学家设置一个条件变量：

condition self[5];

当哲学家 i 饥饿但又不能获得两支筷子时，进入其条件变量等待队列。

在上述两个数组的基础上，管程中还设置了以下三个函数：

(1) pickup(i)(外部函数)。哲学家可以调用该函数拿起筷子进餐。

(2) putdown(i)(外部函数)。哲学家进餐完毕，可以调用该函数放下筷子，通知邻近哲学家进餐。

(3) test(i)(内部函数)。该函数是测试函数，用于测试哲学家是否具备进餐条件。它只能被管程内的函数 pickup(i) 和 putdown(i) 调用，不能被进程直接调用，所以称为内部函数。

下面给出管程 DP 的描述：

monitor　DP;

enum {thinking, hungry, eating} state[5];

```
condition self[5];
pickup(int i)
  {
      state[i]=hungry;
      test(i);
      if state[i]! =eating Cwait(self[i]);
  }
putdown(int i)
  {
      state[i]=thinking;
      test((i+4)%5);
      test((i+1)%5);
  }

test(int k)
  {
      if (state[(k+4)%5]! =eating) && (state[k]==hungry) &&
          (state[(k+1)%5]! =eating);
      {
          state[k]=eating;
          Csignal(self[k]);
      }
  }
{
      for (i=0; i<=4; i++);
          state[i]=thinking;
}
```

利用上面定义的管程，可以实现哲学家进餐问题，其算法描述如下：

```
main()
{
  cobegin
      philosopher(0);
      philosopher(1);
      philosopher(2);
      philosopher(3);
      philosopher(4);
  coend
}
```

```
philosopher( int i ) ;
{
    while( ture )
        {
            thinking;
            DP. pickup( i ) ;
            eating;
            DP. putdown( i ) ;
        }
}
```

3.5 进程通信

当进程之间需要进行数据的传输、资源的共享、事件的通知、进程的同步时，就需要进行信息交换。进程之间的这种信息交换就是进程通信。在 Unix 系统中，信号机制是最古老的进程间通信机制，主要起通知事件的作用；管道机制也是比较古老的进程间通信机制，一个进程从管道一端写数据，另一个进程从管道另一端读数据，以实现它们之间信息交换的目的；为了增强通信能力，在 Unix System V 中提出了三种进程间的通信机制：共享内存、信号量和消息队列。在计算机网络中，利用套结字作为不同主机之间的进程进行双向通信的接口，用套接字中的相关函数来完成通信过程。

由于信号机制和信号量机制，只涉及进程间少量信息的交换，因此称这种进程通信方式为低级进程通信方式，相应地，也可以将 P、V 原语称为两条低级进程通信原语。而管道机制，共享内存和消息队列，都涉及进程间大量信息的传递，我们称这些通信方式为高级进程通信方式。

本节介绍的进程通信为高级进程通信方式。高级进程通信方式是指进程之间以较高的效率传送大量数据。

3.5.1 进程通信的类型

下面我们主要介绍共享存储器系统、消息传递系统以及管道通信系统。

1. 共享存储器系统

在共享存储器系统中，进程通过共享内存中的存储区来实现通信。为了实现通信，进程在通信前应向系统申请建立一个共享存储区，并指定该共享存储区的关键字；若该共享存储区已经建立，则将该共享存储区的描述符返回给申请者；然后，申请者把获得的共享存储区附接到进程的地址空间上；这样，进程便可以像读写普通存储器一样地读写共享存储区。

2. 消息传递系统

在消息传递系统中，进程间的数据交换以消息为单位，程序员直接利用系统提供的一组通信命令(原语)来实现通信。操作系统隐藏了通信的实现细节，大大简化了通信程序编制的复杂性，因而获得了广泛的应用。消息传递系统因其实现方式不同可以分为以下两种：

(1)直接通信方式。发送进程直接把消息发送给接收进程，并将它挂在接收进程的消息缓冲队列上，接收进程从消息缓冲队列中取得消息。

(2)间接通信方式。发送进程把消息发送到某个中间实体中，接收进程从中间实体中取得消息。这种中间实体一般称为信箱，这种通信方式又称为信箱通信方式。该通信方式广泛应用于计算机网络中，相应的通信系统称为电子邮件系统。

3. 管道通信系统

管道是用于连接读进程和写进程以实现它们之间通信的共享文件，向管道提供输入的发送进程(即写进程)以字符流形式将大量的数据送入管道，而接收管道输出的接收进程(即读进程)可以从管道中接收数据。

3.5.2 消息传递系统

消息传递系统是实现进程通信的常用方式，这种通信方式既可以实现进程间的信息交换，也可以实现进程间的同步。下面我们介绍较为常用的消息缓冲通信和信箱通信。

1. 消息缓冲通信

Hansen 于 20 世纪 70 年代初首次提出用消息缓冲(直接通信的实例)作为进程通信的基本手段，并在 RC4000 系统中予以实现。

所谓消息是指一组信息，消息缓冲区是含有如下信息的缓冲区：

(1)指向发送进程的指针 sender。

(2)指向下一个消息缓冲区的指针 next。

(3)消息长度 size。

(4)消息正文 text。

消息缓冲区是进程通信的一个基本单位，每当发送进程欲发送消息时，便形成一个消息缓冲区，再发送给指定的接收进程。因接收进程可能会收到多个进程发来的消息，故应将所有的消息缓冲区链接成一个队列，该队列的头指针可以存放在接收进程的 PCB 中。为了表示队列中消息的数目，还可以在 PCB 中设置一个表示消息数目的信号量，每当发送进程发来一个消息并将该消息挂在接收进程的消息队列上时，便在消息数目信号量上执行 V 操作，而当接收进程从消息队列上读取一个消息时，先对消息数目信号量执行 P 操作，再从队列上移出要读取的消息。另外，消息队列属于临界资源，因此还应在 PCB 中设置一个用于互斥的信号量。为了描述方便，假设消息队列头指针为 mq，消息数目信号量为 sm，互斥访问消息的信号量为 mutex。

发送进程在发送消息前，先在自己的内存空间设置一个发送区，把待发送的消息填入其中，然后再用发送原语将其发送出去。接收进程则在接收消息之前，在自己的内存空间内设置相应的接收区，然后用接收原语接收消息。两个进程进行通信的过程如图 3.4 所示。

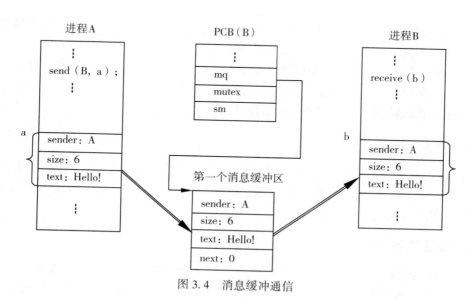

图 3.4　消息缓冲通信

发送原语的功能是把待发送消息从发送区复制到消息缓冲区，并将它挂在接收进程的消息队列末尾。如果接收进程因等待消息而处于阻塞状态，则将其唤醒。其工作流程如下：

```
Send(receiver, a)/* receiver 为接收者标识号，a 为发送区首址 */
{
        向系统申请一个消息缓冲区；
        将发送区消息送入新申请的消息缓冲区；
        P(mutex);
        把消息缓冲区挂入接收进程的消息队列；
        V(mutex);
        V(sm);
}
```

接收原语的功能是把消息从消息缓冲区复制到接收区，然后将消息缓冲区从消息队列中移出，如果没有消息可读取，则进入阻塞状态。其工作流程如下：

```
Receive(sender, b)/* sender 为发送者标识号，b 为接收区首址 */
{
```

```
            P(sm);
            P(mutex);
            从消息队列中找到要接收的消息;
            从消息队列中摘下此消息;
            V(mutex);
            将消息复制到接收区;
            释放消息缓冲区;
        }
```

2. 信箱通信

信箱通信是一种间接进程通信方式。信箱是一种数据结构,其中存放信件。当一个进程(发送进程)要与另一个进程(接收进程)通信时,可由发送进程创建一个链接两进程的信箱,通信时发送进程只需把待发送信件投入信箱,接收进程就可以在任何时候取走信件,不存在信件丢失的可能。

信箱逻辑上分成信箱头和信箱体两部分。信箱头中存放有关信箱的描述,信箱体由若干格子组成,每格存放一个信件,格子的数目和大小在创建信箱时确定。信件的传递可以是单向的,也可以是双向的。

在单向信箱通信方式中,只要信箱中有空格,发送进程便可以向信箱中投递信件,若所有格子都已装满,则发送进程等待或者继续执行,待有空格子时再发送。类似地,只要格子中装有信件,接收进程便能取出一个信件。若信箱为空,接收进程等待或者继续执行。

在双向通信方式中,信箱中既有发送进程发出的信件,也有接收进程的回答信件。由于发送进程和接收进程是以各自独立的速度向前推进的,当发送进程发送信件的速度超过接收进程的接收速度时,会产生上溢(信箱满),反之会产生下溢(即接收进程向空信箱索取信件)。这就需要在两个进程之间进行同步控制,当信箱满时发送进程应等待,直至信箱有空格子时再发送;对接收进程,当信箱空时,它也应等待,直至信箱中有信件时再接收。

信箱通信方式中也使用原语操作,如创建信箱原语、撤销信箱原语、发送与接收原语等。另外,在许多时候,存在着多个发送进程和多个接收进程共享信箱的情况。

3. 消息通信中的同步问题

进程间的消息通信隐含着某种同步关系,如只有当一个进程发送出消息之后,接收进程才能接收消息。对于一个发送进程来说,它在执行发送原语后(即发送完消息后),有以下两种可能选择:

(1)发送进程阻塞,直到这个消息被接收进程接收到,这种发送称为阻塞发送。

(2)发送进程不阻塞,继续执行,这种发送称为非阻塞发送。

同样,对于一个接收进程来说,在执行接收原语后,也有以下两种可能选择:

（1）如果一个消息在接收原语执行之前已经发送，则该消息被接收进程接收，接收进程继续执行。

（2）如果没有正在等待的消息，则该进程阻塞直到有消息到达；或者该进程继续执行，放弃接收的努力。前者称为阻塞接收，后者称为非阻塞接收。

因此，发送进程和接收进程都可以阻塞方式或非阻塞方式工作。根据发送进程和接收进程采取方式的不同，通常有三种常用的组合方式，但对于一个特定系统来说只会实现其中的一种或两种组合方式。

（1）非阻塞发送、阻塞接收。这是最常用、最自然的方式。这种非阻塞发送的方式便于发送进程尽快地向多个进程发送一个或多个消息，同时这种非阻塞发送也适合客户进程在提出输出请求后继续向前执行，不需要阻塞等待打印请求的完成。这种阻塞接收的方式也特别适用于那些不等待消息到来就无法进行后续工作的进程，如等待服务请求到来的服务器进程和等待资源（硬资源和软资源）的进程的工作情况。但非阻塞发送的方式也存在隐患。它可能导致有意或因错误而造成发送进程反复不断地发送消息，造成大量资源（CPU 时间和缓冲区空间）浪费。

（2）非阻塞发送、非阻塞接收。这是分布式系统常见的通信方式，因为采用阻塞接收方法时，如果发送来的消息丢失（这在分布式系统中常发生），或者接收进程所期待的消息在未发送之前，发送进程就发生问题了，那么阻塞接收方式将导致接收进程无限期被阻塞。而改进的办法就是使用非阻塞接收方式，即接收进程在接收消息时，若有消息就处理消息，若没有消息就继续执行，放弃接收的努力。

（3）阻塞发送，阻塞接收。发送进程在发送完消息后，阻塞自己等待接收进程发送回答消息后才能继续向前执行。接收进程在接收到消息前，也阻塞等待，直到接收到消息后再向发送进程发送一个回答信息。

3.6　小结

1. 进程之间的相互制约关系有两类：直接制约及间接制约。进程之间因相互合作而产生的制约关系称为直接制约关系，进程之间因共享资源而产生的相互制约关系称为间接制约关系。

2. 一次仅允许一个进程使用的资源称为临界资源。进程中访问临界资源的那段代码称为临界区。

3. 对临界资源的访问过程可以分成四个部分：进入区、临界区、退出区及剩余区。

4. 访问临界资源的进程必须满足如下条件：

（1）当有若干进程要求进入它们的临界区时，应在有限时间内使一个进程进入临界区。

（2）每次至多有一个进程处于临界区内。

（3）进程在临界区内仅逗留有限的时间。

5. 多个相互合作的进程在一些关键点上可能需要互相等待或互相交换信息，这种相互制约关系称为进程同步。当一个进程正在使用某资源时，其他希望使用该资源的进程必须等待，当该进程用完资源并释放后，才允许其他进程去访问此资源，进程之间的这种相互制约关系为互斥。

6. 锁是一个代表资源状态的变量，通常用 0 表示资源可用，用 1 表示资源已被占用。利用锁机制解决互斥问题的方法是：上锁、访问临界资源、开锁。

7. 信号量由两个成员构成，其中一个是具有非负初值的整型变量，另一个是初始状态为空的队列。除信号量的初值外，信号量的值仅能由 P、V 操作改变。

8. 信号量值的含义是：当其大于 0 时表示系统中当前可用资源的数目；当其小于 0 时，其绝对值表示系统中因请求该资源而阻塞等待的进程数目。

9. 设 s 为一个信号量，P(s) 的主要功能是：先执行 s=s-1；若 s≥0 则进程继续运行；若 s<0 则阻塞该进程，并将它插入该信号量的等待队列中。

V(s) 的主要功能是：先执行 s=s+1；若 s>0 则进程继续执行；若 s≤0 则从该信号量等待队列中移出第一个进程，使其变为就绪状态并插入就绪队列，然后再返回原进程继续执行。

10. 管程定义了一个数据结构和能为并发进程所执行的一组操作，这组操作能同步进程和改变管程中的数据。管程由局部于管程的共享数据结构说明、对这些数据结构进行操作的一组过程以及对这些数据结构设置初值的语句组成。

11. 管程具有以下基本特性：

(1) 局部于管程的数据只能被局部于管程内的过程所访问。

(2) 一个进程只有通过调用管程内的过程才能进入管程访问共享数据。

(3) 每次仅允许一个进程在管程内执行某个内部过程。

12. 进程通信是指进程之间的信息交换。高级进程通信方式是指进程之间以较高的效率传送大量数据。

13. 目前常用的高级进程通信方式有：共享存储器系统、消息传递系统以及管道通信系统。

14. 根据消息传递系统实现方式不同可以分为：

(1) 直接通信方式：发送进程直接把消息发送给接收进程，并将它挂在接收进程的消息缓冲队列上，接收进程从消息缓冲队列中取得消息。

(2) 间接通信方式：发送进程把消息发送到信箱中，接收进程从信箱中取得消息。

练习题 3

1. 单项选择题

(1) 在操作系统中，P、V 操作是一种_____。

    A. 机器指令   B. 系统调用命令

    C. 作业控制命令   D. 低级进程通信原语

(2) 若信号量 S 的初值为 2，当前值为 -1，则表示有_____等待进程。

A. 0 个　　　　　B. 1 个　　　　　C. 2 个　　　　　D. 3 个

（3）对信号量 X 执行 P 操作时，若_____则进程进入等待状态。

　　A. X−1<0　　　　B. X−1<=0　　　　C. X−1>0　　　　D. X−1>=0

（4）用 P、V 操作管理临界区时，信号量的初值应定义为_____。

　　A. −1　　　　　B. 0　　　　　C. 1　　　　　D. 任意值

（5）临界区是_____。

　　A. 一个缓冲区　　　　　　　　B. 一段程序

　　C. 一段共享数据区　　　　　　D. 一个互斥资源

（6）对于两个并发进程，设互斥信号量为 mutex，若 mutex＝0 则_____。

　　A. 表示有一个进程进入临界区

　　B. 表示没有进程进入临界区

　　C. 表示有一个进程进入临界区，另一个进程等待进入

　　D. 表示有两个进程进入临界区

（7）对信号量 S 执行 V 操作后，下述选项正确的是_____。

　　A. 当 S 小于等于 0 时唤醒一个阻塞进程

　　B. 当 S 小于 0 时唤醒一个阻塞进程

　　C. 当 S 小于等于 0 时唤醒一个就绪进程

　　D. 当 S 小于 0 时唤醒一个就绪进程

（8）有若干并发进程均将共享变量 count 的值加 1 一次，那么有关 count 值说法正确的是_____。

　　A. 肯定有不正确的结果

　　B. 肯定有正确的结果

　　C. 若控制这些并发进程互斥执行 count 加 1 操作，count 中的值正确

　　D. A，B，C 均不对

（9）下述那个选项不是管程的组成部分_____。

　　A. 管程外过程调用管程内数据结构的说明

　　B. 管程内对数据结构进行操作的一组过程

　　C. 局部于管程的共享数据说明

　　D. 对局部于管程的数据结构设置初值的语句

（10）下述关于管程的描述中错误的是_____。

　　A. 管程是一种进程同步工具，解决了信号量机制中大量同步操作分散问题

　　B. 管程每次只允许一个进程进入管程

　　C. 管程中的 signal 操作的作用和信号量机制中的 signal 操作相同

　　D. 管程是被进程调用的

（11）某通信方式通过共享存储区来实现，其属于_____。

　　A. 消息通信　　　B. 低级通信　　　C. 管道通信　　　D. 高级通信

（12）在直接通信方式中，系统提供两条通信原语进行发送和接收，其中 Send 原语中

参数应是_____。

    A. sender，message   B. sender，mailbox

    C. receiver，message   D. receiver，mailbox

（13）信箱通信是一种_____通信方式。

    A. 直接通信   B. 信号量   C. 低级通信   D. 间接通信

2. 填空题

（1）信号量的物理意义是：当信号量值大于 0 时表示 ① ；当信号量值小于 0 时，其绝对值为 ② 。

（2）如果信号量的当前值为-4，则表示系统中在该信号量上有_____个等待进程。

（3）对于信号量可以做 ① 操作和 ② 操作， ③ 操作用于阻塞进程，__④__ 操作用于释放进程。程序中的 ⑤ 和 ⑥ 操作应谨慎使用，以保证其使用的正确性，否则执行时可能发生死锁。

（4）有 m 个进程共享同一临界资源，若使用信号量机制实现对临界资源的互斥访问，则信号量值的变化范围是_____。

（5）临界资源是指_____的资源。

（6）进程的高级通信方式有 ① 、 ② 和 ③ 。

（7）管程由 ① 、 ② 和 ③ 三部分组成。

（8）访问临界资源的进程应该遵循的条件有： ① 、 ② 、 ③ 、和 ④ 。

（9）每个信箱可以包含 ① 和 ② 两部分。

（10）为了实现消息缓冲通信，在 PCB 中应增加的数据项有 ① 、 ② 和 ③ 。

3. 解答题

（1）请用 P、V 操作写出一个不会出现死锁的哲学家进餐问题的解？

（2）什么是管程？它由哪几部分组成？

（3）高级进程通信方式有哪几类？各自如何实现进程间通信？

（4）设有六个进程 P1、P2、P3、P4、P5、P6，它们有如图 3.5 所示的并发关系。试用 P、V 操作实现这些进程间的同步。

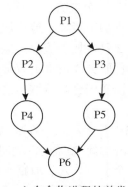

图 3.5 六个合作进程的并发关系

（5）有一单向行驶的公路桥，每次只允许一辆汽车通过。当汽车到达桥头时，若桥上无车，便可上桥；否则需等待，直到桥上的汽车下桥为止。若每一辆汽车为一个进程，请用 P、V 操作保证汽车按要求过桥。

（6）一座最多只能承受两个人的小桥横跨南北两岸，任意时刻同一方向只允许一人过桥，南侧桥段和北侧桥段较窄只能通过一人，桥中央一处宽敞，允许两个人通过或歇息。试用信号量和 P、V 原语写出南、北两岸过桥的同步算法。

（7）今有三个并发进程 R、M、P，它们共享了一个可循环使用的缓冲区 B，缓冲区 B 共有 N 个单元。进程 R 负责从输入设备读信息，每读一个字符后，把它存入到缓冲区 B 的一个单元中；进程 M 负责处理读入的字符，若发现读入的字符中有空格符，则把它改成"，"；进程 P 负责把处理后的字符取出并打印输出。当缓冲区单元中的字符被进程 P 取出后，则又可用来存放下一次读入的字符。请用 P、V 操作为同步机制写出它们能正确并发执行的程序。

（8）在生产者—消费者问题中，如果对调生产者描述中的两个 P 操作会发生什么情况？如果对调生产者描述中的两个 V 操作的顺序又会发生什么情况？

（9）一个快餐厅有 4 类职员：①领班：接受顾客点菜；②厨师：准备顾客的饭菜；③打包工：将做好的饭菜打包；④出纳员：收款并提交食品。每个职员可被看作一个进程，试用一种同步机制写出能让四类职员正确并发运行的程序。

（10）设公共汽车上，司机和售票员的活动分别如下：
①司机的活动：启动车辆；正常行车；到站停车。
②售票员的活动：关车门；售票；开车门。
在汽车不断地到站、停车、行驶过程中，这两个活动有什么同步关系？用信号量和 P、V 操作实现它们的同步。

（11）有一只铁笼子，每次只能放入一只动物。猎手向笼中放入老虎，农民向笼中放入猪；动物园等待取笼中的老虎，饭店等待取笼中的猪。请用 P、V 原语写出这四个进程同步执行的程序。

（12）消息通信有哪几种方式？试说明消息缓冲通信机构的基本工作过程。

（13）某眼镜店有 3 个职员负责生产眼镜，一副眼镜由两个镜片及一个镜架组装而成。眼镜店里有一个工作台，工作台上有 N 个位置（N≥3）用于放置镜片或镜架，且每个位置只能放一个镜片或镜架。职员 1 负责加工镜架，他每加工完一个镜架后，就将其放到工作台，然后重复这一生产过程；职员 2 负责加工镜片，他每加工完一个镜片后，就将其放到工作台上，然后重复这一生产过程；职员 3 负责组装眼镜，他从工作台上取 2 个镜片及 1 个镜架组装成眼镜，将组装好的眼镜送到仓库后继续组装眼镜。试用 P、V 操作实现三个职员的合作。

（14）某寺庙，有小和尚、老和尚若干。有一水缸，由小和尚用水桶从井中提水入缸，老和尚用水桶从缸里取水饮用。水缸可容 30 桶水，水取自同一井中。水井径窄，每次只能容一个水桶取水。水桶总数为 5 个。每次入、取缸水仅为 1 桶，且不可以同时进行。试用 P、V 操作给出小和尚、老和尚动作的算法描述。

（15）假设有三个吸烟者甲乙丙及一个香烟供应者。为了制造并抽掉香烟，每个吸烟者需要三样东西：烟草、纸及火柴。供应者有丰富的产品提供，三个吸烟者中，吸烟者甲自己有烟草，吸烟者乙自己有纸，吸烟者丙自己有火柴。供应者每次将两样东西（随机）放桌子上，允许一个吸烟者吸烟，吸烟者完成吸烟后唤醒供应者，供应者再放两样东西在桌上。试用 P、V 操作给出描述他们动作的算法。

第 4 章　调度与死锁

在计算机系统中，可能同时有数百个批处理作业存放在磁盘的作业队列中，或者有数百个终端与主机相连接，这样一来内存和处理器等资源便供不应求。如何从这些作业中挑选作业进入主存运行、如何在进程之间分配处理器时间，无疑是操作系统资源管理中的一个重要问题。处理器调度用来完成涉及处理器分配的工作。

处理器调度是多道程序系统的基础。在多道程序环境下，一个作业从提交到完成通常都要经历多级调度，如高级调度、低级调度、中级调度等。处理器调度算法的优劣直接影响到整个计算机系统的性能。另一方面，多道程序的并发执行虽然可以提高资源利用率，但有可能导致进程死锁的发生。本章主要介绍各种调度算法、死锁及其处理方法。

4.1　调度的层次

在不同操作系统中所采用的调度层次不完全相同。在有的系统中仅采用一级调度，而在另一些系统中则可能采用两级或三级调度，在执行调度时所采用的调度算法也可能不同。图 4.1 给出了调度层次的示意图，从图中可以看出，一个作业从提交开始直到完成，往往要经历三级调度。

4.1.1　作业调度

作业调度又称宏观调度、高级调度或长程调度，其主要任务是按一定的原则从外存上处于后备状态的作业中选择一个或多个，给它们分配内存、输入/输出设备等必要的资源，并建立相应的进程，以使该作业具有获得竞争处理器的权利。作业调度的运行频率较低，通常为几分钟一次。

在批处理系统中或者通用操作系统中的批处理部分，新提交的作业先存放在磁盘上，因此需要作业调度，将它们分批装入内存。而在其他类型的操作系统中，通常不需要配置作业调度。

4.1.2　进程调度

进程调度又称微观调度、短程调度或低级调度，其主要任务是按照某种策略和方法从就绪队列中选取一个进程，将处理器分配给它。进程调度的运行频率很高，一般几十毫秒要运行一次。

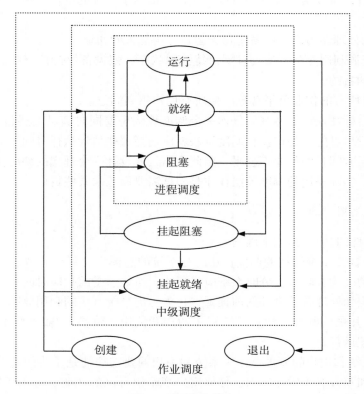

图 4.1 调度的层次

进程调度是操作系统中最基本的一种调度，在一般操作系统中都必须配置进程调度。

4.1.3 中级调度

中级调度又称中程调度或交换调度，其主要任务是按照给定的原则和策略，将处于外存对换区中的重又具备运行条件的进程调入内存，或将处于内存的暂时不能运行的进程交换到外存对换区。中级调度的运行频率介于作业调度与进程调度之间。

引入中级调度的主要目的是提高内存的利用率和系统吞吐量，它实际上是存储器管理中的交换功能，因此这部分内容将在存储管理部分介绍。

4.1.4 调度性能的评价

在计算机系统中，如何确定调度策略和算法要受多种因素影响，因而对调度性能的评价很复杂，但一般是抓主要矛盾并兼顾其他。

1. 调度算法应达到的目标

调度算法的好坏直接影响到系统的效率。影响调度算法的因素很多，而且这些因素之间常常互相矛盾，所以实际采用的调度算法往往依赖于系统的设计目标，系统设计目标可以包括：

（1）系统的处理能力高。使系统每天运行尽可能多的作业。

（2）系统资源利用充分。使处理器保持忙碌状态，使设备保持忙碌状态，以达到充分利用系统资源的目的。

（3）算法对所有的作业公平合理，使所有用户感到满意。

由于这些目标往往相互冲突，任何一个调度算法想要同时满足上述目标是不可能的。例如，要想执行尽可能多的作业，调度算法就应选择那些估计执行时间短的作业，而这对于那些估计执行时间长的作业不公平。由此看出，要设计一个理想的调度算法是一件很困难的事。所以，实际采用的调度算法往往是根据需要而兼顾某些目标。

2. 确定调度算法时应考虑的因素

确定调度算法时应考虑如下因素：

（1）设计目标：系统选择的调度算法应与系统的总体设计目标一致。如批处理系统应尽量提高系统的平均吞吐量；分时系统应保证用户所能忍受的响应时间；而实时系统则应在保证及时响应和处理有关事件的前提下，再去考虑系统资源的利用效率。

（2）资源使用的均衡性：注意系统资源的均衡使用，将输入/输出繁忙的作业与 CPU 繁忙的作业搭配运行。

（3）平衡系统和用户的要求：由于系统和用户的要求往往是矛盾的对立双方，确定算法时要尽量缓和双方的矛盾。例如，任何用户都希望自己的作业一进入系统就立即执行，从而很快得到计算结果，然而系统却往往不能满足用户的这一愿望和要求。因此，对用户来说应保证进入系统的作业在规定的截止时间内完成，而系统应设法缩短作业的平均周转时间。

应该指出，对于一个特定的系统来说，如果考虑的因素过多，势必会使算法变得很复杂，从而使系统开销增加，对提高系统资源利用率反而不利。因此，大多数操作系统往往采用比较简单且行之有效的调度算法。

3. 调度性能的评价准则

不同调度算法有不同的特性。一种算法可能有利于某类作业或进程的运行，而不利于其他类作业或进程。在选择调度算法时，必须考虑各种算法所具有的特性。为了比较处理器调度算法的性能，人们提出很多评价准则，下面介绍几种主要的评价准则。

（1）CPU 利用率。CPU 是计算机系统中最重要最昂贵的资源之一，其利用率是评价调度算法的重要指标。在实际系统中，一般 CPU 的利用率在 40% 到 90% 之间。但对于个人计算机系统和某些实时系统，该准则就不太重要了。

（2）系统吞吐量。系统吞吐量表示单位时间内 CPU 完成作业的数量。对长作业来说，由于它们要消耗较长的处理器时间，因此会造成系统的吞吐量下降。而对于短作业来说，它们所需消耗的处理器时间较短，因此系统的吞吐量会提高。但调度算法和方式的不同，也会对系统的吞吐量产生较大影响。

（3）周转时间。从一个特定作业的观点出发，最重要的准则就是完成这个作业要花费多长时间，通常用周转时间或带权周转时间来衡量。

·作业的周转时间是指从作业提交到作业完成之间的时间间隔。作业 i 的周转时间 T_i 可用公式表示如下：

$$T_i = T_{ei} - T_{si}$$

其中 T_{ei} 为作业 i 的完成时刻，T_{si} 为作业 i 的提交时刻。

·平均周转时间是指多个作业周转时间的平均值。n 个作业的平均周转时间 T 可用公式表示如下：

$$T = (T_1 + T_2 + \cdots + T_n)/n$$

·带权周转时间是指作业周转时间与作业实际运行时间的比。作业 i 的带权周转时间 W_i 可用公式表示如下：

$$W_i = T_i / T_{ri}$$

其中 T_i 为作业 i 的周转时间，T_{ri} 为作业 i 的实际运行时间。

·平均带权周转时间是指多个作业带权周转时间的平均值。n 个作业的平均带权周转时间 W 可用公式表示如下：

$$W = (W_1 + W_2 + \cdots + W_n)/n$$

（4）响应时间。在交互式系统中，一般不采用周转时间作为评价准则，采用响应时间作为衡量调度算法的重要准则之一。响应时间是指从用户提交请求到系统首次产生响应所用的时间。从用户角度看，调度策略应尽量降低响应时间，使响应时间处在用户能接受的范围之内。

4.2 作业调度

作业是用户在一次解题或一个事务处理过程中要求计算机系统所做工作的集合，包括用户程序、所需的数据及命令等。计算机系统在完成一个作业的过程中所做的一项相对独立的工作称为一个作业步，因此也可以说一个作业是由一系列有序的作业步组成的。例如，在我们编制程序的过程中，通常要进行编辑输入、编译、链接、运行几个步骤，其中的每一个步骤都可以看作一个作业步。

4.2.1 作业的状态及转换

一个作业从进入系统到运行结束，一般需要经历提交、收容、运行、完成四个阶段。与这四个阶段相对应的作业处于提交、后备、运行和完成四种状态。作业的状态及其转换可用图 4.2 表示。

1. 提交状态

用户为了上机解题或进行某项事务处理，必须事先准备好自己的作业。然后将作业通过纸带输入机或键盘等输入设备提交给计算机系统。用户作业由输入设备向系统外存输入时作业所处的状态称为提交状态。

2. 后备状态

当一个作业通过输入设备送入计算机，并由操作系统将其存放在磁盘中以后，系统为这个作业建立一个作业控制块，并把它插入到后备作业队列中等待调度运行。此时，这个作业所处的状态称为后备状态。从作业输入开始到放入后备作业队列这一过程称为收容阶段，也称为作业录入。

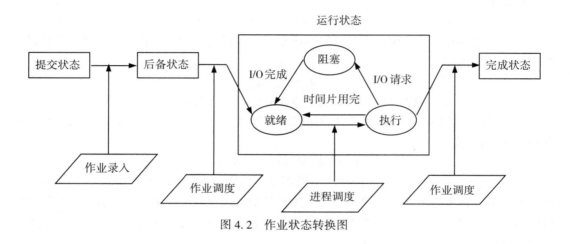

图 4.2　作业状态转换图

3. 运行状态

当作业调度程序选中一个作业，为它分配了必要的资源并建立了相应的进程之后，这个作业就由后备状态转变为运行状态。

处于运行状态的作业在系统中并不一定真正占有处理器，它可能被进程调度程序选中而得到处理器，正在处理器上执行；也可能在等待某事件的发生；还有可能在等待着进程调度程序为其分配处理器。因此，从宏观上看，作业一旦由作业调度程序选中进入内存就开始了运行，但从微观上讲，内存中的作业并不一定正在处理器上执行。为了便于对处于运行状态的作业进行管理，根据进程的活动情况又把它分为三种状态：就绪状态、执行状态、阻塞状态。刚建立的进程进入就绪状态；从就绪状态向执行状态的转换由进程调度程序实现；对于执行状态的进程，当它使用完分配给它的时间或被更高优先级的进程剥夺处理器后，又回到就绪状态，等待下次被调度；进程在执行中若发生了某事件而暂时无法执行下去，如有输入/输出请求并等待输入/输出完成，则进入阻塞状态；当引起进程阻塞的事件消失时，如输入/输出完成，进程由阻塞状态变为就绪状态，重新获得被调度的资格。

4. 完成状态

当作业正常运行结束或因发生错误而终止运行时，作业就处于完成状态。此时，由操作系统将作业控制块从当前作业队列中删去，并收回其所占用的资源，将作业运行结果存入输出文件并调用有关设备进行输出。在有 Spooling 的系统中，作业将被插入到完成作业队列中，将运行结果送入输出井，再由 Spooling 系统去完成输出。

4.2.2 作业调度

作业调度的主要功能是按照某种原则从后备作业队列中选取作业进入内存，并为作业做好运行前的准备工作和作业完成后的善后处理工作，完成这种功能的程序称为作业调度程序。

1. 作业调度程序的功能

作业调度程序主要完成以下工作：

（1）记录进入系统的各个作业情况。为了挑选作业投入执行并且在执行中对作业进行管理，作业调度程序必须掌握进入系统的作业的情况，并随时记录作业在运行阶段的变化情况。为此，系统应为每个作业建立相应的数据结构。

（2）从后备作业中挑选一些作业投入执行。一般来说，系统中处于后备状态的作业较多，有几十甚至几百个。后备作业个数的多少取决于存储后备作业的空间大小。但是处于运行状态（不是真正在 CPU 上执行）的作业一般只有有限的几个，比如四个、十个。因此作业调度程序的一个重要职能就是，在适当的时候按确定的调度策略从后备作业中选取若干个作业进入运行状态。在设计作业调度程序时，必须综合平衡各种因素，确定符合系统设计目标的调度算法。

（3）为被选中的作业做好执行前的准备工作。作业调度程序在让一个作业从后备状态进入运行状态之前，必须为该作业建立相应的进程，分配其运行需要的资源，分配的资源包括内存、磁盘空间等资源。

（4）在作业运行结束或运行过程中因某种原因需要撤离时，作业调度程序还要完成作业的善后处理工作。例如作业调度程序要把相应作业的一些信息（如运行时间，作业执行情况）进行必要的输出，然后收回该作业所占用的一切资源，撤销与该作业有关的全部进程和该作业的作业控制块。

2. 作业控制块

在外存中往往有许多作业，为了管理和调度这些作业，就必须记录已进入系统中的各作业的情况。如同进程管理一样，系统为每个作业设置一个作业控制块（JCB），其中记录了作业的有关信息。不同系统的 JCB 所包含的信息有所不同，这取决于系统对作业调度的要求。通常作业控制块中包括的主要内容如下：

（1）资源要求。资源要求是指作业运行需要的资源情况，包括估计运行时间、最迟完成时间、需要的内存容量、外设类型及数量等。

（2）资源使用情况。资源使用情况包括作业进入系统的时刻、开始运行时刻、已运行时间、内存地址、外设台号等。

（3）作业的控制方式、类型和优先级等。作业的控制方式有联机作业控制和脱机作业控制，前者又称为直接控制，后者又称为自动控制。从不同角度出发可以对作业进行不同的分类，如根据用户是否直接与系统交互可以将作业分为终端型和批量型，根据作业需要 CPU 和设备时间量的情况可以将作业分为 I/O 繁忙型和 CPU 繁忙型。作业的优先级是指作业进入系统运行的优先级别，优先级高的作业可以优先进入系统运行。

（4）作业名、作业状态。记录作业的标识信息及作业的当前状态。

通常，系统为每个作业建立一个作业控制块，它是作业存在的唯一标志。系统通过 JCB 感知作业的存在。系统在作业进入后备状态时为作业建立 JCB，从而使该作业可以被作业调度程序所感知。当作业运行完毕进入完成状态之后，系统撤销其 JCB，释放有关资源并撤销该作业。

4.3　进程调度

在多道程序系统中，用户进程数目往往多于处理器的个数，这使进程为了运行而相互争夺处理器。此外，系统进程也同样需要使用处理器。因此，操作系统需要按一定的策略动态地把处理器分配给就绪队列中的某个进程，以便让它执行。处理器分配的任务由进程调度程序完成。在某些系统中，为了降低系统开销，还引入了线程调度。线程调度的策略与进程调度类似。

4.3.1　进程调度的功能

进程调度程序主要完成下述功能。

1. 记录系统中所有进程的有关情况及状态特征

为了实现进程调度，必须将系统中各进程的执行情况和状态特征记录在各进程的 PCB 中，同时还应根据各进程的状态特征和资源需求等信息将进程的 PCB 组织成相应的队列，并依据运行情况将进程的 PCB 在不同状态队列之间转换。进程调度程序通过 PCB 的变化来掌握系统中所有进程的执行情况和状态特征。

2. 选择获得处理器的进程

按照一定的策略选择一个处于就绪状态的进程，使其获得处理器执行。根据不同的系统设计目标，有各种各样的选择策略。例如先来先服务调度算法、时间片轮转调度算法等。这些选择策略决定了调度算法的性能。

3. 处理器分配

当正在执行进程由于某种原因要放弃处理器时，进程调度程序应保护当前执行进程的 CPU 现场，将其状态由执行变成就绪或阻塞，并插入到相应队列中去；同时调度程序还应根据一定原则从就绪队列中挑选出一个进程，将该进程从就绪队列中移出，恢复其 CPU 现场，并将其状态改为执行。

引起进程调度的原因有以下几种：

(1) 当前运行进程运行结束。因任务完成而正常结束，或者因出现错误而异常结束。

(2) 当前运行进程因某种原因，比如 I/O 请求，从运行状态进入阻塞状态。

(3) 当前运行进程执行某种原语操作，如 P 操作，进入阻塞状态。

(4) 执行完系统调用等系统进程后返回用户进程，这时可以看作系统进程执行完毕，从而可以调度一个新的用户进程。

(5) 在采用剥夺调度方式的系统中，一个具有更高优先级的进程要求使用处理器，则使当前运行进程进入就绪队列(这与调度方式有关)。

(6) 在分时系统中，分配给该进程的时间片已用完(这与系统类型有关，多用于分时系统中)。

4.3.2　进程调度的方式

进程调度方式是指当某一个进程正在处理器上执行时，若有某个更为重要或紧迫的进程需要进行处理(即有优先级更高的进程进入就绪队列)，此时应如何分配处理器。通常有下述两种进程调度方式。

1. 抢占方式

抢占方式又称剥夺方式、可剥夺方式、可抢占方式，这种进程调度方式是指当一个进程正在处理器上执行时，若有某个更为重要或紧迫的进程需要使用处理器，则立即暂停正在执行的进程，将处理器分配给更重要或紧迫的进程。

2. 非抢占方式

非抢占方式又称非剥夺方式、不可剥夺方式、不可抢占方式。这种进程调度方式是指当某一个进程正在处理器上执行时，即使有某个更为重要或紧迫的进程进入就绪队列，仍然让正在执行的进程继续执行，直到该进程完成或发生某种事件而进入阻塞状态时，才把处理器分配给更为重要或紧迫的进程。

4.4　调度算法

通常系统的设计目标不同，所采用的调度算法也不相同。在操作系统中存在多种调度算法，其中有的调度算法适用于作业调度，有的调度算法适用于进程调度，有的调度算法两者都适用。下面介绍几种常用的调度算法。

4.4.1　先来先服务调度算法

先来先服务调度算法是一种最简单的调度算法，该调度算法既可以用于作业调度也可以用于进程调度。

在作业调度中，先来先服务调度算法每次从后备作业队列中选择最先进入该队列的一个或几个作业，将它们调入内存，分配必要的资源，创建进程并放入就绪队列。

在进程调度中，先来先服务调度算法每次从就绪队列中选择最先进入该队列的进程，将处理器分配给它，使之投入运行，该进程一直运行下去，直到完成或因某种原因而阻塞时才释放处理器。

下面通过一个例子来说明先来先服务调度算法的性能。假设系统中有 4 个作业，它们的提交时刻分别是 8、8.4、8.8、9，运行时间依次是 2、1、0.5、0.2，系统采用先来先服务调度算法，这组作业的平均周转时间和平均带权周转时间计算如表 4.1 所示。

从表面上看，先来先服务调度算法对所有作业是公平的，即按照作业到来的先后次序进行服务。但若一个长作业先到达系统，就会使许多短作业等待很长时间，从而引起许多短作业用户的不满。今天，先来先服务调度算法已很少用作主要的调度策略，尤其是不能作为分时系统和实时系统的主要调度策略，但它常被结合在其他调度策略中使用。例如，在使用优先级作为调度策略的系统中，往往对多个具有相同优先级的进程按先来先服务原则处理。该算法优先考虑在系统中等待时间最长的作业，而不考虑作业运行时间的长短。

表 4.1　　　　　　　　　　　　　　先来先服务调度算法示例

时间\作业	提交时刻	运行时间	开始时刻	完成时刻	周转时间	带权周转时间
1	8	2	8	10	2	1
2	8.4	1	10	11	2.6	2.6
3	8.8	0.5	11	11.5	2.7	5.4
4	9	0.2	11.5	11.7	2.7	13.5

平均周转时间　T=2.5
平均带权周转时间 W=5.625

先来先服务调度算法的特点是算法简单，但效率较低；有利于长作业但对短作业不利；有利于 CPU 繁忙型作业而不利于 I/O 繁忙型作业。

4.4.2　短作业优先调度算法

短作业优先调度算法用于进程调度时称为短进程优先调度算法，该调度算法既可以用于作业调度也可以用于进程调度。

在作业调度中，短作业优先调度算法每次从后备作业队列中选择估计运行时间最短的一个或几个作业，将它们调入内存，分配必要的资源，创建进程并放入就绪队列。

在进程调度中，短进程优先调度算法每次从就绪队列中选择估计运行时间最短的进程，将处理器分配给它，使之投入运行，该进程一直运行下去，直到完成或因某种原因而阻塞时才释放处理器。

例如，考虑表 4.1 中给出的一组作业，若系统采用短作业优先调度算法，其平均周转时间和平均带权周转时间如表 4.2 所示。

表 4.2 短作业优先调度算法示例

时间 作业	提交时刻	运行时间	开始时刻	完成时刻	周转时间	带权周转时间
1	8	2	8	10	2	1
2	8.4	1	10.7	11.7	3.3	3.3
3	8.8	0.5	10.2	10.7	1.9	3.8
4	9	0.2	10	10.2	1.2	6

平均周转时间　T = 2.1
平均带权周转时间　W = 3.525

与先来先服务调度算法相比，短作业优先调度算法具有较短的平均周转时间和平均带权周转时间，具有较好的调度性能，但该算法对长作业不利。

短作业优先调度算法可以是非抢占式的，也可以是抢占式的。若无特别说明，通常是指非抢占式的算法。抢占式的短作业优先调度算法也称为最短剩余时间优先调度算法，即当一个新进程进入就绪队列时，若其需要的运行时间比当前运行进程的剩余时间短，则它将抢占 CPU。

最短剩余时间优先算法示例见表 4.3。

表 4.3 最短剩余时间优先调度算法示例

时间 作业	提交时刻	运行时间	开始时刻	完成时刻	周转时间	带权周转时间
1	0	8	0	17	17	2.125
2	1	4	1	5	4	1
3	2	9	17	26	24	2.67
4	3	5	5	10	7	1.4

平均周转时间　T = 13
平均带权周转时间　W = 1.8

需要指出的是，由于用户较难准确地估计出作业或进程的运行时间，致使该算法较难真正做到短作业(短进程)优先调度。

可以证明，当一批作业同时到达时，最短作业优先调度算法才能获得最短平均周转时间。

4.4.3　优先级调度算法

优先级调度算法也可以称为优先权调度算法，该算法既可以用于作业调度，也可用于进程调度，该算法中的优先级用于描述作业运行的紧迫程度。

在作业调度中，优先级调度算法每次从后备作业队列中选择优先级最高的一个或几个作业，将它们调入内存，分配必要的资源，创建进程并放入就绪队列。

在进程调度中，优先级调度算法每次从就绪队列中选择优先级最高的进程，将处理器分配给它，使之投入运行。根据进程调度方式的不同，又可以将该调度算法分为非抢占式优先级调度算法和抢占式优先级调度算法。

非抢占式优先级调度算法的实现思想是系统一旦将处理器分配给就绪队列中优先级最高的进程后，该进程便一直运行下去，直到由于其自身的原因(任务完成或等待事件)主动让出处理器时，才将处理器分配给另一个优先级更高的进程。

抢占式优先级调度算法的实现思想是将处理器分配给优先级最高的进程，使之运行。在进程运行过程中，一旦出现了另一个优先级更高的进程(如一个处于阻塞状态的高优先级进程因事件的到来而变为就绪状态)，进程调度程序就停止当前进程的运行，而将处理器分配给新出现的高优先级进程。

进程的优先级用于表示进程的重要性及运行的优先性，一般用优先数来衡量优先级。在有些系统中，优先数越大优先级越高；而在另一些系统中，优先数越小优先级越高。根据进程创建后其优先级是否可以改变，可以将进程优先级分为两种：静态优先级和动态优先级。

静态优先级是在创建进程时确定的，确定之后在整个进程运行期间不再改变。确定静态优先级的主要依据有以下几种：

(1)进程类型。通常系统中有两类进程，即系统进程和用户进程。系统中各进程运行速度以及系统资源的利用率在很大程度上依赖于系统进程。例如，若系统中某种共享输入/输出设备由一系统进程管理，那么使用这种设备的所有进程的运行速度都依赖于这一系统进程。所以系统进程的优先级应高于用户进程。在批处理与分时结合的系统中，为了保证分时用户的响应时间，前台作业的进程优先级应高于后台作业的进程。

(2)进程对资源的要求。根据作业要求系统提供的处理器时间、内存大小、I/O 设备的类型及数量来确定作业的优先级。由于作业的执行时间事先难以确定，所以只能根据用户提出的估计时间来确定。进程所申请的资源越多，估计的运行时间越长，进程的优先级越低。

(3)用户要求。系统可以按用户提出的要求设置进程优先级，为防止用户都将自己的进程设置为高优先级，可以采用高优先级高收费的策略。

动态优先级是指在创建进程时，根据进程的特点及相关情况确定一个优先级，在进程运行过程中再根据情况的变化调整优先级。确定动态优先级的主要依据有以下几种：

（1）进程占有 CPU 时间的长短。一个进程占有的 CPU 时间越长，则优先级越低，再次获得调度的可能性就越小；反之，一个进程占有的 CPU 时间越短，则优先级越高，获得调度的可能性就越大。

（2）就绪进程等待 CPU 时间的长短。一个就绪进程在就绪队列中等待的时间越长，则优先级就越高，获得调度的可能性就越大；反之，一个进程在就绪队列中等待的时间越短，则优先级越低，获得调度的可能性就越小。

4.4.4 时间片轮转调度算法

时间片轮转调度算法主要用于分时系统中的进程调度。在时间片轮转调度算法中，系统将所有就绪进程按到达时间的先后次序排成一个队列，进程调度程序总是选择就绪队列中的第一个进程执行，并规定执行一定时间，例如 100 ms，该时间称为时间片。当该进程用完这一时间片时（即使进程并未完成其运行），系统将它送至就绪队列队末尾，再把处理器分配给就绪队列的队首进程。这样，处于就绪队列中的进程，就可以依次轮流地获得一个时间片的处理时间，然后回到队列尾部，如此不断循环，直至完成为止。

设有 A、B、C、D、E 五个进程，其到达时间分别为 0、1、2、3、4，要求运行时间依次为 3、6、4、5、2，采用时间片轮转调度算法，当时间片大小为 1 和 4 时，其平均周转时间和平均带权周转时间见表 4.4。

从表 4.4 中可以看出，时间片轮转调度算法本质上是一种可剥夺式调度算法，时间片的大小对系统性能的影响很大。如果时间片足够大，以致于所有进程都能在一个时间片内执行完毕，则时间片轮转调度算法就退化成先来先服务调度算法。如果时间片很小，那么处理器将在进程之间频繁切换，处理器真正用于运行用户进程的时间将减少。因此时间片的大小应选择适当。

表 4.4   **时间片轮转调度算法示例**

q = 1

进程名	到达时刻	需 CPU 时间	开始时刻	完成时刻	周转时间	带权周转时间
A	0	3	0	7	7	2.33
B	1	6	1	19	18	3
C	2	4	3	16	14	3.5
D	3	5	5	20	17	3.4
E	4	2	7	12	8	4
平均					12.8	3.25

q = 4

进程名	到达时刻	需 CPU 时间	开始时刻	完成时刻	周转时间	带权周转时间
A	0	3	0	3	3	1
B	1	6	3	19	18	3
C	2	4	7	11	9	2.25
D	3	5	11	20	17	3.4
E	4	2	15	17	13	6.5
平均					12	3.23

时间片的长短通常由以下因素确定：

(1) 系统的响应时间。分时系统必须满足系统对响应时间的要求，系统响应时间与时间片的关系可以表示为：$T = Nq$，其中 T 为系统的响应时间，q 为时间片的大小，N 为就绪队列中的进程数。若系统中的进程数目一定，时间片的大小与系统响应时间成正比。

(2) 就绪队列中的进程数目。在响应时间固定的情况下，就绪队列中的进程数目与时间片成反比。

(3) 系统的处理能力。通常我们要求用户键入的常用命令能够在一个时间片内处理完毕。因此，计算机的速度越快，时间片就越短。

4.4.5　高响应比优先调度算法

先来先服务算法只考虑作业的等待时间而未考虑作业执行时间的长短，短作业优先调度算法只考虑作业执行时间的长短而忽略了作业的等待时间，这两种调度算法都有其不足之处，为此引入了高响应比优先调度算法。

高响应比优先调度算法主要用于作业调度，该算法是对先来先服务调度算法和短作业优先调度算法的一种综合平衡，该算法既考虑作业运行时间的长短，也考虑作业的等待时间。高响应比优先调度算法的实现思想是在每次进行作业调度时，先计算后备作业队列中每个作业的响应比，然后挑选响应比最高的作业投入运行。响应比定义如下：

响应比 = 作业响应时间/估计运行时间

由于响应时间为作业进入系统后的等待时间加上估计运行时间。因此

响应比 = 1 + 作业等待时间/估计运行时间

高响应比优先调度算法示例见表 4.5。

表 4.5　　　　　　　**高响应比优先调度算法示例**

进程名	到达时刻	需 CPU 时间	开始时刻	完成时刻	周转时间	带权周转时间
A	0	3	0	3	3	1
B	1	6	3	9	8	1.33

进程名	到达时刻	需 CPU 时间	开始时刻	完成时刻	周转时间	带权周转时间
C	2	4	11	15	13	3.25
D	3	5	15	20	17	3.4
E	4	2	9	11	7	3.5
平均					9.6	2.496

从响应比的计算公式中可以看出，该算法有利于短作业，同时适当考虑长作业。也就是说在相同等待时间的情况下，短作业优先；而在相同运行时间的情况下，等待时间长的作业优先，这样只要系统中的某个作业等待了足够长的时间，它总会成为响应比最高者而获得运行的机会。该算法的不足是作业调度前需要计算后备队列中每个作业的响应比，从而增加了系统开销。

4.4.6 多级队列调度算法

多级队列调度算法用于进程调度，其基本思想是根据进程的性质或类型，将就绪队列划分为若干个子队列，每个进程固定属于一个就绪队列，每个就绪队列采用一种调度算法，不同的队列可以采用不同的调度算法。

例如，为交互型作业设置一个就绪队列，该队列采用时间片轮转调度算法；为批处理作业设置另一个就绪队列，该队列采用先来先服务调度算法。

4.4.7 多级反馈队列调度算法

多级反馈队列调度算法是时间片轮转调度算法和优先级调度算法的综合和发展。通过动态调整进程优先级和时间片大小，多级反馈队列调度算法可以兼顾多方面的系统目标。例如，为提高系统吞吐量和缩短平均周转时间而照顾短进程；为获得较好的 I/O 设备利用率和缩短响应时间而照顾 I/O 型进程；同时，也不必事先估计进程的执行时间。

多级反馈队列调度算法的工作原理如图 4.3 所示，其算法实现思想如下：

(1)系统中应设置多个就绪队列，每个就绪队列对应一个优先级，第 1 个队列的优先级最高，第 2 个队列次之，其余队列的优先级逐次降低。

(2)每个队列中进程执行的时间片大小各不相同，进程所在队列的优先级越高，其相应的时间片就越短。例如，第 1 个队列的时间片是第 2 个队列时间片的两倍，将时间片长短按优先级从高到底依次加倍。

(3)当一个新进程进入系统时，首先将它放入第 1 个队列的末尾，按先来先服务的原则排队等待调度。当轮到该进程执行时，如能在此时间片内完成，便可准备撤离系统；如果它在一个时间片结束时尚未完成，调度程序便将该进程转入第 2 个队列的末尾，再同样地按先来先服务原则等待调度执行；如果它在第 2 个队列中运行一个时间片后仍未完成，再以同样方法转入第 3 个队列。如此下去，最后一个队列中可使用时间片轮转调度算法。

(4)仅当第 1 个队列为空时，调度程序才从第 2 个队列中选择进程运行；仅当第 1 个队列至第(i-1)个队列均为空时，才会调度第 i 个队列中的进程运行。当处理器正在执行第 i 个队列中的某进程时，若又有新进程进入优先级较高的队列中，则此时新进程将抢占正在运行进程的处理器，即由调度程序把正在执行进程放回第 i 个队列末尾，重新将处理器分配给优先级更高的新进程。

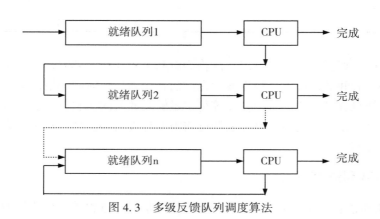

图 4.3　多级反馈队列调度算法

表 4.6 给出了多级反馈队列调度算法的例子。设系统中建立了 3 个队列，第一个队列的时间片 q 为 1，第二个队列的时间片 q 为 2，第三个队列的时间片 q 为 4。

表 4.6　　　　　　　　　　　　　　多级反馈队列调度算法示例

进程名	到达时刻	需 CPU 时间	开始时刻	完成时刻	周转时间	带权周转时间
A	0	3	0	9	9	3
B	1	8	1	27	26	3.25
C	3	4	3	20	17	4.25
D	4	5	4	22	18	3.6
E	5	7	5	26	21	3
平均					18.25	3.42

在实际系统中使用多级反馈队列调度算法时，还可以使用更复杂的优先级调整策略，以适应特定系统的需要。一般而言，多级反馈队列调度算法具有较好的性能。如对终端型作业而言，由于这类作业需要的处理器时间较短，因而能够在前一两个队列中完成，从而保证了终端型作业具有较快的响应时间；基于相同的原因，短作业能在前几个队列中完成，因而其周转时间较短；而长作业可以依次在各队列中得到服务。当然，随着长作业的运行，它会逐渐降到较低优先级的进程队列中，若在此之后系统中进入的都是运行时间较短的作业，并且形成了稳定的短作业流，则前述的长作业就可能一直就绪等待，从而出现

进程饥饿问题。解决饥饿问题的一种办法是，提高在低优先级队列中等待了很长时间的进程的优先级，从而使它们得到再次运行的机会。

4.5 死锁

在多道程序系统中，由于多个进程的并发执行，改善了系统资源的利用率并提高了系统的处理能力。然而，多个进程的并发执行也带来了新的问题——死锁。

4.5.1 死锁的概念

死锁现象不仅出现在计算机系统中，在日常生活中也广泛存在。下面我们通过一些实例来说明死锁现象。

先看生活中的一个例子，在一条河上有一座桥，桥面很窄，只能容纳一辆汽车通行，无法让两辆汽车并行。如果有两辆汽车分别从桥的左右两端驶上该桥，则会出现下述的冲突情况。此时，左边的汽车占有了桥面左边的一段，要想过桥还需等待右边的汽车让出桥面右边的一段；右边的汽车占有了桥面右边的一段，要想过桥还需等待左边的汽车让出桥面左边的一段。此时，若左右两边的汽车都只能向前行驶，则两辆汽车都无法过桥。

在计算机系统中也存在类似的情况。例如某计算机系统中只有一台打印机和一台输入设备，进程 P_1 正占用输入设备，同时又提出使用打印机的请求，但此时打印机正被进程 P_2 所占用，而 P_2 在未释放打印机之前，又提出请求使用正被 P1 占用着的输入设备。这样两个进程相互无休止地等待下去，均无法继续执行，此时两个进程陷入死锁状态。

死锁是指多个进程因竞争系统资源或相互通信而处于永久阻塞状态，若无外力作用，这些进程都将无法向前推进。

4.5.2 死锁产生的原因和必要条件

死锁的产生与资源的使用相关，在研究死锁产生原因之前，我们首先来了解一下资源的类型，资源的不同使用性质是引起系统死锁的原因。如对可剥夺资源的竞争不会引起进程死锁，而对其他类型资源的竞争则有可能导致死锁。

1. 资源分类

操作系统是一个资源管理程序，它负责分配不同类型的资源给进程使用。现代操作系统所管理的资源类型十分丰富，并且可以从不同的角度出发对其进行分类。如，我们可以把资源分为可剥夺资源和不可剥夺资源。可剥夺资源是指虽然占有资源的进程仍然需要使用该资源，但另一个进程可以强行把该资源从占有进程处剥夺过来给自己使用。而不可剥夺资源是指除占有资源的进程不再需要使用该资源而主动释放资源外，其他进程不得在占有进程使用资源过程中强行剥夺。一个资源是否属于可剥夺资源，完全取决于资源本身的使用性质，如果资源剥夺后不会产生任何不良影响则该资源属于可剥夺资源，如果资源剥夺后会引起相关工作的失效则该资源属于不可剥夺资源。例如打印机属于不可剥夺资源，如果强行剥夺则可能使多个进程的打印结果混在一起无法辨认；而 CPU 资源是可剥夺资源，多个进程共享 CPU 不会产生任何不良影响。

如果按资源使用期限来看，则可以将资源分为可再次使用的永久资源和消耗性的临时资源。一般来说，所有的硬件资源都属于可再次使用的永久资源，它们可以被进程反复使用。在进程同步和通信中出现的消息、信号和数据也可以看作资源，它们属于消耗性的临时资源，因为类似消息这类资源，在接收消息的进程对其处理后，消息就被撤销了，不再存在了。对永久资源和临时资源的使用都有可能导致死锁。

2. 死锁产生的原因

死锁产生的原因之一是竞争资源。如果系统中只有一个进程在运行，所有资源为一个进程独享，则不会出现死锁现象。当系统中有多个进程并发执行时，若系统中的资源不足以同时满足所有进程的需要，则引起进程对资源的竞争，从而可能导致死锁的产生。图 4.4 给出了两个进程竞争资源的情况。

在图 4.4 中，假定进程 P_1 和 P_2 分别申请到了资源 A 和资源 B，现在进程 P_1 又提出使用资源 B 的申请，由于资源 B 已被进程 P_2 占有，所以进程 P_1 阻塞；而进程 P_2 可以继续运行，进程 P_2 在运行中又提出使用资源 A 的申请，由于资源 A 已被进程 P_1 占有，所以进程 P_2 阻塞。于是进程 P_1、P_2 都因资源得不到满足而进入阻塞状态，两进程陷入死锁。

死锁产生的另一个原因是进程的推进顺序不当。竞争资源虽然可能导致死锁，但是资源竞争并不等于死锁，只有在进程运行过程中请求和释放资源的顺序不当时（即进程的推进顺序不当时），才会导致死锁。如在图 4.4 所示的例子中，若进程 P_1 和 P_2 按照下列顺序执行：P_1 申请 A、P_1 申请 B、P_1 释放 A、P_1 释放 B、P_2 申请 B、P_2 申请 A、P_2 释放 B、P_2 释放 A，则两个进程均可以顺利运行完成，不会发生死锁。图 4.5 的路径①给出了进程的上述执行顺序。类似地，若两个进程按照路径②和路径③所示的顺序推进也不会产生死锁，但按照路径④所示的顺序推进则会产生死锁。

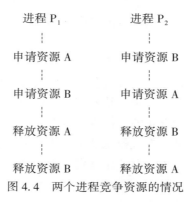

图 4.4 两个进程竞争资源的情况

由上述分析可知，死锁产生的原因是竞争资源和进程推进顺序非法。

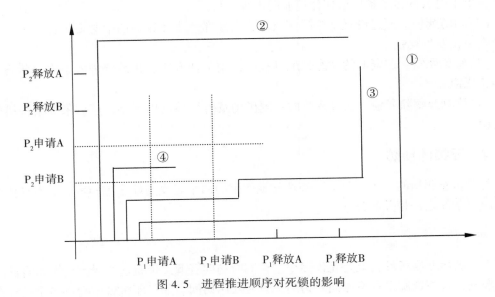

图 4.5 进程推进顺序对死锁的影响

3. 死锁产生的必要条件

从上面的分析可以看出，死锁产生有以下四个必要条件：

(1)互斥条件。进程要求对所分配的资源进行排他性控制，即在一段时间内某资源仅为一个进程所占有。

(2)不剥夺条件。进程所获得的资源在未使用完毕之前，不能被其他进程强行夺走，即只能由获得该资源的进程自己来释放。

(3)请求和保持条件。在等待分配新资源的同时，进程继续占有已分配到的资源。请求和保持条件又称为占有且等待条件、部分分配条件。

(4)循环等待条件。存在一种进程资源的循环等待链，链中的每一个进程已获得的资源同时被链中下一个进程所请求。

当死锁发生时，上述四个条件成立。也就是说，只要有一个必要条件不满足，则系统不会出现死锁。

4.5.3 处理死锁的基本方法

目前用于处理死锁的方法主要有以下几种：

(1)忽略死锁。这种处理方式又称鸵鸟算法，指像鸵鸟一样对死锁视而不见。不同的人对死锁现象有不同的反应。例如，数学家认为死锁现象完全不能容忍，应不惜代价地防止死锁的发生。而工程师则会问估计多长时间才会出现一次死锁，其他原因的系统故障又是多长时间出现一次，如果死锁平均每五年出现一次，而其他系统故障每月出现一次，那么大多数工程师就不愿意以高昂的代价来消除死锁。对用户来说，他们宁愿仍然出现一次死锁，也不愿有许多条条框框捆住他们的手脚。

（2）预防死锁。通过设置某些限制条件，去破坏产生死锁的四个必要条件中的一个或几个来防止发生死锁。

（3）避免死锁。在资源的动态分配过程中，用某种方法防止系统进入不安全状态，从而避免死锁。

（4）检测及解除死锁。通过系统的检测机构及时地检测出死锁，然后采取某种措施解除死锁。

4.5.4　死锁的预防

要想防止死锁的发生，只需要破坏死锁产生的四个必要条件之一即可。下面具体分析与这四个条件之一相关的技术。

1. 互斥条件

为了破坏互斥条件，就要允许多个进程同时访问资源。但是这会受到资源本身固有特性的限制，有些资源根本不能同时访问，只能互斥访问。如打印机就不允许多个进程在其运行期间交替打印数据，打印机只能互斥使用。由此看来，企图通过破坏互斥条件防止死锁的发生是不大可能的。

2. 不剥夺条件

为了破坏不剥夺条件，可以制定这样的策略：一个已获得了某些资源的进程，若新的资源请求不能立即得到满足，则它必须释放所有已获得的资源，以后需要资源时再重新申请。这意味着，一个进程已获得的资源在运行过程中可以被剥夺，从而破坏了不剥夺条件。

该策略实现起来比较复杂，释放已获得资源可能造成前一段工作的失效，重复申请和释放资源会增加系统开销，降低系统吞吐量。这种方法常用于状态易于保存和恢复的资源，如 CPU 的寄存器及内存资源，一般不能用于打印机之类的资源。

3. 请求和保持条件

为了破坏请求和保持条件，可以采用静态资源分配法。静态资源分配法要求进程在其运行之前一次申请它所需要的全部资源，在它的资源未满足前，不把它投入运行。一旦投入运行后，这些资源就一直归它所有，也不再提出其他资源要求，这样就可以保证系统不会发生死锁。

这种方法既简单又安全，但降低了资源利用率。采用这种方法必须事先知道作业(或进程)需要的全部资源，即使有的资源只在运行后期使用，甚至有的资源在正常运行中根本不用，也不得不预先统一申请，结果使得系统资源不能充分利用。以打印机为例，一个作业可能只在最后完成时才需要打印计算结果，但在作业运行前就把打印机分配给了它，那么在作业整个执行过程中打印机基本处于闲置状态。

4. 循环等待条件

为了破坏循环等待条件，可以采用有序资源分配法。有序资源分配法的实现思想是将系统中的所有资源都按类型赋予一个编号（如打印机为 1，磁带机为 2，等等），要求每一个进程均严格按照编号递增的次序来申请资源，同类资源一次申请完。也就是说，只要进程提出申请分配资源 R_i，则该进程在以后的资源申请中，只能申请资源编号排在 R_i 后面的那些资源（i 为资源编号），不能再申请资源编号低于 R_i 的那些资源。对资源申请作了这样的限制后，系统中不会再出现几个进程对资源的请求形成环路的情况。

这种方法存在的主要问题是各种资源编号后不宜修改，从而限制了新设备的增加；尽管在为资源编号时已考虑到大多数作业实际使用这些资源的顺序，但也经常会发生作业使用资源的顺序与系统规定顺序不同的情况，造成资源的浪费。

4.5.5 死锁的避免

预防死锁方法中所采取的几种策略，总的说来都对资源的使用施加了较强的限制条件，虽然实现起来较为简单，但却严重地损害了系统性能。在死锁的避免方法中，不对进程申请资源施加限制条件，而是检查进程的资源申请是否会导致系统进入不安全状态，只要能使系统始终处于安全状态，便可以避免死锁的发生。由于该方法对进程使用资源所施加的限制条件较弱，从而可能获得较好的系统性能。

1. 安全状态与不安全状态

在避免死锁的方法中，允许进程动态地申请资源，系统在进行资源分配之前，先计算资源分配的安全性。若此次分配不会导致系统进入不安全状态，便将资源分配给进程，否则进程等待。

如果在某一时刻，系统能按某种顺序如< P_1，P_2，…，P_n>来为每个进程分配其所需的资源，直至最大需求，使每个进程都可以顺利运行完成，则称此时的系统状态为安全状态，称序列< P_1，P_2，…，P_n>为安全序列。若某一时刻系统中不存在一个安全序列，则称此时的系统状态为不安全状态。

虽然并非所有不安全状态都是死锁状态，但当系统进入不安全状态后，便可能进而进入死锁状态；反之，只要系统处于安全状态，便可以避免进入死锁状态。

下面通过一个例子来说明安全状态的概念。假设在一个系统中有 12 台磁带驱动器和 3 个进程 P_1、P_2、P_3，进程 P_1 最多要求 10 台磁带驱动器，进程 P_2 最多要求 4 台磁带驱动器，进程 P_3 最多要求 9 台磁带驱动器。若在 t_0 时刻，进程 P_1 占有 5 台磁带驱动器，进程 P_2 占有 2 台磁带驱动器，进程 P_3 占有 2 台磁带驱动器，系统还有 3 台磁带驱动器空闲。

进程	最大需求	当前占有
P_1	10	5
P_2	4	2
P_3	9	2

在 t_0 时刻，存在安全序列<P_2、P_1、P_3>，系统处于安全状态。这是因为进程 P_2 可以立即得到其所需要的所有磁带驱动器并在完成后归还给系统，这时系统有 5 台磁带驱动器空闲；接着进程 P_1 可以得到其所需要的所有磁带驱动器并在完成后归还给系统，这时系统有 10 台磁带驱动器空闲；最后进程 P_3 可以得到其所需要的所有磁带驱动器并在完成后归还给系统，这时系统有 12 台磁带驱动器空闲。

系统可以从安全状态转为不安全状态。假设在 t_0 时刻之后，进程 P_3 申请并得到了 1 台磁带驱动器，系统就不再安全了。这时只有进程 P_2 能得到需要的所有磁带驱动器，当其完成并归还资源后，系统有 4 台空闲磁带驱动器。而进程 P_1 还需要 5 台磁带驱动器，系统无法满足其要求；同理，进程 P_3 还需要 6 台磁带驱动器，系统无法满足其要求。此时没有安全序列存在，系统处于不安全状态。

2. 银行家算法

具有代表性的死锁避免算法是 Dijkstra 给出的银行家算法。为实现银行家算法，系统中必须设置若干数据结构。假定系统中有 n 个进程（P_1，P_2，…，P_n），m 类资源（R_1，R_2，…，R_m），银行家算法中使用的数据结构如下：

（1）可利用资源向量 Available。这是一个含有 m 个元素的数组，其中的每一个元素代表一类资源的空闲资源数目，其初始值是系统中所配置的该类资源的数目，其数值随该类资源的分配和回收而动态地改变。如果 Available(j)＝k，表示系统中现有空闲的 R_j 类资源 k 个。

（2）最大需求矩阵 Max。这是一个 n×m 的矩阵，它定义了系统中每一个进程对各类资源的最大需求数目。如果 Max(i, j)＝k，表示进程 P_i 需要 R_j 类资源的最大数目为 k。

（3）分配矩阵 Allocation。这是一个 n×m 的矩阵，它定义了系统中当前已分配给每一个进程的各类资源数目。如果 Allocation(i, j)＝k，表示进程 P_i 当前已分到 R_j 类资源的数目为 k。$Allocation_i$ 表示进程 P_i 的分配向量，由矩阵 Allocation 的第 i 行构成。

（4）需求矩阵 Need。这是一个 n×m 的矩阵，它定义了系统中每一个进程还需要的各类资源数目。如果 Need(i, j)＝k，表示进程 P_i 还需要 R_j 类资源 k 个，才能完成其任务。$Need_i$ 表示进程 P_i 的需求向量，由矩阵 Need 的第 i 行构成。

上述三个矩阵间存在关系：Need(i, j)＝Max(i, j)－Allocation(i, j)

银行家算法的实现思想如下：

设 $Request_i$ 是进程 P_i 的请求向量，$Request_i(j)$＝k 表示进程 P_i 请求分配 R_j 类资源 k 个。当 P_i 发出资源请求后，系统按下述步骤进行检查：

（1）如果 Request$_i$≤Need$_i$，则转向步骤（2）；否则出错，因为进程所需要的资源数目已超过它所宣布的最大值。

（2）如果 Request$_i$≤Available，则转向步骤（3）；否则，表示系统中尚无足够的资源满足进程 P$_i$ 的申请，P$_i$ 必须等待。

（3）系统试着把申请的资源分配给进程 P$_i$，并修改下面数据结构中的数值：

$$Available = Available - Request_i;$$

$$Allocation_i = Allocation_i + Request_i;$$

$$Need_i = Need_i - Request_i;$$

（4）系统执行安全性算法，检查此次资源分配后，系统是否处于安全状态。若安全，才正式将资源分配给进程 P$_i$，以完成本次分配；否则，将试分配作废，恢复原来的资源分配状态，让进程 P$_i$ 等待。

系统所执行的安全性算法描述如下：

（1）设置两个向量。

- Work：表示系统可提供给进程继续运行的各类资源的空闲资源数目，它含有 m 个元素，执行安全性算法开始时，Work = Available。
- Finish：表示系统是否有足够的资源分配给进程，使之运行完成，开始时，Finish（i）= false；当有足够资源分配给进程 P$_i$ 时，令 Finish（i）= true。

（2）从进程集合中找到一个能满足下述条件的进程：

$$Finish(i) == false;$$

$$Need_i ≤ Work;$$

如找到则执行步骤（3）；否则执行步骤（4）。

（3）当进程 P$_i$ 获得资源后，可顺利执行直到完成，并释放出分配给它的资源，故应执行：

$$Work = Work + Allocation_i;$$

$$Finish(i) = true;$$

然后转向第（2）步。

（4）若所有进程的 Finish（i）都为 true，则表示系统处于安全状态；否则，系统处于不安全状态。

3. 银行家算法示例

假定系统中有四个进程 P$_1$、P$_2$、P$_3$、P$_4$，三种类型的资源 R$_1$、R$_2$、R$_3$，数量分别为 9、3、6，在 T$_0$ 时刻的资源分配情况如表 4.7 所示。试问：（1）T$_0$ 时刻是否安全？（2）T$_0$ 时刻以后，若进程 P$_2$ 发出资源请求 Request$_2$(1, 0, 1)，系统能否将资源分配给它？（3）在进程 P$_2$ 申请资源后，若 P$_1$ 发出资源请求 Request$_1$(1, 0, 1)，系统能否将资源分配给它？（4）在进程 P$_1$ 申请资源后，若 P$_3$ 发出资源请求 Request$_3$(0, 0, 1)，系统能否将资源分配给它？

表 4.7　　　　　　　　　　　　　　T_0 时刻的资源分配表

资源 进程	Max			Allocation			Need			Available		
	R_1	R_2	R_3	R_1	R_2	R_3	R_1	R_2	R_3	R_1	R_2	R_3
										1	1	2
P_1	3	2	2	1	0	0	2	2	2			
P_2	6	1	3	5	1	1	1	0	2			
P_3	3	1	4	2	1	1	1	0	3			
P_4	4	2	2	0	0	2	4	2	0			

(1)T_0 时刻的安全性。

利用安全性算法对 T_0 时刻的资源分配情况进行分析，可得如表 4.8 所示的 T_0 时刻的安全性分析，从中得知，T_0 时刻存在着一个安全序列 < P_2、P_1、P_3、P_4 >，故系统是安全的。

(2)P_2 请求资源。

P_2 发出请求向量 $\text{Request}_2(1, 0, 1)$，系统按银行家算法进行检查：

①$\text{Request}_2(1, 0, 1) \leqslant \text{Need}_2(1, 0, 2)$

②$\text{Request}_2(1, 0, 1) \leqslant \text{Available}(1, 1, 2)$

③系统先假定可为 P_2 分配资源，并修改 Available、Allocation_2、Need_2 向量，由此形成的资源变化情况如表 4.9 所示。

④我们再利用安全性算法检查此时系统是否安全，可得如表 4.10 所示的安全性分析。

表 4.8　　　　　　　　　　　　　　T_0 时刻的安全性检查

资源 进程	Work			Need			Allocation			Work+Allocation			Finish
	R_1	R_2	R_3	R_1	R_2	R_3	R_1	R_2	R_3	R_1	R_2	R_3	
P_2	1	1	2	1	0	2	5	1	1	6	2	3	true
P_1	6	2	3	2	2	2	1	0	0	7	2	3	true
P_3	7	2	3	1	0	3	2	1	1	9	3	4	true
P_4	9	3	4	4	2	0	0	0	2	9	3	6	true

由所进行的安全性检查得知，可以找到一个安全序列 <P_2、P_1、P_3、P_4>。因此，系统是安全的，可以立即将 P_2 所申请的资源分配给它。

表 4.9   **P₂ 申请资源后的资源分配表**

进程 \ 资源情况	Max			Allocation			Need			Available		
	R_1	R_2	R_3	R_1	R_2	R_3	R_1	R_2	R_3	R_1	R_2	R_3
										0	1	1
P_1	3	2	2	1	0	0	2	2	2			
P_2	6	1	3	6	1	2	0	0	1			
P_3	3	1	4	2	1	1	1	0	3			
P_4	4	2	2	0	0	2	4	2	0			

表 4.10   **P₂ 申请资源后的安全性检查**

进程 \ 资源情况	Work			Need			Allocation			Work+Allocation			Finish
	R_1	R_2	R_3	R_1	R_2	R_3	R_1	R_2	R_3	R_1	R_2	R_3	
P_2	0	1	1	0	0	1	6	1	2	6	2	3	true
P_1	6	2	3	2	2	2	1	0	0	7	2	3	true
P_3	7	2	3	1	0	3	2	1	1	9	3	4	true
P_4	9	3	4	4	2	0	0	0	2	9	3	6	true

（3）P_1 请求资源

P_1 发出请求向量 Request$_1$(1, 0, 1)，系统按银行家算法进行检查：

①Request$_1$(1, 0, 1)≤Need$_1$(2, 2, 2)

②Request$_1$(1, 0, 1)>Available(0, 1, 1)，让 P_1 等待。

（4）P_3 请求资源

P_3 发出请求向量 Request$_3$(0, 0, 1)，系统按银行家算法进行检查：

①Request$_3$(0, 0, 1)≤Need$_3$(1, 0, 3)

②Request$_3$(0, 0, 1)≤Available(0, 1, 1)

③系统先假定可为 P3 分配资源，并修改有关数据，如表 4.11 所示。

表 4.11   **P₃ 申请资源后的资源分配表**

进程 \ 资源	Max			Allocation			Need			Available		
	R_1	R_2	R_3	R_1	R_2	R_3	R_1	R_2	R_3	R_1	R_2	R_3
										0	1	0
P_1	3	2	2	1	0	0	2	2	2			
P_2	6	1	3	6	1	2	0	0	1			
P_3	3	1	4	2	1	2	1	0	2			
P_4	4	2	2	0	0	2	4	2	0			

④我们再利用安全性算法检查此时系统是否安全。从表4.11中可以看出，可用资源Available(0，1，0)已不能满足任何进程的需要，故系统进入不安全状态，此时系统不能分配资源。

4.5.6 死锁的检测和解除

前面介绍的死锁预防和死锁避免算法都是在系统为进程分配资源时施加限制条件或进行检测，若系统为进程分配资源时不采取任何措施，则应该提供死锁检测和死锁解除的手段。

1. 资源分配图

检测死锁的基本思想是在操作系统中保存资源的请求和分配信息，利用某种算法对这些信息加以检查，以判断是否存在死锁。为此，我们将进程和资源间的申请和分配关系描述成一个有向图——资源分配图，如图4.6所示。

资源分配图又称进程—资源图，该图由一组结点 N 和一组边 E 所构成，具有下述形式的定义和限制：

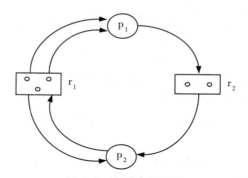

图 4.6 资源分配图例

(1)N 被分成两个互斥的子集，一个是进程结点子集 $P = \{p_1, p_2, \cdots, p_n\}$，另一个是资源结点子集 $R = \{r_1, r_2, \cdots, r_m\}$，$N = P \cup R$。在图4.6所示的例子中，$P = \{p_1, p_2\}$，$R = \{r_1, r_2\}$，$N = \{p_1, p_2\} \cup \{r_1, r_2\}$。

(2)凡属于 E 中的一条边 $e \in E$，都连接着 P 中的一个结点 p_i 和 R 中的一个结点 r_j，$e = \{p_i, r_j\}$ 是资源请求边，由进程结点 p_i 指向资源结点 r_j，它表示进程 p_i 请求一个单位的 r_j 资源。$e = \{r_j, p_i\}$ 是资源分配边，由资源结点 r_j 指向进程结点 p_i，它表示把一个单位的 r_j 资源分配给进程 p_i。在图4.6中有两条资源请求边和四条资源分配边。

通常，用圆圈代表一个进程，用方框代表一类资源。由于一种类型的资源可能有多个，我们用方框中的一个小圆圈代表一类资源中的一个资源。此时，资源请求边由进程指向方框中的一个资源，分配边始于方框中的一个资源。

2. 死锁定理

我们可以用将资源分配图简化的方法来检测系统状态 S 是否是死锁状态。简化方法如下：

（1）在资源分配图中，找出一个既不阻塞又非孤立的进程结点 p_i（即从进程集合中找到一个有边与它相连，且资源申请数量小于系统中已有空闲资源数量的进程）。因进程 p_i 获得了它所需要的全部资源，它能继续运行直至完成，然后释放它所占有的所有资源。这相当于消去 p_i 的所有请求边和分配边，使之成为孤立的结点。在图 4.6 中，进程 p_1 是一个既不阻塞又非孤立的进程结点，将 p_1 的两条分配边和一条请求边消去，便形成了图 4.7（a）所示的情况。

（2）进程 p_i 释放资源后，可以唤醒因等待这些资源而阻塞的进程，原来阻塞的进程可能变为非阻塞进程。图 4.6 中的进程 p_2 原为阻塞进程，但在图 4.7（a）中变成了非阻塞进程。根据步骤（1）中的化简办法，消去两条分配边和一条请求边，就形成了图 4.7（b）所示的情况。

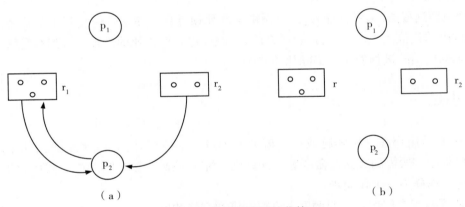

图 4.7 资源分配图的化简

（3）重复上述过程对资源分配图进行化简，直到找不出一个既不阻塞又非孤立的进程结点为止。若能消去图中所有的边，使所有进程结点都成为孤立结点，则称该图是可完全简化的，否则称该图是不可完全简化的。

可以证明所有的简化顺序将得到相同的不可简化图。S 为死锁状态的条件是：S 状态的资源分配图不可完全简化，该定理称为死锁定理。

3. 死锁检测算法

死锁检测的思想是考查某一时刻系统状态是否合理，即是否存在一组可以实现的系统状态，能使所有进程都得到它们所申请的资源而运行结束，其实现算法思想如下：获得某时刻 t 系统中各类可利用资源的数目 w(t)，对于系统中的一组进程 $\{P_1, P_2, \cdots, P_n\}$，找出那些对各类资源请求数目均小于系统现有的各类可利用资源数目的进程，这样的进程可以获得它们所需要的全部资源并运行结束，当它们运行结束后将释放所占有的全部资源，从而使可用资源数目增加，将这样的进程加入到可运行结束的进程序列 L 中（检测开始时，L 为空），然后对剩下的进程再作上述考查。如果一组进程{P_1，P_2，…，P_n}中有几个进程不属于序列 L 中，那么它们将陷入死锁状态。

从死锁检测算法的实现思想中可以看出，死锁检测算法比较复杂，因而需要确定何时进行死锁检测。一种实现方法是每次分配资源后进行死锁检测，这样能尽早发现死锁，但会花费大量 CPU 时间。另一种方法是定期检查，如每隔一段时间检查一次，或者当 CPU 使用率下降到某个下限值时进行检查。

4. 死锁的解除

一旦检测出系统中出现了死锁，就应将陷入死锁的进程从死锁状态中解脱出来，常用的解除死锁方法有以下两种：

（1）资源剥夺法。当发现死锁后，从其他进程那里剥夺足够数量的资源给死锁进程，以解除死锁状态。

（2）撤销进程法。最简单的方法是撤销全部死锁进程，使系统恢复到正常状态，但这种做法付出的代价太大。另一方法是按照某种顺序逐个撤销死锁进程，直到有足够的资源供其他未被撤销的进程使用，消除死锁状态为止。

4.6　小结

1. 作业是用户在一次解题或一个事务处理过程中要求计算机系统所做工作的集合，包括用户程序、所需的数据及命令等。计算机系统在完成一个作业的过程中所做的一项相对独立的工作称为一个作业步。

2. 调度有三个层次：作业调度、进程调度和交换调度。

（1）作业调度的主要任务是按一定的原则从外存上处于后备状态的作业中选择一个或多个，给它们分配内存、输入/输出设备等必要的资源，并建立相应的进程，以使该作业具有获得竞争处理器的权利。

（2）进程调度的主要任务是按照某种策略和方法从就绪队列中选取一个进程，将处理器分配给它。

（3）交换调度的主要任务是按照给定的原则和策略，将处于外存对换区中的重又具备运行条件的进程调入内存，或将处于内存的暂时不能运行的进程交换到外存对换区。

3. 周转时间是指从作业提交到作业完成之间的时间间隔。带权周转时间是指作业周转时间与作业实际运行时间的比。

4. 作业有提交、后备、运行和完成四种状态。提交状态是指用户作业正由输入设备向系统外存输入。后备状态是指作业在外存后备队列中等待调度。运行状态是指作业在内存中运行。完成状态是指作业已完成了其计算任务，正准备撤离计算机系统。

5. 进程调度方式有两种：抢占方式和非抢占方式。

(1)抢占方式是指当一个进程正在处理器上执行时，若有某个更为重要或紧迫的进程需要使用处理器，则立即暂停正在执行的进程，将处理器分配给更重要或紧迫的进程。

(2)非抢占方式是指当某一个进程正在处理器上执行时，即使有某个更为重要或紧迫的进程进入就绪队列，仍然让正在执行的进程继续执行，直到该进程完成或发生某种事件而进入阻塞状态时，才把处理器分配给更为重要或紧迫的进程。

6. 常见的调度算法有：

(1)先来先服务：按作业或进程到达的先后顺序进行调度。

(2)短作业优先：按作业或进程运行时间的长短进行调度，优先调度运行时间最短的作业或进程。

(3)优先级调度算法：按作业或进程的优先级进行调度，优先调度优先级高的作业或进程。进程优先级分为两种：静态优先级和动态优先级。静态优先级是在创建进程时确定的，确定之后在整个进程运行期间不再改变。动态优先级是指在创建进程时，根据进程的特点及相关情况确定一个优先级，在进程运行过程中再根据情况的变化调整优先级。

(4)时间片轮转调度算法用于进程调度，该算法将处理器时间分为很短的时间片，按时间片轮流将处理器分配给就绪队列中的各进程使用。

(5)高响应比优先调度算法主要用于作业调度，该算法选择响应比最高的作业投入运行。

(6)多级队列调度算法的思想是将就绪队列划分为若干个子队列，每个进程固定属于一个就绪队列，每个就绪队列采用一种调度算法，不同的队列可以采用不同的调度算法。

(7)多级反馈队列调度算法的实现思想是：在系统中设置多个就绪队列，第1个队列的优先级最高，第2个队列次之，其余队列的优先级逐次降低；每个队列中进程的时间片与优先级成反比；当新进程进入系统时将它放入第1个队列末尾，按先来先服务的原则排队等待调度。当轮到该进程执行时，如果它在一个时间片结束时尚未完成，调度程序便将该进程转入第2个队列的末尾，依此类推，最后一个队列中可使用其他调度算法；处理器调度采用抢占式优先级调度算法，当处理器正在执行第 i 个队列中的某进程时，若其处理器被抢占则该进程仍然回到第 i 个队列末尾。

7. 死锁是指多个进程因竞争系统资源或相互通信而处于永久阻塞状态，若无外力作用，这些进程都将无法向前推进。

8. 死锁产生的原因是竞争资源和进程推进顺序非法。

9. 死锁产生有以下四个必要条件：互斥条件、不剥夺条件、请求和保持条件、循环等待条件。

10. 死锁的处理方法有以下几种：忽略死锁、预防死锁、避免死锁、检测及解除死锁。

11. 死锁的预防是通过设置某些限制条件以破坏产生死锁的四个必要条件之一来实现

的，但互斥条件不能破坏。

12. 死锁的避免是通过某种方法防止系统进入不安全状态来实现的。银行家算法是典型的死锁避免算法。

13. 通过对资源分配图的简化可以检测系统是否存在死锁。常用的解除死锁方法有两种：资源剥夺法、撤销进程法。

练习题 4

1. 单项选择题

（1）在下列调度层次中，所有操作系统中都必须配置的调度层次是_____。

　　A. 作业调度　　　B. 进程调度　　　C. 交换调度　　　D. 中级调度

（2）在分时操作系统中，进程调度经常采用_____算法。

　　A. 先来先服务　　　　　　　　B. 最高优先权

　　C. 短进程优先　　　　　　　　D. 时间片轮转

（3）_____优先权是在创建进程时确定的，确定之后在整个进程运行期间不再改变。

　　A. 作业　　　　　B. 静态　　　　　C. 动态　　　　　D. 资源

（4）设有四个作业同时到达，每个作业的执行时间均为 2 小时，它们在一台处理器上按单道方式运行，则平均周转时间为_____。

　　A. 1 小时　　　B. 5 小时　　　C. 2.5 小时　　　D. 8 小时

（5）现有 3 个同时到达的作业 J_1、J_2 和 J_3，它们的执行时间分别是 T_1、T_2 和 T_3，且 $T_1<T_2<T_3$。系统按单道方式运行且采用短作业优先算法，则平均周转时间是_____。

　　A. $T_1+T_2+T_3$　　　　　　　B. $(T_1+T_2+T_3)/3$

　　C. $(3T_1+2T_2+T_3)/3$　　　　D. $(T_1+2T_2+3T_3)/3$

（6）_____是指从作业提交给系统到作业完成的时间间隔。

　　A. 运行时间　　B. 响应时间　　C. 等待时间　　D. 周转时间

（7）下述作业调度算法中，_____调度算法与作业的估计运行时间有关。

　　A. 先来先服务　　　　　　　　B. 多级队列

　　C. 短作业优先　　　　　　　　D. 时间片轮转

（8）采用时间片轮转法进行进程调度是为了_____。

　　A. 多个终端都能得到系统的及时响应

　　B. 先来先服务

　　C. 优先级较高的进程得到及时响应

　　D. 需要 CPU 最短的进程先做

（9）假设就绪队列中有 10 个进程，系统将时间片设为 200ms，CPU 进行进程切换要花费 10ms。则系统开销所占的比率约为_____。

    A. 1%   B. 5%   C. 10%   D. 20%

（10）采用资源剥夺法可以解除死锁，还可以采用_____方法解除死锁。

    A. 执行并行操作   B. 撤销进程

    C. 拒绝分配新资源   D. 修改信号量

（11）发生死锁的必要条件有四个，要防止死锁的发生，可以通过破坏这四个必要条件之一来实现，但破坏_____条件是不太实际的。

    A. 互斥   B. 不可抢占   C. 部分分配   D. 循环等待

（12）资源的有序分配策略可以破坏_____条件。

    A. 互斥使用资源   B. 占有且等待资源

    C. 非抢夺资源   D. 循环等待资源

（13）在_____的情况下，系统出现死锁。

    A. 计算机系统发生了重大故障

    B. 有多个封锁的进程同时存在

    C. 若干进程因竞争资源而无休止地相互等待他方释放已占有的资源

    D. 资源数大大小于进程数或进程同时申请的资源数大大超过资源总数

（14）银行家算法在解决死锁问题中是用于_____的。

    A. 预防死锁   B. 避免死锁

    C. 检测死锁   D. 解除死锁

（15）某系统中有 3 个并发进程，都需要同类资源 4 个，试问该系统不会发生死锁的最少资源数是_____。

    A. 12   B. 11   C. 10   D. 9

（16）有序资源分配方法属于_____方法。

    A. 死锁预防   B. 死锁避免   C. 死锁检测   D. 死锁解除

（17）某计算机系统中有 6 台打印机，多个进程均最多需要 2 台打印机，规定每个进程一次仅允许申请一台打印机。为保证一定不发生死锁，则允许参与打印机资源竞争的最大进程数是_____。

    A. 3   B. 4   C. 5   D. 6

（18）不能防止死锁的资源分配策略是_____。

    A. 剥夺式分配方式   B. 按序分配方式

    C. 静态分配方式   D. 互斥使用分配方式

（19）为多道程序提供的可共享资源不足时，可能出现死锁。但是，不适当的_____也可能产生死锁。

    A. 进程优先权   B. 资源的线性分配

    C. 进程推进顺序   D. 分配队列优先权

（20）某时刻进程的资源使用情况如表 4.12 所示：

表 4.12

进　程	已分配资源			尚需资源			可用资源		
	R_1	R_2	R_3	R_1	R_2	R_3	R_1	R_2	R_3
P_1	2	0	0	0	0	1			
P_2	1	2	0	1	3	2		0　2　1	
P_3	0	1	1	1	3	1			
P_4	0	0	1	2	0	0			

此时的安全序列是_____。

A. P_1, P_2, P_3, P_4 　　　　　B. P_1, P_3, P_2, P_4

C. P_1, P_4, P_3, P_2 　　　　　D. 不存在

2. 填空题

(1)进程的调度方式有两种,一种是 　①　 ,另一种是 　②　 。

(2)在有 m 个进程的系统中出现死锁时,死锁进程的个数 k 应该满足的条件是_____。

(3)在_____调度算法中,按照进程进入就绪队列的先后次序来分配处理器。

(4)银行家算法中,当一个进程提出的资源请求将导致系统从 　①　 进入 　②　 时,系统就拒绝它的资源请求。

(5)进程调度算法采用时间片轮转法时,时间片过大,就会使轮转法转化为_____调度算法。

(6) 　①　 调度是处理器的高级调度, 　②　 调度是处理器的低级调度。

(7)一个作业可以分成若干顺序处理的加工步骤,每个加工步骤称为一个_____。

(8)作业生存期共经历四个状态,它们是 　①　 、 　②　 、 　③　 和 　④　 。

(9)既考虑作业等待时间,又考虑作业执行时间的调度算法是_____。

(10)对待死锁,一般应考虑死锁的预防、避免、检测和解除四个问题。典型的银行家算法是属于 　①　 ,破坏环路等待条件是属于 　②　 ,而剥夺资源是 　③　 的基本方法。

3. 解答题

(1)产生死锁的必要条件是什么?解决死锁问题常用哪几种措施?

(2)某进程被唤醒后立即投入运行,我们就说这个系统采用的是剥夺调度方法,对吗?为什么?

(3)何谓高级调度、中级调度和低级调度?

(4)什么是有序资源分配方法?为什么有序资源分配方法可以防止死锁?

（5）设系统中仅有一类独占型资源，进程一次只能申请一个资源。系统中多个进程竞争该类资源。试判断下述哪些情况会发生死锁，为什么？

①资源数为 4，进程数为 3，每个进程最多需要 2 个资源。

②资源数为 6，进程数为 2，每个进程最多需要 4 个资源。

（6）单道批处理系统中，有四个作业，其有关情况如表 4.13 所示。在采用先来先服务、短作业优先及响应比高者优先调度算法时分别计算其平均周转时间 T 和平均带权周转时间 W。

表 4.13 作业的提交时间和运行时间

作业	J_1	J_2	J_3	J_4
提交时间/h	8.0	8.6	8.8	9.0
运行时间/h	2.0	0.6	0.2	0.5

（7）何谓 JCB？其作用是什么？JCB 至少包括哪些内容？

（8）在单 CPU 和两台输入/输出设备（I_1，I_2）多道程序设计环境下，同时有三个作业 J_1，J_2，J_3 运行。这三个作业使用 CPU 和输入/输出设备的顺序和时间如下所示：

J_1：I_2(30ms)；CPU(10ms)；I_1(30ms)；CPU(10ms)；I_2(20ms)

J_2：I_1(20ms)；CPU(20ms)；I_2(40ms)

J_3：CPU(30ms)；I_1(20ms)；CPU(10ms)；I_1(10ms)

假定 CPU，I_1，I_2 都能并行工作，J_1 优先级最高，J_2 次之，J_3 优先级最低，优先级高的作业可以抢占优先级低的作业的 CPU，但不能抢占 I_1、I_2。试求：

①三个作业从开始到完成分别需要多少时间？

②从开始到完成的 CPU 利用率。

③每种 I/O 设备的利用率。

（9）表 4.14 给出了系统某时刻的资源分配情况：

表 4.14 资源分配表

资源情况 进程	已分配资源			还需要的资源			剩余资源		
	R_1	R_2	R_3	R_1	R_2	R_3	R_1	R_2	R_3
							1	2	0
A	3	1	1	1	0	0			
B	0	0	0	0	1	2			
C	1	1	0	3	0	0			
D	1	0	1	0	1	0			
E	0	0	0	2	1	0			

试问：①该状态是否安全？

②如果进程 B 提出请求 RequestB(0，1，0)，系统能否将资源分配给它？

③如果进程 E 提出请求 RequestE(0，1，0)，系统能否将资源分配给它？

(10)两个进程 A 和 B 在某段时间内需要同时使用独占型资源 1、2、3。假如这两个进程都以 1、2、3 的次序请求访问资源，系统将不会发生死锁。但如果 A 以 3、2、1 的次序访问资源记录，B 以 1、2、3 的次序访问资源，则死锁可能会发生。当两个进程访问资源的次序不确定时，请给出 A 和 B 并发执行时，所有不会发生死锁的请求次序。

(11)产生死锁的四个必要条件是否都是独立的？或者一个或多个条件的成了蕴含了另一个或一些条件的成立？

(12)一个系统有 m 个同类资源，由 n 个进程共享，并且

①$Need_i > 0$，对于 $i = 1, 2, \cdots, n$；

②所有进程对该类资源的需求总和小于 m+n，证明该系统无死锁。

第5章　存储器管理

存储器是计算机系统的重要组成部分，是计算机系统中的一种宝贵而紧俏的资源。操作系统本身和用户进程都需要驻留在内存之中才能运行。虽然现代计算机的主存容量不断增大，但软件功能的增强和软件数量的增加，对内存的需求也在不断增多。操作系统中的存储器管理主要是指对内存的管理，它是操作系统的重要功能之一。存储器管理的优劣直接影响到操作系统的性能。

操作系统存储器管理的任务，就是动态实现用户区的管理，以便将尽可能多的进程装入存储器中，提高存储器的利用率。存储器管理要实现的目标是：为用户提供方便、安全和充分大的存储空间。

为实现存储管理的目标，存储管理应具有以下功能：

（1）分配和回收。由操作系统完成内存空间的分配和管理，使程序设计人员摆脱存储空间分配的麻烦，提高编程效率。为此系统应能记住内存空间的使用情况；实施内存的分配；回收系统或用户释放的内存空间。

（2）抽象和映射。主存储器被抽象，使得进程认为分配给它的是地址空间。在多道程序环境下，地址空间中的逻辑地址与内存中的物理地址不一致，因此存储管理必须提供地址映射功能，将逻辑地址转换为物理地址。

（3）内存的扩充。借助于虚拟存储技术或其他自动覆盖技术，为用户提供比内存空间大的地址空间，从而实现从逻辑上扩充内存容量的目的。

（4）存储的保护。保证进入内存的各道作业都在自己的存储空间内运行，互不干扰。既要防止一道作业由于发生错误而破坏其他作业，也要防止破坏系统程序。这种保护一般由硬件和软件配合完成。

本章主要介绍存储管理的基本概念、分区存储管理、分页存储管理、分段存储管理。

5.1　存储管理的基本概念

5.1.1　程序的装入

在多道程序环境下，只有当先为某个程序创建进程后，该程序才能运行。而创建进程，首先要将程序和数据装入内存。如何将一个用户源程序变成一个可在内存中执行的程序，通常要经过以下几步：

（1）编译。由编译程序将用户源代码编译成若干个目标模块。

（2）链接。由链接程序将编译后形成的目标模块以及它们所需的库函数链接在一起，形成一个装入模块。

（3）装入。由装入程序将装入模块装入内存。

在早期阶段，编译、链接、装入、执行，这几步是依次执行的。随着计算机技术的发展，为了提高内存利用率，引入了动态装入方式，上述几个步骤往往交织在一起。下面我们讨论现有的程序装入方式。

1. 绝对装入方式

在编译时，如果知道程序将驻留在内存的什么地方，那么编译程序将产生绝对地址的目标代码。绝对装入程序按照装入模块中的地址，将程序和数据装入内存。装入模块被装入内存后，由于程序中的逻辑地址与实际内存地址完全相同，故不需对程序和数据的地址进行修改。程序中所使用的绝对地址既可在编译或汇编时给出，也可由程序员直接赋予。但由程序员直接给出绝对地址，不仅要求程序员熟悉内存的使用情况，而且一旦程序或数据被修改后，可能要改变程序中的所有地址。

这种装入方式的特点如下：

（1）知道程序驻留在内存的位置，故编译时产生绝对地址的编译代码。

（2）装入模块后，由于程序的逻辑地址与实际内存地址完全相同，不须对程序和数据的地址进行修改。

（3）只能将目标模块装入内存中事先指定的位置，仅适用于单道程序环境。

（4）通常在程序中采用符号地址，然后在编译或汇编时，再将这些符号地址转换成绝对地址。

2. 可重定位装入方式

在多道程序环境下，由于编译程序不能预知目标模块在内存中的位置，因此目标模块的起始地址通常都是从 0 开始，程序中的所有其他地址，都是相对于这个起始地址计算的。此时不可能再用绝对装入方式，而应该采用可重定位装入方式。

一个应用程序经编译后，通常会形成若干个目标模块程序，这些目标模块程序再经过链接而形成可装入执行的程序。这些程序的地址都从"0"开始编址，程序中的其他地址都相对于该起始地址计算；由这些地址所形成的地址范围称为地址空间，其中的地址称为逻辑地址。逻辑地址也称为相对地址、虚地址。

存储空间也称为内存空间，是指内存中一系列存储信息的物理单元的集合，其中的地址称为物理地址。物理地址又称为绝对地址、实地址。

简单地说，地址空间是逻辑地址的集合；存储空间是物理地址的集合。一个是虚的概念，一个是实的物体。一个编译好的程序存在于它自己的地址空间中，当它需要在计算机上运行时，才把它装入存储空间。

一般情况下，作业装入内存时分配的存储空间与它的地址空间不一致，因此作业所要访问的指令及数据的物理地址与地址空间中的逻辑地址不同，如图5.1所示。如果在作业装入时或在它执行时，不对有关地址部分进行调整，则将导致错误的结果。

例如，图5.1给出了一个程序装入内存前后的情况。在地址空间100号单元处有一条指令mov r1，[500]，其功能是将500号单元中的数据1234装入到寄存器r1中。现在该程序存放在内存单元1000开始的区域中，若不对该指令的地址部分进行调整，那么程序执行时将仍然从500号单元中取数据送到寄存器r1，显然取出的数据不正确。

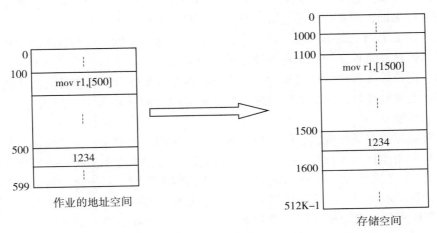

图5.1　程序装入示例

可以看出，程序装入内存后的起始地址为1000，也就是说程序的逻辑地址0与内存中的物理地址1000对应，相应地逻辑地址100对应的物理地址为1100，逻辑地址500对应的物理地址为1500。当程序执行mov指令时，应该从物理地址1500中取出数据存入寄存器r1。也就是说，为了保证程序执行的正确性，需要对程序中的地址进行变换，这种将逻辑地址变换成物理地址的过程称为地址重定位，也称为地址映射或地址变换。又因为这种地址变换只在装入时一次完成，以后不再改变，故称为静态重定位。静态重定位的特点是在一个作业装入内存时必须分配其要求的全部内存空间，如果没有足够的空闲内存，就不能装入该作业。此外，作业一旦进入内存后，在整个运行过程中不能在内存移动，也不能再申请内存空间。

可重定位装入方式的特点如下：

（1）多道程序环境下，所得到的目标模块的起始地址通常是从0开始的，程序中的其他地址也都是相对于起始地址计算的。

（2）装入模块的所有逻辑地址与实际装入内存的物理地址不同。

（3）实际装入内存的物理地址＝逻辑地址＋程序起始地址。

（4）地址变换通常是在装入时一次完成的，以后不再改变。

3. 动态运行时装入方式

虽然可重定位装入方式可将装入模块装入到内存中任何允许的位置，但并不允许程序在内存中移动位置。因为程序在内存中移动，意味着它们的物理地址都发生了变化，此时必须对程序和数据的物理地址进行修改，才能正常运行。当程序在内存中的位置需要改变时，就应该采用动态运行时装入方式。

动态运行时装入程序，在把装入模块装入到内存后，并不立即把装入模块中的逻辑地址转换为物理地址，而是把这种地址转换推迟到程序要真正执行时才进行。因此，装入内存后的所有地址都仍是逻辑地址。为了不影响指令的执行速度，这种方式需要特殊的硬件支持。我们把这种地址变换方式称为动态重定位。

动态重定位是在程序执行过程中，每当访问指令或数据时，将要访问程序或数据的逻辑地址转换成物理地址。由于重定位过程是在程序执行期间随着指令的执行逐步完成的，故称为动态重定位。

动态重定位的实现要依靠硬件地址变换机构，最简单的实现方法是利用一个重定位寄存器。当某个作业开始执行时，操作系统负责把该作业在内存中的起始地址送入重定位寄存器中，之后，在作业的整个执行过程中，每当访问内存时，系统自动地将重定位寄存器的内容加到逻辑地址中去，从而得到了该逻辑地址对应的物理地址。图 5.2 给出了动态地址变换过程的示例。在该例中，作业被装入到内存中 1000 号单元开始的一片存储区中，当该作业执行时，操作系统将重定位寄存器设置为 1000。当程序执行到 1100 号单元中的 mov 指令时，硬件地址变换机构自动地将这条指令中的取数地址 500 加上重定位寄存器的内容，得到物理地址 1500。然后以 1500 作为访问内存的物理地址，将数据 1234 送入寄存器 r1 中。

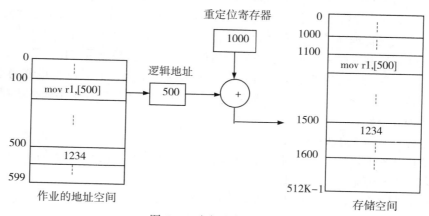

图 5.2　动态重定位过程

动态重定位的特点是可以将程序分配到不连续的存储区中；在程序运行之前可以只装入它的部分代码即可投入运行，然后在程序运行期间，根据需要动态申请分配内存；便于程序段的共享；可以向用户提供一个比内存的存储空间大得多的地址空间。但动态重定位需要附加的硬件支持，且实现存储管理的软件算法比较复杂。

与静态重定位相比，动态重定位的优点是显而易见的，因此现代计算机系统中主要采用动态重定位方法。

动态运行时装入方式的特点如下：

(1)多道程序环境下，所得到的目标模块的起始地址通常是从0开始的，程序中的其他地址也都是相对于起始地址计算的。

(2)将内存地址的转换推迟到运行时才进行。

5.1.2 程序的链接

链接程序的功能是将经过编译或汇编后得到的目标模块以及所需的库函数，装配成一个完整的装入模块。实现链接的方法有三种：静态链接、装入时动态链接和运行时动态链接。

1. 静态链接

很多语言的源程序可以由若干模块组成，用户可以分别编写和编译这些模块，由编译程序产生的所有目标模块，其起始地址都为0，每个模块中的地址都是相对于0的。在将各目标模块链接成一个装入模块时，某些模块的起始地址不再是0，因此要进行修改。这种先进行链接所形成的一个完整的装入模块，又称为可执行文件。

静态链接是在生成可执行文件时进行的。可执行文件生成后，通常不再拆开它，要运行时可直接将它装入内存。这种事先进行链接，以后不再拆开的链接方式，称为静态链接方式。

2. 装入时动态链接

采用装入时动态链接，用户源程序经编译后所得到的目标模块，是在装入内存时边装入边链接的。即在装入一个目标模块时，若发生一个外部模块调用，将引起装入程序去寻找相应的外部目标模块，并将它装入内存，同时还要修改目标模块中的相对地址。装入时动态链接的优点如下：

(1)便于软件版本的修改和更新。

(2)便于实现目标模块的共享。

3. 运行时动态链接

虽然前面所介绍的动态装入方式，能将一个装入模块装入到内存任何允许的地方，但装入模块的结构是静态的，主要表现在以下两个方面：

(1)在进程的整个执行期间，装入模块是不改变的。

(2)每次运行时，装入模块都是相同的。

实际上每次运行的模块可能是不相同的，但由于无法预知每次需要运行哪些模块，所以将所有可能要运行到的模块，在装入时全部链接在一起，使每次执行的装入模块都是相同的。显然这种方式并不高效。

　　为了提供效率，将某些目标模块的链接推迟到执行时才进行。即在执行过程中，若发现一个被调用模块尚未装入内存时，由操作系统去找到该模块，将它装入内存，并将其链接到调用者模块上，这种链接方式称为运行时动态链接。例如，先将主程序模块装入内存运行，当发生了外部访问时，进行动态链接。

5.1.3　内存保护

　　在多道程序环境下，操作系统必须提供存储保护机制，存储保护是为了防止一个进程有意或无意破坏操作系统进程或其他用户进程。

　　常用的存储保护方法如下：

　　（1）界限保护（界限寄存器）。通过对每个进程设置一对界限寄存器来防止越界访问，达到存储保护的目的。采用界限寄存器方法实现存储保护又有两种实现方法：上、下界寄存器方法和基址、限长寄存器方法。

　　用上、下界寄存器分别存放进程存储空间的结束地址和开始地址。在进程运行过程中，将每一个访问内存的地址都同这两个寄存器的内容进行比较，在正常情况下，这个地址应大于等于下界寄存器且小于上界寄存器的内容。若超出了上下界寄存器的范围则产生越界中断信号，并停止进程的运行。

　　用基址和限长寄存器分别存放进程存储空间的起始地址及进程地址空间长度。当进程执行时，将每一个访问内存的逻辑地址和这个限长寄存器比较，若逻辑地址超过限长则产生越界中断信号，并停止进程的运行。

　　（2）访问方式保护（保护键）。通过保护键匹配来判断存储访问方式是否合法。对于允许多个进程共享的存储区域，每个进程都有自己的访问权限。

　　存储保护键方法是给每个存储区域分配一个单独的保护键，它相当于一把锁；进入系统的每个进程也赋予一个保护键，它相当于一把钥匙。当进程运行时，检查钥匙和锁是否匹配，如果二者不匹配，则系统发出保护性中断信号，停止进程运行。

　　（3）环保护。处理器状态分为多个环（ring），分别具有不同的存储访问特权级别（privilege），通常规定环的编号越小特权级别越高，例如操作系统核心处于 0 环，某些重要实用程序和操作系统服务处于中间环，一般应用程序占据外环。一个程序可访问同环或更低级别环的数据；可调用同环或更高级别环的服务。

　　除上述保护方案外，还有四种存取权限：禁止做任何操作、只能执行、只能读、读/写。

5.2　单一连续分配

　　单一连续分配是一种最简单的存储管理方式，通常只能用于单用户单任务的操作系统中。这种存储管理方式将内存分为两个连续存储区域，其中一个存储区域固定分配给操作系统使用，另一个存储区域给用户作业使用。通常，用户作业只占用所分配空间的一部分，剩下的一部分存储区域实际上浪费掉了。例如，一个容量为 256KB 的内存中，操作系统占用 32KB，剩下的 224KB 全部分配给用户作业，如果一个用户作业仅需要 64KB，那么就有 160KB 的存储空间没有被利用，如图 5.3 所示。

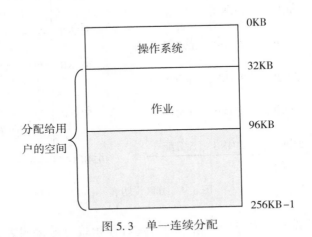

图 5.3　单一连续分配

单一连续分配方式主要采用静态分配，即作业一旦进入内存，就要等到它执行结束后才能释放内存。单一连续分配方式的主要特点是管理简单，只需要很少的软件和硬件支持，且便于用户了解和使用。但由于采用这种存储分配方式，内存中只能装入一道作业，从而使各类资源的利用率都不高。

5.3　分区存储管理

分区存储管理是满足多道程序设计需要的一种最简单的存储管理方法。在分区存储管理中，内存被划分成若干个分区，分区的大小可以相等也可以不相等，除操作系统占用一个分区之外，其余的每个分区可以容纳一个用户作业。按分区数目的变化情况，可以将分区存储管理进一步划分为固定分区存储管理和动态分区存储管理。

5.3.1　固定分区

固定分区存储管理方法是最早使用的一种可以运行多道程序的存储管理方法，它将内存空间划分为若干个固定大小的分区，每个分区中可以装入一道程序。分区的大小可以不等，但事先必须确定，在运行时不能改变。

为了实现固定分区分配，系统需要建立一张分区说明表，以记录分区的使用情况，其中包括分区号、分区大小、分区起始地址及状态等信息。例如，将内存的可用区域划分为五个分区，如图 5.4 所示。图 5.4（a）为固定分区说明表，图 5.4（b）为内存空间分配情况。

分区号	大小	起始地址	状态
1	8KB	312KB	已分配
2	32KB	320KB	已分配
3	32KB	352KB	未分配
4	120KB	384KB	未分配
5	520KB	504KB	已分配

（a）

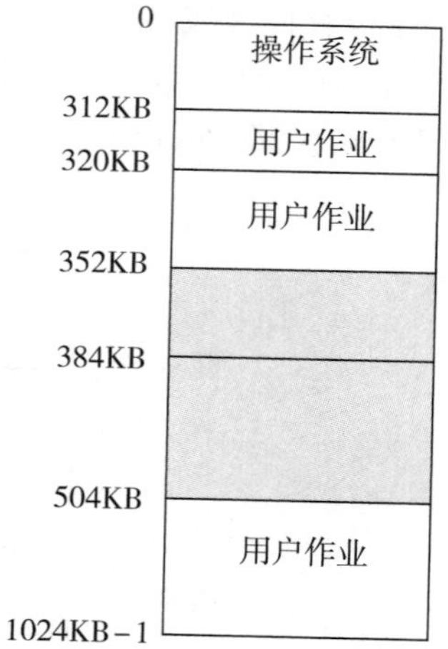

（b）

图 5.4　分区说明表

当某个用户程序要装入内存时，由内存分配程序检索分区说明表，从表中找出一个能满足要求的空闲分区分配给该程序，然后修改分区说明表中相应表项的状态信息；若找不到满足其大小要求的空闲分区，则拒绝为该程序分配内存。当程序执行完毕不再需要内存资源时，释放程序占用的分区，管理程序只需将对应分区的状态信息设置为未分配即可。

由于作业的大小并不一定与某个分区大小相等，因此，在绝大多数已分配的分区中，都有一部分存储空间被浪费掉了，由此可见，采用固定分区分配存储管理方法，内存不能得到充分利用。

5.3.2　动态分区分配

动态分区分配又称为可变分区分配，是一种动态划分存储器的分区方法，这种分配方法并不预先设置分区的数目和大小，而是在作业装入内存时，根据作业的大小动态建立分区，使分区大小正好满足作业的需要。因此系统中分区的大小是可变的，分区的数目也是可变的。

1. 分区分配中的数据结构

为了实现动态分区分配，系统中也需要设置相应的数据结构来记录内存的使用情况，常用的数据结构形式有空闲分区表和空闲分区链两种。

（1）空闲分区表。空闲分区表的格式如图 5.5 所示，内存中的每个空闲分区占用一个表项，每个表项包含分区号、分区起始地址、分区大小及状态等信息。

分区号	大小	起始地址	状态
1	32KB	352KB	空闲
2	…	…	空表目
3	520KB	504KB	空闲
4	…	…	空表目
5	…	…	…

图 5.5　空闲分区表

(2)空闲分区链。空闲分区链使用链表指针将内存中的空闲分区链接起来，构成如图 5.6 所示的空闲分区链。为此应在每个空闲分区的起始若干字节中存放分区的相关信息，包括空闲分区的大小和指向下一个空闲分区的指针。

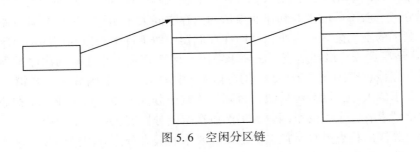

图 5.6　空闲分区链

2. 分区分配算法

为了将一个作业装入内存，应按照一定的分配算法从空闲分区表(或空闲分区链)中选出一个满足作业需求的分区分配给作业，如果这个空闲分区的容量比作业申请的空间容量要大，则将该分区一分为二，一部分分配给作业，剩下的一部分仍然留在空闲分区表(或空闲分区链)中，同时还需要对空闲分区表(或空闲分区链)中的有关信息进行修改。目前常用的分区分配算法有以下四种：首次适应算法、循环首次适应算法、最佳适应算法及最坏适应算法。

(1)首次适应算法。首次适应算法又称最先适应算法，该算法要求空闲分区按地址递增的次序排列。在进行内存分配时，从空闲分区表(或空闲分区链)首开始顺序查找，直到找到第一个能满足其大小要求的空闲分区为止。然后，再按照作业大小，从该分区中划出一块内存空间分配给请求者，余下的空闲分区仍然留在空闲分区表(或空闲分区链)中。

该算法的特点是优先利用内存低地址部分的空闲分区，从而保留了高地址部分的大空闲区。但由于低地址部分不断被划分，致使低地址端留下许多难以利用的小空闲分区，而每次查找又都是从低地址部分开始，这无疑增加了查找可用空闲分区的开销。

(2)循环首次适应算法。循环首次适应算法又称下次适应算法，它是由首次适应算法演变而来的。在为作业分配内存空间时，不再每次从空闲分区表(或空闲分区链)首开始查找，而是从上次找到的空闲分区的下一个空闲分区开始查找，直到找到第一个能满足其大小要求的空闲分区为止。然后，再按照作业大小，从该分区中划出一块内存空间分配给请求者，余下的空闲分区仍然留在空闲分区表(或空闲分区链)中。

该算法的特点是使存储空间的利用更加均衡，不致使小的空闲分区集中在存储区的一端。但这会导致缺乏大的空闲分区。

(3)最佳适应算法。最佳适应算法要求空闲分区按容量大小递增的次序排列。在进行内存分配时，从空闲分区表(或空闲分区链)首开始顺序查找，直到找到第一个能满足其大小要求的空闲分区为止。按这种方式为作业分配内存，就能把既满足作业要求又与作业大小最接近的空闲分区分配给作业。如果该空闲分区大于作业的大小，则需要从该分区中划出一块内存空间分配给请求者，剩余空闲分区仍然留在空闲分区表(或空闲分区链)中。

最佳适应算法的特点是若存在与作业大小一致的空闲分区，则它必然被选中；若不存在与作业大小一致的空闲分区，则只划分比作业稍大的空闲分区，从而保留了大的空闲分区。但空闲分区一般不可能正好和作业申请的内存空间大小相等，因而将其分割成两部分时，往往使剩下的空闲分区非常小，从而在存储器中留下许多难以利用的小空闲分区。

(4)最坏适应算法。最坏适应算法要求空闲分区按容量大小递减的次序排列。在进行内存分配时，先检查空闲分区表(或空闲分区链)中的第一个空闲分区，若第一个空闲分区小于作业要求的大小，则分配失败；否则从该空闲分区中划出与作业大小相等的一块内存空间分配给请求者，余下的空闲分区仍然留在空闲分区表(或空闲分区链)中。

最坏适应算法的特点是总是挑选满足作业要求的最大分区分配给作业，这样使分给作业后剩下的空闲分区也比较大，于是也能装下其他作业。但由于最大的空闲分区总是因首先分配而划分，当有大作业到来时，其存储空间的申请往往得不到满足。

3. 分区的回收

当作业执行结束时，应回收已使用完毕的分区。系统根据回收分区的大小及起始地址，在空闲分区表(或空闲分区链)中检查是否有与其相邻的空闲分区，如有相邻空闲分区，则应合并成为一个大的空闲区，然后修改有关的分区状态信息。回收分区与已有空闲分区的相邻情况有以下四种：

(1)回收分区 R 上邻接一个空闲分区，如图 5.7(a)所示。此时应将回收区 R 与上邻接分区 F1 合并成一个连续的空闲分区。合并分区的首地址为空闲分区 F1 的首地址，其大小为二者之和。

(2)回收分区 R 下邻接一个空闲分区，如图 5.7(b)所示。此时应将回收区 R 与下邻接分区 F2 合并成一个连续的空闲分区。合并分区的首地址为回收分区 R 的首地址，其大小为二者之和。

(3)回收分区 R 上、下邻接空闲分区，如图 5.7(c)所示。此时应将回收区 R 与上、下邻接分区合并成一个连续的空闲分区。合并分区的首地址为上邻接空闲分区 F1 的首地址，其大小为三者之和，且应把下邻接的空闲分区 F2 从空闲分区表(或空闲分区链)中删去。

（4）回收分区 R 不与任何空闲分区相邻，这时应为回收区单独建立一个新表项，填写分区大小及起始地址等信息，并将其加入到空闲分区表（或空闲分区链）中的适当位置。

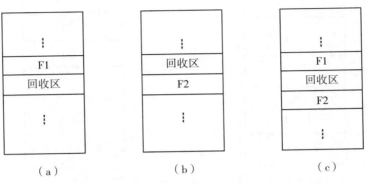

图 5.7　内存回收时的情况

5.3.3　可重定位分区分配

在分区存储管理方式中，必须把作业装入到一片连续的内存空间中。如果系统中有若干个小分区，其总容量大于要装入的作业，但由于它们不相邻接，致使作业不能装入内存。如图 5.8（a）所示，内存中有四个小分区不相邻接，它们的容量分别为 20KB、30KB、15KB 和 25KB，其总容量为 90KB。如果现在有一个作业到达，要求分配 40KB 的内存空间，由于系统中所有空闲分区的容量均小于 40KB，故此作业无法装入内存。

1. 拼接技术

内存中无法利用的存储空间称为碎片，又称为零头。在分区存储管理方式下，系统运行一段时间后，内存中的碎片会占据相当数量的空间。根据碎片出现的位置，可以将碎片分为内部碎片和外部碎片。内部碎片是指分配给作业的存储空间中未被利用的部分，外部碎片是指系统中无法利用的小存储块。如固定分区分配中存在内部碎片，而动态分区分配中存在外部碎片。

解决碎片问题的办法之一是将存储器中所有已分配区移动到内存的一端，使本来分散的多个小空闲区连成一个大的空闲区，如图 5.8（b）所示。这种通过移动把多个分散的小分区拼接成一个大分区的方法称为拼接或紧凑，也可以称为紧缩。

在拼接过程中，进程需要在内存移动，因此拼接的实现需要动态重定位技术的支持。另外，利用拼接技术消除碎片，需要对分区中的大量信息进行移动，这一工作要耗费大量的 CPU 时间。为了减少信息移动的数量，可以根据拼接时需要移动进程的大小和个数，来确定空闲区究竟应该放在何处，如内存的低地址端、中间或高低地端。

（a）拼接前　　　　　　　　　（b）拼接后

图 5.8　拼接示意图

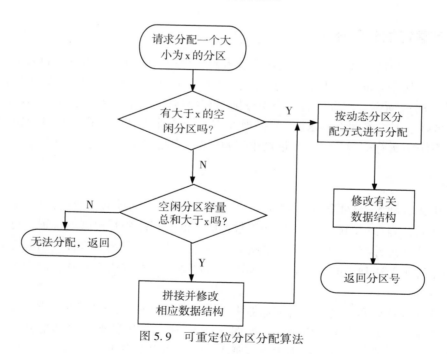

图 5.9　可重定位分区分配算法

除上述两个问题之外，拼接技术的实现还存在一个拼接时机的问题，这个问题有两种解决方案。第一种方案是在某个分区回收时立即进行拼接，这样在内存中总是只有一个连续的空闲区，但该实现方案因拼接频率过高而使系统开销加大。第二种方案是当找不到足够大的空闲分区且空闲分区的总容量可以满足作业要求时进行拼接，该实现方案拼接的频率比上一种方案要小得多，但空闲分区的管理稍为复杂一些。

2. 可重定位分区分配技术

可重定位分区分配算法与动态分区分配算法基本相同，差别仅在于前者增加了拼接功能。在可重定位分区分配算法中，若系统中存在满足作业空间要求的空闲分区，则按照与动态分区分配相同的方式分配内存；若系统中找不到满足作业要求的空闲分区，且系统中空闲分区容量总和大于作业要求，则进行拼接。图 5.9 给出了可重定位分区分配算法的框图。

可重定位分区分配技术的特点是可以消除碎片，能够分配更多的分区，有助于多道程序设计及提高内存利用率，但拼接要花费大量的 CPU 时间。

5.4 伙伴系统

由于固定分区存储管理限制了内存中进程的数目，并且可能存在大量的碎片，存储空间的利用率非常低；动态分区虽然可以通过拼接技术较好地解决碎片问题，但拼接需要大量的系统开销。本节介绍介于固定分区、动态分区之间的折中方案，是一种较为实用的动态存储管理方法——伙伴系统（Buddy System）。

伙伴系统结合计算机二进制的特点来划分存储空间，使每个存储块的长度都限制为 2^k（$k=1$，2，$\cdots$）。例如，当进程申请 n 个单元的存储空间时，设有 $2^{k-1}<n\leqslant 2^k$，则选择最接近 n 且不小于申请空间量的 2^k 个单元的存储块分配给该进程。

伙伴系统采用伙伴算法对空闲内存进行管理。该方法通过不断对分大的空闲存储块来获得小的空闲存储块。当内存块释放时，应尽可能合并空闲块。

设系统初始时可供分配的内存空间为 2^m 个单元。当进程申请大小为 n 的空间时，设 $2^{i-1}<n\leqslant 2^i$，则为进程分配大小为 2^i 的空间。

如系统不存在大小为 2^i 的空闲块，则查找系统中是否存在大于 2^i 的空闲块，若找到则对其进行对半划分，直到产生大小为 2^i 的空闲块为止。当一块被划分成两个大小相等的两块时，这两块被互相称为伙伴。

当进程执行完释放所占用的存储空间时，系统应检查释放块的伙伴是否是空闲块，若是，则与其伙伴合并而得到较大的空闲块，这个较大的空闲块若又有空闲的伙伴，则继续合并，直到找不到空闲的伙伴为止。

需要注意的是：伙伴是大小相等，且相邻的两个物理块；反之，大小相等，且相邻的两个物理块不一定是伙伴。只有伙伴才能合并。

设某空闲块的开始地址为 d，长度为 2^k，其伙伴的开始地址为：

$$Buddy(k，d)=d+2^k，若 d\%2^{k+1}=0$$
$$=d-2^k，若 d\%2^{k+1}=2^k$$

如果参与分配的 2^m 个单元从 $a(a\neq 0)$ 开始，则长度为 2^k、开始地址为 d 的块，其伙伴的开始地址为：

$$Buddy(k，d)=d+2^k，若 (d-a)\%2^{k+1}=0$$

$$=d-2^k，若(d-a)\%\,2^{k+1}=2^k$$

下面通过一个实例来说明伙伴系统的分配及回收过程。设系统中初始内存空间大小为 1MB，进程请求和释放空间的操作序列为：

（1）进程 A 申请 200KB；B 申请 120KB；C 申请 240KB；D 申请 100KB；

（2）进程 B 释放；E 申请 60KB；

（3）进程 A、C 释放；

（4）进程 D 释放；

（5）进程 E 释放。

分配及回收过程示意图见图 5.10。

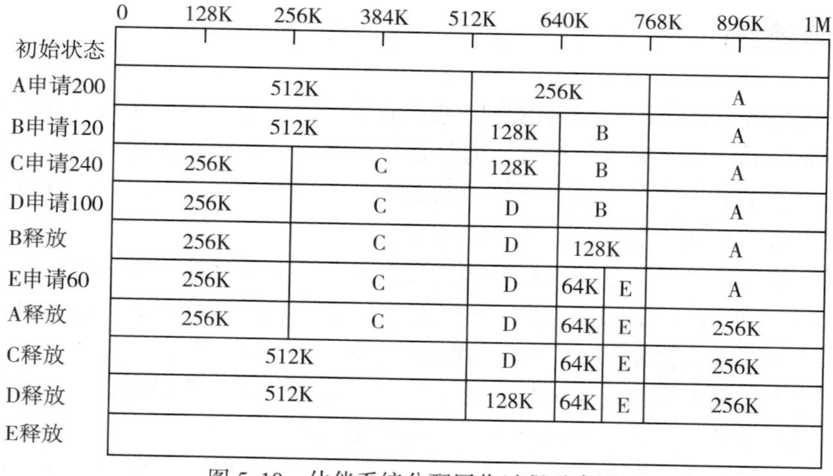

	0	128K	256K	384K	512K	640K	768K	896K	1M
初始状态									
A申请200	512K				256K		A		
B申请120	512K				128K	B	A		
C申请240	256K		C		128K	B	A		
D申请100	256K		C		D	B	A		
B释放	256K		C		D	128K	A		
E申请60	256K		C		D	64K / E	A		
A释放	256K		C		D	64K / E	256K		
C释放	512K				D	64K / E	256K		
D释放	512K				128K	64K / E	256K		
E释放									

图 5.10　伙伴系统分配回收过程示意图

伙伴系统的不足之处在于分配和回收时，需要对伙伴进行分拆及合并，另外存储空间还有一定的浪费。

5.5　覆盖与交换

覆盖与交换技术是在多道程序环境下用来扩充内存的两种方法。覆盖技术主要用在早期的操作系统中，其目标是在较小的可用内存中运行较大的进程，常与分区存储管理配合使用；而交换技术不仅用于早期的内存扩充，在现代操作系统中仍具有较强的生命力，其实现思想是将内存中暂时不用的某些进程暂时移到外存，把需要运行的进程从外存移到内存。交换技术实现了内外存之间的信息交换，多用于分时系统中。下面我们将讨论这两种内存扩充技术。

5.5.1　覆盖技术

覆盖技术主要用在早期的操作系统中。在早期的单用户系统中，内存的容量一般少于

64KB，可用的存储空间受到限制，某些大作业不能一次全部装入内存中，这就发生了大作业与小内存的矛盾。为了能在一个较小的内存中装入一个较大的程序，引入了覆盖技术。

所谓覆盖技术就是把一个大程序划分为一系列覆盖，每个覆盖是一个相对独立的程序单位，把程序执行时不要求同时装入内存的覆盖组成一组，称为覆盖段，将一个覆盖段分配到同一个存储区中，这个存储区称为覆盖区，它与覆盖段一一对应。显然，为了使一个覆盖区能为相应覆盖段中的每个覆盖在不同时刻共享，覆盖区的大小应由覆盖段中最大的覆盖来确定。

覆盖技术要求程序员把一个程序划分成不同的程序段，并规定好它们的执行和覆盖顺序，操作系统根据程序员提供的覆盖结构来完成程序段之间的覆盖。例如，假设某进程由 A、B、C、D、E、F 共 6 个程序段构成，它们的大小分别是 20KB、50KB、30KB、20KB、40KB、30KB，它们之间的调用关系如图 5.11(a) 所示。从图 5.11(a) 中可以看出，程序段 B 不会调用程序段 C，程序段 C 也不会调用程序段 B，因此，程序段 B 和程序段 C 不需要同时驻留在内存，它们可以共享同一内存区；同理，程序段 D、E、F 也可以共享同一内存区。在图 5.11(b) 中，整个程序段被分为两个部分，一个是常驻内存部分，称为主程序，它与所有被调用程序段有关，因而不能被覆盖，图中的程序 A 是主程序；另一部分是覆盖部分，被分为两个覆盖段，程序段 B、C 组成覆盖段 0，程序段 D、E、F 组成覆盖段 1，两个覆盖段对应覆盖区的大小分别为 50KB 与 40KB。这样，虽然该程序所要求的内存空间是 190KB，但由于采用了覆盖技术，只需 110KB 的内存空间就可以执行。

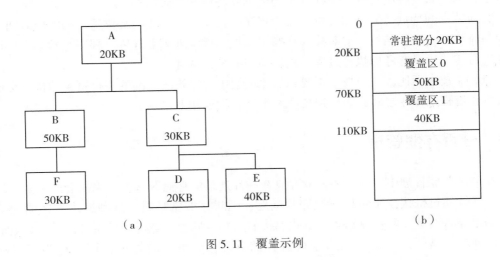

图 5.11 覆盖示例

需要指出的是覆盖策略并不唯一。例如图 5.11(a) 中的调用关系可以使用另一种覆盖结构，另一种覆盖方法如下：

(1) A(20K) 占一个分区：20K；

(2) B(50K)、D(20K) 和 E(40K) 共用一个分区：50K；

133

（3）C（30K）和 F（30K）共用一个分区：30K；

这样一共需要 100K 内存。

覆盖技术要求编程时必须划分程序模块结构，确定程序模块之间的覆盖关系，增加了编程复杂度。从外存装入覆盖文件，是以时间延长来换取空间节省的。覆盖结构由程序员指明，对程序员不透明，这样就增加了程序员的负担。

5.5.2　交换技术

交换技术也称为对换技术，该技术最早用在 MIT 的兼容分时系统 CTSS 中，在该系统中任何时刻内存里只装入了一道用户作业，当内存中的用户作业运行一段时间后，就会因为分配给它的时间片用完或需要其他资源而暂停运行，此时系统就将它交换到外存上，并将另一个作业调入内存运行，如此重复。这样，就可以在存储容量不大的小型机上实现分时运行，早期的一些小型分时系统多数都采用这种交换技术。

交换是指把暂时不能执行的进程部分（或全部）从内存换出到外存中去，以便腾出内存空间，或将重又具备运行条件的进程从外存换入到内存中，并将控制权转给它，让其在系统上运行的一种技术。与覆盖技术相比，交换技术不要求程序员给出程序段之间的覆盖结构，而且交换主要是在作业或进程之间进行，交换单位通常是整个进程的地址空间；而覆盖则主要在同一个作业或进程内部进行。另外，覆盖只能覆盖与覆盖程序段无关的程序段。

交换进程由换出和换入两个过程组成，换出过程将内存中的数据和程序换出到外存交换区中，而换入过程则将外存交换区中的数据和程序换入到内存中。

交换技术的特点是能增加并发运行的程序数目，并且给用户提供适当的响应时间；编写程序时不影响程序结构。但对换入和换出的控制增加处理器开销；程序通常整个地址空间都进行传送，没有考虑执行过程中地址访问的统计特性。

与覆盖技术相比，交换技术不要求程序员给出程序模块之间的逻辑覆盖结构；交换通常发生在进程或作业之间，而覆盖往往发生在进程或作业之内。

5.6　分页存储管理

在分区存储管理中，要求将作业存放在一片连续的存储区域中，因而会产生内存碎片问题。尽管通过拼接技术可以解决碎片问题，但拼接非常耗时，这种解决方案的代价较高。如果能将一个作业存放到多个不相邻接的内存区域中，就可以避免拼接，并有效地解决碎片问题。基于这一思想引入了分页存储管理，分页存储管理也可以称为页式存储管理。

5.6.1　分页实现思想

在分页存储管理中，将作业的地址空间划分成若干大小相等的区域，称为页或页面，每个页面有一个编号称为页号，页号从 0 开始依次编排，如 0，1，2，…。相应地也将内存空间划分成与页大小相等的区域，称为块或物理块，同样每个物理块也有编号称为块号，块号也从 0 开始编排，如 0，1，2，…。在为作业分配内存空间时，总是以块为单位来分配，可以将作业中的某一页放到内存的某一个空闲块中。需要注意的是，由于作业的大小通常不是页面大小的整数倍，因此最后一页往往装不满一块，这种浪费的空间称为页内碎片。

在调度作业运行时，必须将它的所有页面一次调入内存；若内存中没有足够的物理块，则作业等待。这样的存储管理方式称为分页存储管理方式，或纯分页存储管理方式。

分页存储管理系统中的逻辑地址结构如图 5.12 所示，它包含两部分，前一部分为页号 P，后一部分为页内位移 W，也称作页内地址。

在如图 5.12 所示的地址结构中，逻辑地址的长度为 32 位，其中 0~11 位为页内位移，即每页大小为 4KB，12~31 位为页号，即地址空间最多允许有 1M 个页面。

一般来说，特定机器的地址结构是确定的。如果某个逻辑地址为 A，页面大小为 L，则页号 P 和页内位移 W 可按下述公式求得：

$$P = (int)A/L, \qquad W = A \% L$$

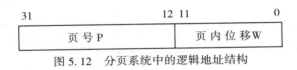

图 5.12 分页系统中的逻辑地址结构

其中，页号 P 等于逻辑地址除以页面大小所得的商，页内位移等于逻辑地址除以页面大小的余数。例如，某系统页面大小为 2KB，则逻辑地址 3000 对应的页号 P 为 1，页内位移 W 为 952。

5.6.2 页表及存储块表

在分页存储管理系统中，进程的各页面分散存放在内存中，为了便于在内存中找到进程的各个页面所对应的物理块，系统为每个进程建立一张页面映象表，简称页表，记录各页面在内存中对应存放的物理块号。页表一般存放在内存中，图 5.13 给出了一个页表的例子，从图中可以看出，页面 2 存放的内存块号是 7。

在分页存储管理系统中，页面大小的选择非常重要。如果选择的页面较小，则会使页内碎片较小并减少内存碎片的总量，有利于提高内存利用率；但另一方面，也会使每个进程中包含的页面数较多，从而导致页表过长，占用大量内存空间，同时还会降低页面换入/换出的效率。如果选择的页面较大，则会减少页表长度，提高页面换入/换出的效率，但却又使页内碎片增大。因此，页面大小应该选择适中，通常为 2 的幂，一般在 512B 到 8KB 之间。

为了实现内存的管理，操作系统还应该知道内存中的哪些物理块已经使用，哪些物理块空闲，总共有多少物理块等信息。这些信息保存在称为内存块表（MBT）的数据结构中。整个系统只设置一张内存块表，记录内存物理块的使用情况。内存块表有两种实现方法，第一种是位示图方法，第二种是空闲块链方法。在位示图方法中，利用一位二进制数表示一个物理块的状态，例如 1 表示物理块已分配，0 表示物理块空闲，系统中所有物理块状态位的集合构成位示图。在空闲存储块链方法中，将系统中所有的空闲存储块用链表指针链接起来，利用空闲物理块中的单元存放指向下一个物理块的指针。

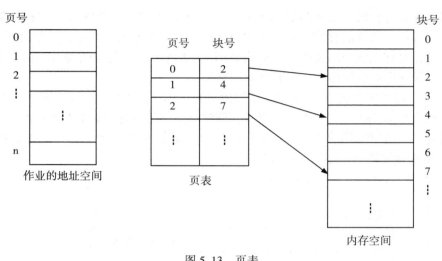

图 5.13 页表

5.6.3 基本地址变换机构

在分页存储管理系统中，逻辑地址到物理地址的变换要借助页表来实现。由于页表通常存放在内存中，为了实现上的方便，系统中设置了一个页表寄存器，用来存放页表在内存的起始地址和页表的长度。进程未执行时，页表的起始地址和长度存放在进程控制块中。当进程执行时，才将页表起始地址（简称页表始址）和长度存入页表寄存器中。

当进程要访问某个逻辑地址中的指令或数据时，分页系统的地址变换机构自动地将逻辑地址分为页号和页内位移两部分，然后以页号为索引去检索页表。在执行检索之前，先将页号与页表长度进行比较，如果页号超过了页表长度，则表示本次所访问的地址已超越进程的地址空间，系统产生地址越界中断。若未出现越界，则由页表始址和页号计算出相应页表项的位置，从中得到存放该页的物理块号。最后，将物理块号与逻辑地址中的页内位移拼接在一起，就形成了访问内存的物理地址。图 5.14 给出了分页存储管理系统中的地址变换机构。

在图 5.14 中，假定页面大小为 1KB，则逻辑地址 2500（ = 2×1024+452）的页号为 2，页内位移为 452。由页表可知第 2 页对应的物理块号为 8。将块号 8 与页内位移 452 拼接（8×1024+452＝8644）得到物理地址为 8644。

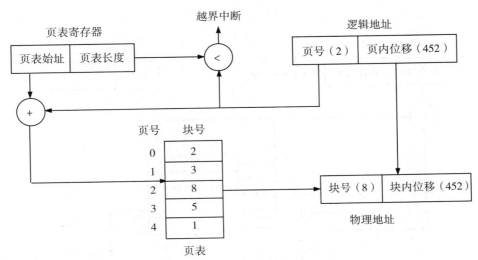

图 5.14　分页系统的地址变换机构

5.6.4　具有快表的地址变换机构

从上面介绍的地址变换过程可知，若页表全部放在内存中，则存取一个数据或一条指令至少需要两次访问内存，一次是访问页表，确定所存取的数据或指令的物理地址，第二次才根据所得到的物理地址存取数据或指令。显然，这种方法比通常执行指令的速度慢了一倍。为了提高地址变换的速度，可以在地址变换机构中增设一个具有并行查找能力的高速缓冲存储器(又称联想存储器或快表)，将页表放在这个高速缓冲存储器中。高速缓冲存储器一般是由半导体存储器实现的，其工作周期与 CPU 的周期大致相同，但其造价较高。为了降低成本，通常是在快表中存放正在运行作业当前访问的那些页表项，页表的其余部分仍然存放在内存中。

引入联想存储器以后的地址变换过程为：当 CPU 给出逻辑地址后，地址变换机构自动将页号与联想存储器中的所有页号进行并行比较，若其中有与之匹配的页号，则表示所要访问的页表项在联想存储器中，于是取出该页对应的物理块号，与页内位移拼接形成物理地址。若联想存储器中的所有页号与所查找页号不匹配，则还需再访问内存中的页表，从页表中取出物理块号，与页内位移拼接形成物理地址。如果地址变换是通过查找内存中的页表完成的，则还应将这次所查到的页表项存入联想存储器中，若联想存储器已满，则需要按照某种原则淘汰出一个表项以腾出位置。图 5.15 给出了具有快表的地址变换机构。

在联想存储器中找到指定页表项的次数与总搜索次数的比称作快表命中率。由于成本关系，联想存储器不可能设置的太大，一般由几十个单元组成。由于程序运行的局部性，联想存储器的命中率可以达到 80~90%，甚至更高。

5.6.5　多级页表和反置页表

现代计算机已普遍使用较大的逻辑地址空间，如 $2^{32} \sim 2^{64}$。在这种情况下，只使用一

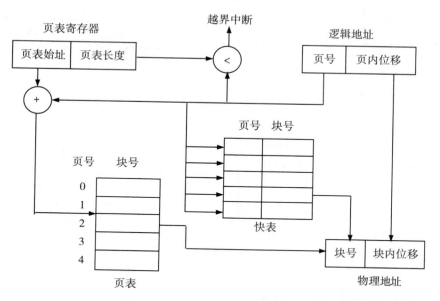

图 5.15　具有快表的地址变换机构

级页表会使页表变得非常大。以 Windows 为例，其运行的硬件 Intel x86 CPU 具有 32 位地址，其逻辑地址空间大小为 2^{32}，假设页面大小为 4KB，那么进程的虚拟地址空间就由 1M 个页面组成，若以每个页表项占 4 字节计算，则页表需要占用 4MB 的连续内存空间，这显然是不现实的。为解决这一问题，许多操作系统采用多级页表或倒置页表的方法，即将页表分成若干较小的片断，离散地存放在内存中；或者只将当前需要的部分页表项存放在内存，其余存放在磁盘上，需要时再动态调入。

1. 多级页表

　　下面以 32 位地址空间中使用两级页表为例来说明多级页表的实现方法。在 32 位地址空间中，设页面大小为 4KB，这样逻辑地址中的页号就占用 20 位，页内地址占用 12 位。若每个页表项占用 4 字节，将页表再分页存放，并为它们进行编号 0，1，…，同时还为离散存放的页表建立一张页表，这样就构成了两级页表。于是页号就分成了两部分：高 10 位是一级页号，低 10 位是二级页号，其逻辑地址结构如图 5.16 所示。

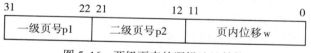

图 5.16　两级页表的逻辑地址结构

　　在图 5.16 中，p1 是一级页表的索引，一级页表中的表项存储相应二级页表的物理块号；p2 是二级页表的索引，其中的表项是相应页面在内存中的物理块号。图 5.17 为二级页表结构示例。

在具有两级页表的系统中，地址变换的过程是：利用逻辑地址中的一级页号 p1 作为索引访问一级页表，找到第二级页表的地址；再利用二级页号 p2 找到指定页表项，从中取出物理块号与页内地址 w 拼接形成物理地址，如图 5.18 所示。

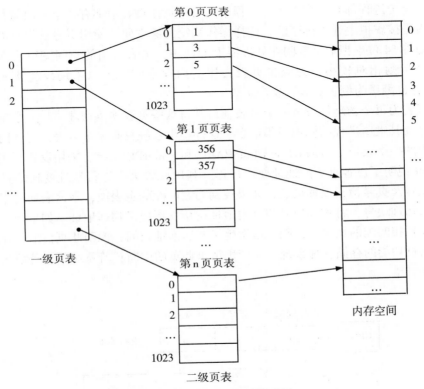

图 5.17 两级页表结构示例

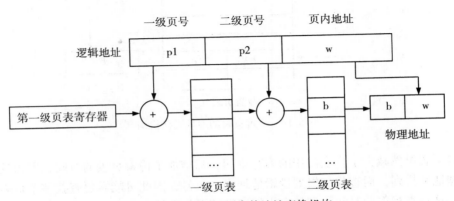

图 5.18 具有两级页表的地址变换机构

139

两级页表地址变换需要三次访问内存，第一次访问一级页表，第二次访问二级页表，第三次访问指令或数据。随着 64 位地址的出现，两级页表也不够用，为此可以将一级页表再分页，这样就得到了三级页表。若三级页表仍然无法满足需要，则可以引入四级页表，甚至还可以引入更多级别的页表。

2. 反置页表

通常，每个进程都有一个页表，进程中的每一页在页表中都有一个表项与其对应。也就是说页表是按虚拟地址来排序的，这样操作系统能够方便地使用页号获得页面存放的物理块号。随着 64 位虚拟地址空间在处理器上的使用，页表占用的空间变得非常大，而物理内存的容量则相对较小，为减少页表占用的内存空间，可以采用反置页表（Inverted Page Table，也翻译为倒置页表，反向页表）。

反置页表为每个物理块设置一个页表项，并将这些页表项按物理块号大小排序，表项内容为页号及其隶属进程的标识号等信息。这样整个系统只有一个页表，每个内存物理块对应页表中的一个表项。目前 64 的 UltraSPARC 和 PowerPC 系统上采用反置页表。

图 5.19 说明了反置页表的地址变换过程。利用反置页表进行地址变换的过程是：利用进程标识号及页号检索反置页表，如果找到与之匹配的页表项，则该表项的序号就是页面在内存的物理块号，将物理块号与页内地址拼接就形成了物理地址。如果搜索完整个页表也没有找到相匹配的页表项，则表示发生了非法地址访问，说明此页目前不在内存。对具有请求调页功能的存储管理系统，应产生请求调页的中断；若系统不支持请求调页功能则表示地址有错。

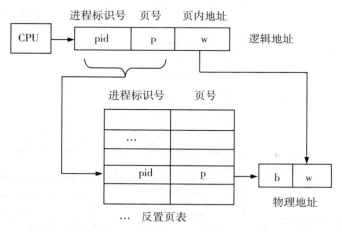

图 5.19　反置页表的地址变换机构

反置页表虽然减少了页表占用的内存空间，却增加了检索页表的时间，因为反置页表是按物理地址排列，而查找是根据逻辑地址中的页号，因此可能需要查找整个页表来寻找匹配项。这种查找很费时间。另外在支持请求调页的系统中，由于进程的某些页面没有存放在内存中，还必须为每个进程建立一张传统的页表并存放在外存中，当访问页不在内存时将使用这张页表。

5.7 分段存储管理

前面介绍的各种存储管理技术中，用户逻辑地址空间是一个线性连续的地址空间。而通常情况下，一个作业是由多个程序段和数据段组成的，这就要求编译链接程序将它们按一维线性地址排列，从而给程序及数据的共享和保护带来了困难。另外，程序员一般希望按逻辑关系将作业分段，每段有自己的名字，可以根据名字来访问相应的程序段或数据段，分段存储管理能较好地解决上述问题。分段存储管理也可以称为段式存储管理。

5.7.1 分段实现思想

在分段存储管理系统中，作业的地址空间由若干个逻辑分段组成，每个分段是一组逻辑意义相对完整的信息集合，每个分段都有自己的名字，每个分段都从 0 开始编址并采用一段连续的地址空间。因此，整个作业的地址空间是二维的。图 5.20 给出了分段地址空间示例。分段存储管理中以段为单位分配内存，每段分配一个连续的内存区，但各段之间不要求连续。内存的分配与回收类似于动态分区分配。

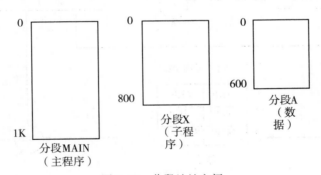

图 5.20　分段地址空间

分段存储管理系统的逻辑地址结构由段号 S 和段内位移 W（也称作段内地址）组成，其结构如图 5.21 所示。

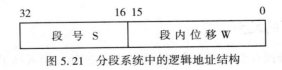

图 5.21　分段系统中的逻辑地址结构

段号 S 通常是从 0 开始的连续正整数。当逻辑地址结构中段号和段内位移占用的二进制位数确定之后，一个作业地址空间中允许的最大段数和各段的最大长度也就确定了。例如，在图 5.21 中，段号占用的二进制位数为 16 位，段内位移占用的二进制位数也为 16，则一个作业最多可以有 65536 段，最大段长为 64K 字节。

5.7.2 段表及地址变换

与分页存储管理类似，为了实现从逻辑地址到物理地址的变换，系统为每个进程建立一个段表，其中每个表项描述一个分段的信息，表项中包含段号、段长和该段的内存起始地址。段表一般存放在内存中。

为了便于实现地址转换，系统中设置了段表寄存器，用于存放段表起始地址（简称始址）和段表长度。在进行地址变换时，系统将逻辑地址中的段号与段表长度进行比较，若段号超过了段表长度，则表示段号越界，于是产生越界中断信号；若未越界，则根据段表起始地址和段号计算出该段对应段表项的位置，从中读出该段在内存的起始地址，然后，再检查段内位移是否超过该段的段长，若超过则同样发出越界中断信号；若未越界，则将该段的起始地址与段内位移相加，从而得到了要访问的物理地址。为了提高内存的访问速度，也可以使用快表。图 5.22 给出了分段存储管理系统的地址变换机构。

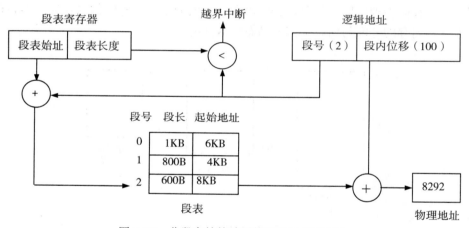

图 5.22 分段存储管理系统的地址变换机构

在图 5.22 中，逻辑地址中的段号为 2，段内位移为 100。由段表可知第 2 段在内存的起始地址为 8KB，将起始地址与段内位移 100 相加（$8 \times 1024 + 100 = 8292$）得到物理地址为 8292。

5.7.3 分段与分页的区别

分页存储管理与分段存储管理有许多相似之处。例如，两者都采用离散分配方式，且都要通过地址变换机构来实现地址变换。但两者在概念上也有很多区别，主要表现如下：

（1）页是信息的物理单位，分页是为了实现离散分配方式，以减少内存的碎片，提高内存的利用率。或者说，分页仅仅是出于系统管理的需要，而不是用户的需要。段是信息的逻辑单位，它含有一组意义相对完整的信息。分段的目的是为了更好地满足用户的需要。

（2）页的大小固定且由系统决定，把逻辑地址划分为页号和页内位移两部分，是由机器硬件实现的。段的长度不固定，且由用户所编写的程序决定，通常由编译系统在对源程序进行编译时根据信息的性质来划分。

（3）分页系统中作业的地址空间是一维的，即单一的线性地址空间，程序员只需要利用一个值来表示一个地址。分段系统中作业的地址空间是二维的，程序员在标识一个地址时，既要给出段名，又要给出段内位移。

5.8 段页式存储管理

从上面的介绍中可以看出，分页系统能有效地提高内存利用率并能解决碎片问题，而分段系统能反映程序的逻辑结构并有利于段的共享。如果将这两种存储管理方式结合起来，就形成了段页式存储管理方式。

在段页式存储管理系统中，作业的地址空间首先被分成若干个逻辑分段，每段都有自己的段号，然后再将每一段分成若干个大小固定的页。对于内存空间的管理仍然和分页存储管理一样，将其分成若干个和页面大小相同的物理块，对内存的分配以物理块为单位。

在段页式存储管理系统中，作业的逻辑地址结构包含三部分：段号 S、段内页号 P 及页内位移 D，其结构如图 5.23 所示。

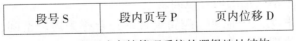

段号 S	段内页号 P	页内位移 D

图 5.23　段页式存储管理系统的逻辑地址结构

为了实现地址变换，段页式存储管理系统中需要同时设立段表和页表。系统为每个进程建立一张段表，而每个分段有一张页表。段表表项中至少应包括段号、页表始址和页表长度，其中页表始址指出该段的页表在内存中的起始地址，页表表项中至少应包括页号和块号。此外，为了便于实现地址变换，系统中还需要配置一个段表寄存器，其中存放段表的起始地址和段表长度。

在进行地址变换时，首先利用段号 S 与段表寄存器中的段表长度进行比较，若小于段表长度则表示未越界，于是利用段表始址和段号求出该段对应段表项的位置，从中得到该段的页表始址，再利用逻辑地址中的段内页号 P 获得对应页表项的位置，从中读出该页所在的物理块号，然后与页内位移拼接形成物理地址。其地址变换机构如图 5.24 所示。

从上述地址变换过程中不难看出，若段表和页表全都放在内存，那么为了访问内存中的一条指令或数据，至少需要访问内存三次。为了提高访问内存的速度，应考虑使用联想存储器。

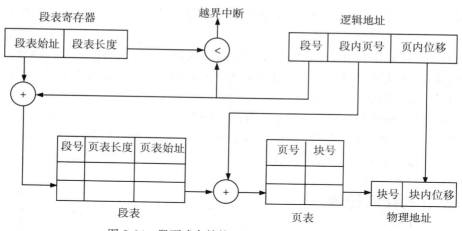

图 5.24 段页式存储管理系统的地址变换机构

5.9 小结

1. 存储分配有三种方式：直接分配方式、静态分配方式和动态分配方式。直接分配指程序员在编写程序或编译程序对源程序编译时采用内存物理地址；静态分配指在作业装入内存时确定它们在内存中的位置，作业一旦进入内存后在整个运行过程中不能在内存中移动，也不能再申请内存空间；动态分配指在装入时确定作业在内存中的位置，但在其执行过程中可根据需要申请附加的内存空间。

2. 程序中的地址称为逻辑地址，逻辑地址的集合称为地址空间；内存中物理单元的地址称为物理地址，物理地址的集合称为存储空间。

3. 地址变换是指将作业地址空间中的逻辑地址变换成存储空间中的物理地址，也称为地址映射、地址重定位。

4. 重定位分为两类：静态重定位和动态重定位。静态重定位是在程序装入时进行重定位；动态重定位是在程序执行过程中，每当访问指令或数据时，将要访问的逻辑地址转换成物理地址。

5. 单一连续分配是一种最简单的存储管理方式，这种存储管理方式将内存分为两个连续存储区域，其中的一个存储区域固定分配给操作系统使用，另一个存储区域给用户作业使用。

6. 按分区数目的变化情况可将分区存储管理划分为：固定分区存储管理和动态分区存储管理。固定分区存储管理将内存空间划分为若干个固定大小的分区，每个分区中可以装入一道程序；动态分区存储管理是在作业进入内存时，根据作业的大小动态地建立分区，并使分区的大小正好适应作业的需要。

7. 目前常用的动态分区分配算法有以下四种：首次适应算法、循环首次适应算法、最佳适应算法及最坏适应算法。

（1）首次适应算法要求空闲分区按地址递增的次序排列，在进行内存分配时，从空闲分区表或空闲分区链首开始顺序查找，直到找到第一个能满足其大小要求的空闲分区为止。然后，再按照作业大小从该分区中划出一块内存空间分配给请求者，余下的空闲分区仍然留在空闲分区表或空闲分区链中。

（2）循环首次适应算法是首次适应算法的变形，在为作业分配内存空间时，从上次找到的空闲分区的下一个空闲分区开始查找，直到找到第一个能满足其大小要求的空闲分区为止。然后，再按照作业大小从该分区中划出一块内存空间分配给请求者，余下的空闲分区仍然留在空闲分区表或空闲分区链中。

（3）最佳适应算法要求空闲分区按容量大小递增的次序排列，在进行内存分配时，从空闲分区表或空闲分区链首开始顺序查找，直到找到第一个能满足其大小要求的空闲分区为止。然后，再按照作业大小从该分区中划出一块内存空间分配给请求者，余下的空闲分区仍然留在空闲分区表或空闲分区链中。

（4）最坏适应算法要求空闲分区按容量大小递减的次序排列，在进行内存分配时，先检查空闲分区表或空闲分区链中的第一个空闲分区，若第一个空闲分区小于作业要求的大小，则分配失败；否则从该空闲分区中划出与作业大小相等的一块内存空间分配给请求者，余下的空闲分区仍然留在空闲分区表或空闲分区链中。

8. 动态分区存储管理系统中，分区回收时有四种情况：上邻接、下邻接、上、下邻接和不邻接，前三种情况下还需要进行分区的合并。

9. 碎片是指内存中无法利用的存储空间。碎片分为内部碎片和外部碎片：内部碎片是指分配给作业的存储空间中未被利用的部分，外部碎片是指系统中无法利用的小存储块。

10. 拼接是指通过移动把多个分散的小分区拼接成一个大分区。

11. 存储保护是为了防止一个作业有意或无意地破坏操作系统或其他作业。

12. 在分页存储管理系统中，作业地址空间划分成若干大小相等的页，相应地将内存的存储空间分成与页大小相等的块，在为作业分配存储空间时，总是以块为单位来分配，可以将作业中的某一页放到内存的某一空闲块中。

13. 在分段存储管理系统中，作业的地址空间划分为若干个逻辑分段，每个分段是一组逻辑意义相对完整的信息集合，每个分段都有自己的名字，每个分段都从 0 开始编址并采用一段连续的地址空间。内存分配以段为单位，每段分配一个连续的内存区，但各段之间不要求连续。

14. 在段页式存储管理系统中，作业的地址空间首先被分成若干个逻辑分段，每段都有自己的段号，然后再将每段分成若干个大小固定的页，内存空间分成若干个和页面大小相同的物理块，对内存的分配以物理块为单位。

练习题 5

1. 单项选择题
（1）采用_____不会产生内部碎片。

  A. 分页存储管理   B. 分段存储管理

  C. 固定分区存储管理   D. 段页式存储管理

（2）首次适应算法的空白区是_____。

  A. 按地址由小到大排列   B. 按地址由大到小排列

  C. 按大小递减顺序连在一起   D. 按大小递增顺序连在一起

（3）在分区存储管理中的拼接技术可以_____。

  A. 集中空闲区   B. 增加内存容量

  C. 缩短访问周期   D. 加速地址转换

（4）在固定分区分配中，每个分区的大小是_____。

  A. 可以不同但根据作业长度固定

  B. 相同

  C. 随作业长度变化

  D. 可以不同但预先固定

（5）采用分段存储管理的系统中，若地址用 24 位表示，其中 8 位表示段号，则允许每段的最大长度是_____。

  A. 2^{24} B. 2^{16} C. 2^{8} D. 2^{32}

（6）若调用指令 LOAD A Data，经动态重定位后，其对应指令代码_____。

  A. 保持不变

  B. 会变化，随装入起始地址变化而变化

  C. 会变化，固定在某一存储区域

  D. 需要从磁盘重新装入

（7）把作业地址空间使用的逻辑地址变成内存的物理地址称为_____。

  A. 加载   B. 物理化   C. 逻辑化   D. 重定位

（8）在以下存储管理方案中，不适用于多道程序设计系统的是_____。

  A. 固定式分区分配   B. 页式存储管理

  C. 单一连续分配   D. 可变式分区分配

（9）在可变式分区分配方案中，某一作业完成后，系统收回其内存空间并与相邻空闲区合并，为此需修改空闲区表，造成空闲区数减 1 的情况是_____。

  A. 无上邻空闲区也无下邻空闲区

  B. 有上邻空闲区但无下邻空闲区

  C. 有下邻空闲区但无上邻空闲区

  D. 有上邻空闲区也有下邻空闲区

（10）下述内存分配算法中，_____更易产生无法利用的小碎片。

  A. 首次适应算法   B. 循环首次适应算法

  C. 最佳适应算法   D. 最坏适应算法

（11）采用两级页表的页式存储管理中，按给定的逻辑地址进行读写时，通常需访问主存的次数是_____。

A. 1次   B. 2次   C. 3次   D. 4次

(12)下列对重定位的叙述中正确的是_____。

  A. 使用静态重定位，程序装入内存后数据地址和指令地址不发生变化

  B. 使用静态重定位，程序装入内存后数据地址和指令地址发生了变化

  C. 使用动态重定位，程序装入内存后数据地址和指令地址都发生了变化

  D. 使用动态重定位，程序装入内存后数据地址发生了变化而指令地址没有变化

2. 填空题

(1)把作业装入内存中随即进行地址变换的方式称为__①__，而在作业执行期间，当访问到指令或数据时才进行地址变换的方式称为__②__。

(2)在分区分配算法中，首次适应算法倾向于优先利用内存中的__①__部分的空闲分区，从而保留了__②__部分的大空闲区。

(3)段页式存储管理中，是先将作业分__①__，__②__内分__③__。分配以__④__为单位。在不考虑使用联想存储器的情况下，执行程序时需要__⑤__次访问内存，其中第__⑥__次是查作业的页表。

(4)分区存储管理可以分为：__①__分区和__②__分区。

(5)三种不连续内存管理方式是：__①__、__②__和__③__。

(6)对图 5.25 所示的内存分配情况(其中，阴影部分表示占用块，空白部分表示空闲块)，若要申请 30K 的存储空间，使首地址最大的分配策略是_____。

3. 解答题

(1)在内存管理中，"内零头"和"外零头"各指的是什么？在固定式分区分配、可变式分区分配、页式虚拟存储系统、段式虚拟存储系统中，各会存在何种零头？为什么？

(2)在段式存储管理和段页式存储管理中，逻辑地址是如何表示的？从用户角度来看分别为几维空间？

(3)什么叫重定位？重定位有哪几种类型？采用内存分区管理时，如何实现程序运行时的动态重定位？

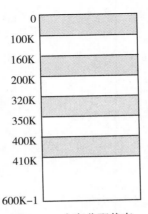

图 5.25 内存分配状态

（4）考虑一个分页表系统，其页表存放在内存。

①如果一次内存的访问时间是 200ns，访问一页内存需要多少时间？

②如果引入快表，并且 75% 的页表引用发生在快表中，假设快表的访问时间忽略不计，则内存的有效访问时间是多少？

（5）使用伙伴系统分配一个 1MB 的内存块。

①画图说明内存中下面的作业请求、返回过程：作业 A 请求 70KB；作业 B 请求 35KB；作业 C 请求 80KB；返回作业 A；作业 D 请求 60KB；返回作业 B；返回作业 D；返回作业 C。

②给出返回作业 B 的二叉树表示。

（6）某系统使用两级页表，页的大小是 2^{12} 字节，虚地址是 32 位。地址的前 8 位用作一级页表的索引。求：

①有多少位用来指定二级页表索引？

②一级页表中有多少个页表项？

③每张二级页表中有多少个页表项？

④虚地址空间中有多少页？

第6章　虚拟存储器

第 5 章介绍的各种存储管理方法有一个共同的特点，即它们都要求将一个作业全部装入内存才能执行。这样，当作业的地址空间大于分配给它的内存空间容量时，该作业就无法运行。

这种存储管理方式限制了大作业的运行。为解决该问题，可以从物理上增加内存容量，但这样会增加硬件成本。而虚拟存储器技术能从逻辑上对内存进行扩充，达到扩充内存的效果。虚拟存储器技术允许作业不全部装入内存就可以执行，而且将内存抽象成一个巨大的、统一的存储数组，进而将用户看到的逻辑内存和物理内存分开。这种技术允许程序员不受内存存储容量的限制，本章将讨论这种虚拟存储器技术。

6.1　虚拟存储器概念

前述存储管理方式虽然要求作业运行前把作业的全部信息装入主存储器，但实际上许多作业执行时，并非同时使用作业的全部信息，其中的有些部分运行一遍便再也不用，甚至有些部分在作业执行的整个过程中都不会被使用（如错误处理部分）。作业在运行时不用的，或暂时不用的，或某种条件下才用的程序和数据，全部驻留于主存中是对宝贵的主存资源的一种浪费，大大降低了主存利用率。因此可以考虑在作业提交时，先全部进入辅助存储器，作业投入运行时，不把作业的全部信息同时装入主存储器，而是将其中当前使用部分先装入主存储器，其余暂时不用的部分先存放在作为主存扩充的辅助存储器中，待用到这些信息时，再由系统自动把它们装入到主存储器中，这就是虚拟存储器的基本思路。

大多数程序执行时，在一个较短的时间内仅使用程序代码的一部分，相应的程序所访问的存储空间也局限于某个区域，这就是程序执行的局部性原理。局部性原理体现在两个方面：时间局部性和空间局部性。时间局部性是指一条指令的一次执行和下次执行，一个数据的一次访问和下次访问，都集中在一个较短时期内。空间局部性是指当前指令和邻近的几条指令，当前访问的数据和邻近的数据，都集中在一个较小区域内。

Denning，Knuth，Tanenbaum 等人的研究表明，程序中只有少量分支和过程调用，大部分程序代码都是顺序执行的，即要执行的下一条指令紧跟在当前执行指令之后；过程调用将会使程序的执行轨迹由一部分内存区域转到另一部分内存区域，且大多数情况下过程调用的深度限制在一个小的范围内，因而一段时间内，程序会局限在这几个过程范围内运行；程序中常常存在许多循环，这些循环虽然由少量指令组成，但重复执行多次；对于连续访问数组之类的数据结构，往往是对存储区域中的数据或相邻位置的数据(如动态数组)的操作。程序中有些部分是彼此互斥的，不是每次运行时都会用到，例如，出错处理程序，仅当程序在运行中出现错误时才会用到，正常情况下，即使出错处理程序不放在主存，也不影响整个程序的运行。上述种种情况充分说明，作业执行时没有必要把全部信息同时存放在主存储器中，而仅仅只需装入一部分信息。在装入部分信息的情况下，只要调度得好，不仅可以正确运行，而且可以在主存中放置更多进程，有利于充分利用处理器和提高存储空间的利用率。

基于局部性原理，就可以解决前面的问题。在程序装入时，不必将其全部读入内存，而只需将当前执行需要的部分放入内存，而将其余部分放在外存，就可以启动程序执行。在程序执行过程中，当所访问的信息不在内存时，由操作系统将所需要的信息调入内存，然后继续执行程序。另一方面，操作系统将内存中暂时不使用的信息换出到外存上，从而腾出空间存放将要调入内存的信息。从效果上看，这样的计算机系统好像为用户提供了一个存储容量比实际内存大得多的存储器，这个存储器称为"虚拟存储器"(virtual memory)(简称虚存)。之所以将其称为虚拟存储器，是因为这个存储器实际上并不存在，只是由于系统提供了部分装入、请求调入和置换功能后，给用户的感觉是好像存在一个比实际物理内存大得多的存储器。

虚拟存储器最基本的特征是离散性，在此基础上又形成了多次性和对换性的特征，其表现出来的特征是虚拟性。

离散性指的是在内存分配时，采用非连续的分配方式；我们前面介绍的分配方式中，分页存储管理、分段存储管理和段页式存储管理属于非连续分配方式。多次性指的是一个作业被分成多次装入内存，而不是一次性全部装入。对换性是指允许作业在运行过程中，换进、换出。虚拟性是指从逻辑上扩充了主存容量。

实际上虚拟存储器是为扩大主存而采用的一种设计技巧。虚拟存储器的实质是把程序存在的地址空间和运行时用于存放程序的存储空间区分开。程序员可以在地址空间内编写程序，而完全不用考虑实际内存的大小。在多道程序环境下，可以为每个用户程序建立一个虚拟存储器。当然，虚拟存储器的容量与主存大小无直接关系，虚拟存储器的最大容量也不是无限的，而受限于计算机的地址结构及可用的辅助存储器的容量。

实现虚拟存储器，需要有一定的物质基础。其一要有相当数量的外存，足以存放多个用户的作业；其二要有一定容量的内存，因为在处理器上运行的程序必须有一部分信息存放在内存中；其三是地址变换机构，以动态实现逻辑地址到物理地址的变换。常用的虚拟存储器实现方案有请求分页存储管理、请求分段存储管理和请求段页式存储管理。需要指出的是虚拟存储器技术是一种以时间换空间的技术。

6.2　请求分页存储管理

6.2.1　请求分页存储管理的实现思想

请求分页存储管理系统在作业地址空间的分页、存储空间的分块等概念上和分页存储管理完全一样，它是在分页存储管理系统的基础上，增加了请求调页功能、页面置换功能所形成的一种虚拟存储系统。

在请求分页存储管理系统中，作业运行之前，只要求将当前需要的一部分页面装入内存，便可以启动运行，在作业运行过程中，若所要访问的页面不在内存，则通过调页功能将其调入，同时还可以通过置换功能将暂时不用的页面换出到外存上，以便腾出内存空间。

6.2.2 页表

在请求分页存储管理系统中使用的主要数据结构仍然是页表，其基本作用是将程序地址空间中的逻辑地址转换成内存空间中的物理地址。由于请求分页存储管理系统只将作业的一部分调入内存，还有一部分存放在磁盘上，故需要在页表中增加若干项，供操作系统在实现页面的调入、换出功能时参考，扩充后的页表表项如图 6.1 所示。

| 页号 | 物理块号 | 状态位 | 访问字段 | 修改位 | 外存地址 |

图 6.1 扩充后的页表项

页表项中各字段的作用如下：

(1) 页号和物理块号。其定义同分页存储管理，这两个信息是进行地址变换所必需的。

(2) 状态位。用于表示页面是否在内存中。每当进行内存访问时，根据该位判断要访问的页面是否在内存，若不在内存中，则产生缺页中断。

(3) 访问字段。用于记录页面在一段时间内被访问的次数，或最近已有多长时间未被访问。该字段供置换算法在选择换出页面时参考。

(4) 修改位。用于表示页面调入内存后是否被修改过。当处理器以写方式访问页面时，系统将设置该页面的修改位。由于内存中的页面在外存上都有副本，因此，若页面未修改，则在该页面换出时不需要将页面写到外存，以减少磁盘写的次数；若页面被修改，则必须将页面重新写到外存上。

(5) 外存地址。用于指出页面在外存上的存放地址。该字段供调入页面时使用。

6.2.3 缺页中断与地址变换

在请求分页存储管理系统中，当所访问的页在内存时，其地址变换过程与分页存储管理相同；当所访问的页不在内存时，则应先将该页调入内存，再按与分页存储管理相同的方式进行地址变换。

当系统发现所要访问的页不在内存时，便产生一个缺页中断信号，此时用户程序被中断，控制转到操作系统的缺页中断处理程序。缺页中断处理程序根据该页在外存的地址把它调入内存。在调页过程中，若内存有空闲空间，则缺页中断处理程序只需把缺页装入某一个空闲物理块中，再对页表中的相应表项进行修改，如填写物理块号、修改状态位、设置访问字段及修改位初值等；若内存中无空闲物理块，则需要先淘汰内存中的某些页，若淘汰页曾被修改过，则还要将其写回外存，其处理流程如图 6.2 所示。

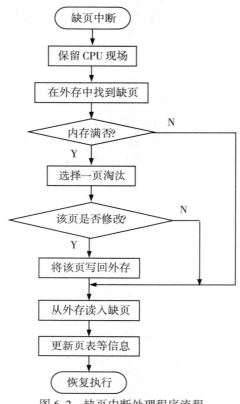

图 6.2　缺页中断处理程序流程

缺页中断是一个比较特殊的中断，它与一般中断相比有着明显的区别，主要表现如下：

（1）在指令的执行期间产生和处理缺页中断。通常，CPU 是在每条指令执行完毕后检查是否有中断请求到达，若有便去响应；而缺页中断是在一条指令的执行期间，发现要访问的指令和数据不在内存时产生和处理的。

（2）一条指令可以产生多个缺页中断。例如，执行一条复制指令 copy A to B，假定指令和操作数都不在内存中，并且操作数不在同一页面中，则这条指令执行时，将产生多次缺页中断，如图 6.3 所示。请求分页系统中程序要想顺利执行，至少应保证一条指令涉及的内容全部装入内存。

（3）缺页中断返回时，执行产生中断的那一条指令，而一般中断返回时，执行下一条指令。

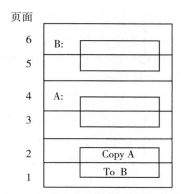

页面

图 6.3　产生多次缺页中断的指令

6.2.4　页面分配和置换策略

在请求分页存储管理系统中，不可能也不必要把一个进程的所有页面调入主存，因此操作系统在为进程分配主存空间时需要考虑以下因素：为保证进程的正常运行最少需要分配多少物理块，物理块的分配策略及物理块的分配算法。

1. 进程运行所需的最少物理块数

在请求分页系统中，应给每个进程分配的物理块数加一些限制。如果分配给进程的块数较多，虽然可以减少缺页中断率，但可能会降低系统的并发性，导致系统的整体性能变差。另外，为保证进程的正常运行也应分配足够的物理块，否则进程将无法运行。

一个进程运行所需最少物理块数与计算机的硬件结构有关，例如，对于某些简单机器，若是单地址指令且采用直接寻址，则至少需要分配 2 个物理块，一个用于存放指令，另一个用于存放数据。如果该机器允许间接寻址，则至少需要 3 个物理块。对于某些功能较强的机器，因其指令本身可能跨 2 个页面，其源地址和目标地址所涉及的区域也都可能跨 2 个页面，则至少要为进程分配 6 个物理块。

2. 页面分配策略

在请求分页系统中，可以采用两种页面分配策略，即固定分配和可变分配。固定分配是指分配给进程的主存块数是固定的，且在进程创建时确定块数。可变分配允许分配给进程的主存块数随进程的执行而改变。在进行页面置换时，也可以采用两种策略，即全局置换和局部置换。全局置换允许一个进程从全部内存物理块集合中选择淘汰对象，而局部置换规定每个进程只能从分配给它的物理块中选择淘汰对象。

将页面分配策略和页面置换策略组合起来，有如下三种可行的策略：

（1）固定分配局部置换。采用这种策略时，为每一个进程分配固定数量的物理块，在整个运行期间进程拥有的物理块数不再改变。如果进程在运行中出现缺页，则只能从该进程已分配的页面中选择一页换出，然后再调入缺页，以保证分配给该进程的内存空间量不变。实现这种策略的困难在于，难以确定应为每个进程分配多少个物理块。若分配的物理块太少，会频繁出现缺页中断，降低了系统性能；若分配的物理块太多，又必然使驻留内存的进程数目减少，进而可能造成 CPU 或其他资源的利用率下降。

（2）可变分配全局置换。采用这种策略时，先为系统中的每一个进程分配一定数量的物理块，操作系统本身也保持一个空闲物理块队列。当某个进程发生缺页时，由系统从空闲物理块队列中取出一个物理块分配给该进程，并将缺页装入其中。这样，凡产生缺页的进程都将获得新的物理块。当空闲物理块队列中的物理块用完时，操作系统才从内存中选择一页调出，该页可能是系统中某一个进程的页面。这是一种容易实现的页面分配和置换策略，目前已用于若干操作系统中。

（3）可变分配局部置换。采用这种策略时，为每一个进程分配一定数量的物理块，当某个进程发生缺页时，只允许从该进程的页面中选出一页换出，这样就不会影响其他进程的运行。如果某个进程在运行过程中频繁地发生缺页中断，则系统再为该进程分配若干物理块，直到进程的缺页率降低到适当程度为止；反之，若一个进程在运行过程中的缺页率特别低，则系统可适当减少分配给该进程的物理块数，但不应引起缺页率的明显增加。

3. 物理块的分配算法

为每个进程分配物理块的算法主要有三种：平均分配算法、按比例分配算法及考虑优先级的分配算法。

（1）平均分配算法。这是一种最简单的算法，它将系统中所有可供分配的物理块平均分配给各个进程。需要注意的是这种方法没有考虑进程本身的大小，可能有的进程用不了分给他的物理块，而另外一些进程物理块却不够用。

（2）按比例分配算法。这种方法根据系统中进程大小按比例分配物理块。假设系统中有 n 个进程，进程 p_i 的页面数为 s_i，则系统中所有进程的页面数总和 S 为（$s_1+s_2+\cdots+s_n$），若系统中可供分配的物理块数为 m，则进程 p_i 能分配到的物理块数 b_i 为（s_i/S）＊m。注意分配给进程的物理块数应取整，并且不能小于进程运行的最小物理块数。

（3）按优先级分配算法。在上面两种算法中，没有考虑进程的优先级，即把高优先级进程和低优先级进程同等对待。为了加速高优先级进程的执行，可以考虑给高优先级进程分配较多的内存。通常采用的方法是将内存可供分配的物理块分成两部分，一部分按比例分配给各进程，另一部分根据进程的优先级适当增加物理块数。

6.2.5　页面置换算法

当被访问页不在内存时，系统便产生缺页中断。若此时没有空闲内存空间存放缺页，则需要将内存中的某页面换出到外存上，以腾出空间存放缺页。页面置换算法就是用来选择换出页面的算法，也称为页面淘汰算法。

下面介绍几种比较常用的页面置换算法。

1. 最佳置换算法（OPT）

最佳置换算法（Optimal Replacement Algorithm）是从内存中选择不再访问的页面或在最长时间以后才需要访问的页面予以淘汰。实际上，这种算法实现困难，因为页面访问的未来顺序是很难精确预测的。但可以利用该算法评价其他算法的优劣。

假定系统为某进程分配了 3 个物理块，进程运行时的页面走向为：4、3、2、1、4、3、5、4、3、2、3、5，开始时 3 个物理块均为空闲，采用最佳置换算法时的页面置换情况如表 6.1 所示。

表 6.1 　　　　　　　　　　　　　　　页面置换情况表

页面走向	4	3	2	1	4	3	5	4	3	2	3	5
物理块 1	4	4	4	4			4			2		
物理块 2		3	3	3			3			3		
物理块 3			2	1			5			5		
缺页	缺	缺	缺	缺			缺			缺		

从表 6.1 中可以看出，共发生了 6 次缺页数，其缺页率为 6/12＝50%。

2. 先进先出置换算法（FIFO）

先进先出置换算法（First-In-First-Out Replacement Algorithm）总是选择在内存中驻留时间最长的页面予以淘汰，即先进入内存的页面，先退出内存。这种算法的出发点是最早调入内存中的页面，其不再使用的可能性会大一些。先进先出置换算法的实现比较简单，对具有按线性顺序访问的程序比较合适，而对其他情况则效率不高。因为经常被访问的页面，往往在内存中停留得最久，结果这些常用的页面终因"变老"而被淘汰。另外，先进先出算法还存在一种异常现象，即在某些情况下会出现分配给进程的页面数增多，缺页次数反而增加的奇怪现象，这种现象称为 Belady 现象。表 6.2 及表 6.3 说明了这一现象。

设某进程执行时的页面走向为 1、2、3、4、1、2、5、1、2、3、4、5，置换算法采用先进先出。表 6.2 给出了分配给进程的物理块数为 3 时的页面置换情况，表 6.3 给出了分配给进程的物理块数为 4 时的页面置换情况。

表 6.2 　　　　　　　　　　　　　　物理块数为 3 时的页面置换情况

页面走向	1	2	3	4	1	2	5	1	2	3	4	5
物理块 1	1	1	1	4	4	4	5			5	5	
物理块 2		2	2	2	1	1	1			3	3	
物理块 3			3	3	3	2	2			2	4	
缺页	缺	缺	缺	缺	缺	缺	缺			缺	缺	

表 6.3 物理块数为 4 时的页面置换情况

页面走向	1	2	3	4	1	2	5	1	2	3	4	5
物理块 1	1	1	1	1			5	5	5	5	4	4
物理块 2		2	2	2			2	1	1	1	1	5
物理块 3			3	3			3	3	2	2	2	2
物理块 4				4			4	4	4	3	3	3
缺页	缺	缺	缺	缺			缺	缺	缺	缺	缺	缺

从表 6.2 可以看出，当分配给进程的物理块数为 3 时，产生的缺页次数为 9；从表 6.3 可以看出，当分配给进程的物理块数为 4 时，产生的缺页次数为 10。

Belady 现象的描述如下：一个进程 P 要访问 M 个页，操作系统分配 N 个内存页框给进程 P；对一个访问序列 S，发生缺页次数为 PE(S，N)。当 N 增大时，PE(S，N)时而增大，时而减小。产生 Belady 现象的原因是 FIFO 算法的置换特征与进程访问内存的动态特征是矛盾的，即被置换的页面并不是进程不会访问的。

3. 最近最久未使用置换算法(LRU)

最近最久未使用置换算法(Least Recently Used Replacement Algorithm)选择最近一段时间内最长时间没有被访问过的页面予以淘汰。这种算法的主要出发点是，如果某个页面被访问了，则它可能马上还要被访问。或者反过来说，如果某页很长时间未被访问，则它在最近一段时间也不会被访问。最近最久未使用置换算法也称为最近最少使用置换算法。

假定系统为某进程分配了 3 个物理块，进程运行时的页面走向为：4、3、2、1、4、3、5、4、3、2、3、5，开始时 3 个物理块均为空闲，采用最近最久未使用算法时的页面置换情况如表 6.4 所示。

表 6.4 页面置换情况表

页面走向	4	3	2	1	4	3	5	4	3	2	3	5
物理块 1	4	4	4	1	1	1	5			2		2
物理块 2		3	3	3	4	4	4			4		5
物理块 3			2	2	2	3	3			3		3
缺页	缺	缺	缺	缺	缺	缺	缺			缺		缺

从表 6.4 中可以看出，共发生了 9 次缺页数，其缺页率为 9/12＝75%。

LRU 算法的性能接近于最佳算法，但实现起来比较困难。因为要找出最近最久未使用页面，必须为每一页设置相关记录项，用于记录页面的访问情况，并且在每一次页面访问时都要更新这些记录。这显然要花费巨大的系统开销，因此，在实际系统中往往使用

LRU 的近似算法。

可采用以下两种方法来实现 LRU 算法：

（1）链表法。用一个单链表保存当前进程所访问的各页面号，刚使用过的页面放表尾，则表头一定是最近最久未使用的页面。其实现思想为：当分配给进程的物理块未用完时，则将进程装入内存的页面按先后顺序构成一个链表；当进程访问的页面在内存时，将页面从链表中移出放到表尾；当进程访问的页面不在内存时，则发生缺页中断，将表头页面置换。

例如：设分配给某进程 4 个物理块，页面访问序列为：3、2、4、1、5、4、3、2，用单链表实现 LRU 算法的过程如图 6.4 所示。

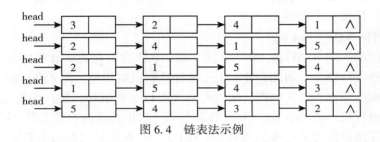

图 6.4　链表法示例

（2）计数器法。为每个页面设立一个寄存器记录页面访问情况。每当进程访问某页面时，将该页面对应寄存器的最高位置 1，系统定期将寄存器右移一位并且将最高位补 0，于是寄存器数值最小的页面是最近最久未使用的页面。

利用 8 位寄存器记录 8 个页面访问情况的示例如图 6.5 所示。

页面 \ R	R7	R6	R5	R4	R3	R2	R1	R0
1	0	1	0	1	0	0	1	0
2	1	0	1	0	1	1	0	0
3	1	0	0	0	0	0	0	0
4	0	1	1	0	1	0	1	1
5	1	1	0	1	0	1	1	0
6	0	0	1	0	1	0	1	1
7	0	0	0	0	0	1	1	1
8	0	1	1	0	1	1	0	1

图 6.5　计数器法示例

从图 6.5 中可以看出，页面 7 是最近最久未使用的页面。

4. 其他页面置换算法

（1）第二次机会（Second Chance）算法。

第二次机会算法是对 FIFO 算法的改进，以避免将经常使用的页面淘汰掉。该算法将 FIFO 算法与页表中的"引用位"结合起来使用，算法实现思想如下：当选择页面置换时，先检查 FIFO 页面队列中的队首页面（这是最早进入主存的页面），如果它的"引用位"是 0，那么，这个页面既老又没有用，选择该页面淘汰；如果它的"引用位"是 1，说明虽然它进入主存较早，但最近仍在使用，于是把它的"引用位"清 0，并把该页面移到队尾，把它看作一个新调入的页，给它第二次机会，并将它的装入时间重置为当前时间，然后选择下一个 FIFO 页面。因此最先进入主存的页面，如果最近还在使用的话，仍然有机会像一个新调入页面一样留在主存中。

（2）简单时钟算法（Clock）。

如果利用标准队列机制构造 FIFO 队列，第二次机会页面置换算法将可能产生频繁的出队入队，实现代价较大。因此，往往采用循环队列机制构造页面队列，这样就形成了一个类似于钟表面的环形表，队列指针则相当于钟表面上的表针，指向可能要淘汰的页面，这就是时钟页面置换算法的得名。Clock 算法与第二次机会算法本质上没有区别。

简单时钟算法也称为最近未使用算法（NRU），它既是第二次机会算法的改进，也是 LRU 算法的近似。该算法要求为每页设置一个访问位，并将内存中的所有页链接成一个循环队列。当某页被访问时，系统将其访问位设置为 1。置换时采用一个指针，从当前指针位置开始按序检查各页，若访问位为 0 则选择该页换出，若访问位为 1，则将其设置为 0，重复这个过程，直到找到引用页为 0 的页面为止。最后指针停留在被置换页的下一页上。

例如在某时刻系统置换后循环链表如图 6.6（a）所示。现在需要装入一个新页 72，装入后的结果如图 6.6（b）所示。

（3）改进的时钟算法。

在简单时钟算法中，淘汰一个页面只考虑了页面的访问情况。但在实际应用中，还应该考虑被淘汰页面的修改情况。因为淘汰一个修改过的页面还需要写磁盘，其开销大于未修改页面。改进的时钟算法既考虑页面的访问情况，又考虑页面的修改情况。设 U 为页面的访问位，M 为页面的修改位，根据 R 和 M 的值可以将页面分为以下 4 种类型：

第 1 类（U=0，M=0）：未被访问又未被修改；

第 2 类（U=0，M=1）：未被访问但已被修改；

第 3 类（U=1，M=0）：已被访问但未被修改；

第 4 类（U=1，M=1）：已被访问且已被修改。

内存中的页面必定是这四类页面中的某一类，在进行页面置换时，必须同时检查访问位和修改位，尽可能选择置换代价小的页面淘汰。改进时钟算法的置换思想如下：

①从指针当前位置开始扫描循环队列，寻找 U=0，M=0 的页面，将满足条件的第一个页面作为淘汰页。

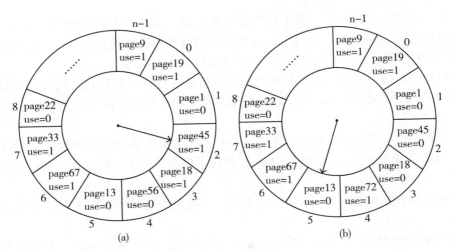

图 6.6　时钟置换算法示例

②若第 1 步失败，则开始第 2 轮扫描，寻找 U = 0，M = 1 的页面，将满足条件的第一个页面作为淘汰页，并将所有经历过页面的访问位置 0。

③若第 2 步失败，则将指针返回到开始位置，然后重复第 1 步，若仍失败则必须重复第 2 步。此时一定能找到淘汰页面。

该算法的特点是减少了磁盘 I/O 次数，但算法本身开销增加。

(4) 最不常用算法(LFU)。

最不常用算法选择到当前时间为止访问次数最少的页淘汰。该算法要求为每页设置一个访问计数器，每当页被访问时，该页的访问计数器加 1。发生缺页中断时，淘汰计数值最小的页面，并将所有计数器清零。

(5) 页面缓冲算法。

页面缓冲算法是对 FIFO 算法的发展，通过建立置换页面的缓冲，就有机会找回刚被置换的页面，从而减少系统 I/O 的开销。页面缓冲算法用 FIFO 算法选择被置换页，选择出的页面不是立即换出，而是放入两个链表之一，如果页面未被修改，就将其归入到空闲页面链表的末尾，否则将其归入到已修改页面链表末尾。这些空闲页面和已修改页面会在内存中停留一段时间。如果这些页面被再次访问，只需将其从相应链表中移出，就可以返回给进程，从而减少了一次磁盘 I/O。需要调入新的物理页时，将新页面读入到空闲页面链表的第一个页面中，然后将其从该链表中移出。当已修改页面达到一定数目后，再将它们一起写入磁盘，然后将它们归入空闲页面链表。这样能大大减少 I/O 操作的次数。

6.2.6　页面大小的选择与影响缺页率的因素

页面大小是设计操作系统时应考虑的重要问题之一，因为它涉及诸多因素，如内部碎片，页表大小和缺页率等。选择最优的页面大小，需要在相互矛盾的因素之间权衡。另外程序结构也会对缺页率产生影响。

(1)页内碎片。进程大小一般不是页面的整数倍,而内存是以物理块为单位分配的。这样进程的最后一个页面进入内存时,总会产生内部碎片。平均来看,一个进程将有半个物理块的浪费。因此为了减少页内碎片,应该选择较小的页面。

(2)内外存之间的传输。在内外存之间传输信息时,其大部分时间花在寻道和旋转延迟上,传输一个小页面和传输一个大页面所花时间基本相同,显然大页面所需的传输时间少。

(3)页表大小。对于进程而言,如果页面较小,进程的页面数就增加,页表也随之扩大。由于每个进程都必须有自己的页表,因此为了控制页表所占的主存量,应该选择较大的页面。

(4)页面大小与主存大小。当主存较小时,一般页面也较小。当主存较大时,页面也相应较大。

(5)页面大小与快表的关系。对于给定大小的快表,当页面较小时,为保证进程正常运行应增加其在内存的页面数,这将导致快表命中率下降。

下面对页面大小的选择进行分析。假定 S 表示系统内作业的平均长度,P 表示以字节为单位的页面长度,且有 S>>P,每个页表项需要 e 个字节。则每个作业的页表长度为 S/P,页表占用了 Se/P 个字节的空间,假定作业最后一页浪费的空间大小平均为 P/2 个字节。则对一个作业而言,分页管理下空间的总开销为:

页表使用的主存空间+内部碎片 =Se/P+P/2

当页面比较小时页表占用空间多(因 Se/P 较大),在页面比较大时内部碎片浪费多(因 P/2 较大)。现在对 P 求一阶导数并令其为 0,得到方程:

$$-Se/P^2+1/2=0$$

假如仅考虑分页系统的空间开销,那么,从这个方程可以得出页面尺寸为:

$$P=\sqrt{2Se}$$

当页面大小为该值时,分页系统的空间开销最小,称 P 为最佳页面尺寸。对于 S =128KB,每个页表项 e=8B 时,最优页面尺寸是 1448 字节。考虑到其他因素,如页面地址变换方式、磁盘速度,实际可使用 1KB 或 2KB 长的页面。大部分商用计算机使用的页面尺寸在 512B 至 4KB 之间。

影响缺页率的因素有多种,下面介绍几个主要因素。

(1)主存块数。作业分得的主存块数多,则缺页中断率就低,反之,缺页中断率就高。实验表明,要使作业有效执行,其在主存中的页面数应不低于它总页面数的一半。

(2)页面大小。如果划分的页面大,则缺页中断率就低,否则,缺页中断率就高。

(3)页面置换算法。置换算法的优劣影响缺页中断率。

(4)程序特性。程序编制的方法不同,对缺页中断率也有很大影响。若程序的局部信息好,则缺页率就低。下面通过一个实例来说明程序结构对缺页率的影响。

下述程序的功能是将数组初始化为 0,假设页面大小为 128 字节,二维数组为 128×128,每个数组元素占 1 个字节,初始时内存未装入数据,数组按行存放,若程序为:

```
short int a[128][128];
for (j=0; j<=127; j++)
    for (i=0; i<=127; i++)
        a[i][j]=0;
```

则每执行一次 a[i][j]=0 就要产生一次缺页中断，于是总共产生 128×128 次缺页中断。如果程序为：

```
short int a[128][128];
for (i=0; i<=127; i++)
    for (j=0; j<=127; j++)
        a[i][j]=0;
```

则每执行 128 次 a[i][j]=0 才会产生一次缺页中断，即内层循环执行只产生一次缺页中断，于是总共产生 128 次缺页中断。

从该例中可以看出，仔细选择数据结构和程序结构能增加局部性，降低缺页次数，提高系统效率。

6.2.7 工作集理论和抖动

1. 工作集

工作集理论是 1968 年由 Denning 提出并推广的。Denning 认为程序在运行时对页面的访问是不均匀的，往往比较集中。在某段时间内，其访问范围可能局限于较少的若干页面；而在另一段时间内，其访问范围又可能局限于另一些较少页面。如果能够预知程序在某段时间间隔内要访问哪些页面，并能提前将它们调入内存，将会大大降低缺页率，从而减少置换工作，提高 CPU 的利用率。

所谓工作集是指在某段时间间隔 Δ 里，进程实际访问的页面集合，具体地说便是把某进程在时间 t−Δ 到 t 之间所访问的页面集合记为 W(t，Δ)，把变量 Δ 称为工作集窗口尺寸。通常还把工作集中所包含的页面数目称为工作集尺寸，记为 | W(t，Δ) |。Denning 认为，虽然只要装入少数几页就可以启动程序运行，但为使程序能有效地运行，较少地产生缺页，就必须使程序的工作集全部在内存中。然而，由于我们无法预知程序在不同时刻将访问哪些页面，因而只能像置换算法那样，利用程序过去某段时间内的行为，作为程序在将来某段时间内行为的近似。

正确选择工作集窗口尺寸，对存储器的有效利用和系统吞吐率的提高，都将产生重要影响。一方面，如果把 Δ 选得很大，进程虽不易产生缺页，但存储器也将不会得到充分利用。另一方面，如果把 Δ 选得过小，则会使进程在运行过程中频繁地产生缺页中断，反而降低了系统的吞吐率。

2. 抖动

在请求分页存储管理系统中，内存中只存放了那些经常使用的页面，而进程中的其他部分则存放在外存中，当进程运行需要的内容不在内存时，便启动磁盘读操作将所需内容调入内存，若内存中没有空闲物理块，还需要将内存中的某页面置换出去。也就是说，系统需要不断地在内外存之间交换信息。若在系统运行过程中，刚被淘汰出内存的页面，过后不久又要访问它，需要再次将其调入，而该页面调入内存后不久又再次被淘汰出内存，然后又要访问它，如此反复，使得系统把大部分时间用在了页面的调入/换出上，而几乎不能完成任何有效的工作，这种现象称为抖动(又称颠簸)。

在多道程序系统中，如果 CPU 的利用率太低，CPU 调度程序就会增加多道程序度，将新进程引入系统，以提高 CPU 的利用率。随着新进程的启动运行，它们需要从其他进程那里取得一些内存物理块，这将使其他进程的缺页次数增加，使等待页面换入/换出的进程数目增加，从而导致 CPU 利用率的进一步下降。为此调度程序进一步增加多道程序度，如此恶性循环，最终出现抖动。

图 6.7 给出了 CPU 利用率和多道程序度之间的关系。开始时，随着多道程序度的增加，CPU 的利用率也随之增加，当 CPU 的利用率达到最大值后，如果继续增加多道程序度，就会产生抖动，使 CPU 利用率急剧下降。此时，为了增加 CPU 的利用率和消除抖动，必须减少多道程序度。

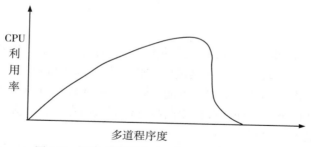

图 6.7　CPU 利用率与多道程序度之间的关系

抖动产生的根本原因是进程分配的物理块太少；但在相同情况下，置换算法选择不当会增加抖动发生的可能性；而全局置换方法会使抖动传播。

抖动发生前会出现一些征兆，可利用这些征兆发现抖动并加以防范。这些技术有：全局范围技术；L=S 准则；利用缺页率；利用平均缺页频率。

全局范围技术采用时钟置换算法，用一个计数器 C 记录搜索指针扫描页面缓冲的速度。若 C 的值大于给定的上限值，说明缺页率太高(可能抖动)或找不到可供置换的页面，这时应减少程序道数。若 C 小于给定的下限值，表明缺页率小或存在较多可供置换的页面，这时应增加程序的道数。

L=S 准则。实际证明，产生缺页的平均时间 L 等于系统处理缺页的平均时间 S 时，CPU 的利用率达到最大。当 L<S 时，表明系统频繁缺页，CPU 利用率低，会导致系统抖动。

利用缺页率发现抖动。当缺页率超过上限时会引起抖动，因此应增加分配给进程的物理块;此时每增加一个物理块,其缺页率明显降低;当进程缺页率达到下限值时,物理块的进一步增加对进程缺页率的影响不大。该方法要求为每页设一个使用位,当该页被访问时,相应位置1。同时设计一个计数器,记录自上次进程产生缺页以来进程执行的时间。方法1:设置一个阈值F,如最近两次缺页时间间隔小于F,则分配一个物理块给该进程;否则淘汰使用位为0的页,并减少该进程的物理块数,同时将该进程的剩余页使用位重置为0。方法2:设置两个阈值,当缺页率达到上限值时为进程增加物理块,当缺页率达到下限值时减少进程的物理块。该算法的缺点是当进程由一个局部转移到另一个局部时,在原局部中的页面未移出内存之前,连续的缺页会导致该进程在内存的页面迅速增加,产生对内存请求的高峰。

利用平均缺页频率发现抖动。设 t_i 为两次缺页之间的间隔时间,f_i 为其缺页频率,则有:$f_i = 1/t_i$。设F为平均缺页频率,则有:$F = (f_1 + f_2 + \cdots + f_n)/n$。当F大于系统中规定的允许缺页频率时,则说明系统中缺页率过高,有可能引起抖动。

下面介绍一些防止抖动发生与限制抖动影响的方法。

(1)采用局部置换策略可以防止抖动的传播。当一个进程出现抖动时,由于采用了局部置换算法,使它不能从其他进程那里获得物理块,从而不会引起其他进程出现抖动,使抖动局限于一个小范围内。当然,这种方法并未消除抖动,而且当一些进程发生抖动后,还会使等待磁盘I/O的进程增多,使得平均缺页处理时间延长。

(2)利用工作集模型防止抖动。引入工作集模型后,由操作系统记录每个进程的工作集,并且给它分配工作集所需的物理块。若系统中还有足够多的空闲物理块,则可以从外存上装入并启动新进程。

(3)通过挂起进程来解决抖动问题。当出现CPU利用率很低而磁盘I/O很频繁的情况时,可能因为多道程序度太高而造成抖动。为此可以挂起一个或几个进程,腾出内存空间供抖动进程使用,从而消除抖动。选择挂起进程的策略有多种,如选择优先级最低的进程、选择发生缺页中断的进程、选择最近激活的进程、选择最大的进程等。

6.2.8 页的共享与保护

在分页存储管理系统中,实现共享的方法是使多个作业的页表项指向相同的物理块。在分页存储管理系统中实现共享比分段存储管理系统中要困难,因为分页存储管理系统中将作业的地址空间划分成页面的做法对用户是透明的,同时作业的地址空间是线性连续的,当系统将作业的地址空间分成大小相同的页面时,共享的部分不一定包含在一个完整的页面中,这样不应共享的数据也被共享了,不利于保密。另外,共享部分的起始地址在各作业的地址空间也不相同,因此在划分成页的过程中其页内位移也可能不同,这也使共享比较困难。

分页存储管理系统可以为内存提供两种保护方式。一种是地址越界保护,即通过地址变换机构中的页表长度和所访问逻辑地址中的页号相比较来完成;另一种是通过页表中的存取控制信息对内存信息提供保护。例如,在页表中设置一个存取控制字段,根据页面使用情况将该字段定义为读、写、执行等权限,在进行地址变换时,不仅要从页表的相应表项中得到该页对应的物理块号，同时还要检查本次操作与存取控制字段允许的操作是否相符，若不相符，则由硬件捕获并发出保护性中断。

6.3　请求分段存储管理

6.3.1　请求分段存储管理的实现思想

请求分段存储管理系统是在分段存储管理系统的基础上，增加了请求调段功能、分段置换功能所形成的一种虚拟存储系统。

在请求分段存储管理系统中，作业运行之前，只要求将当前运行需要的若干个分段装入内存，便可启动作业运行。在作业运行过程中，如果要访问的分段不在内存，则通过调段功能将其调入，同时还可以通过置换功能将暂时不用的分段换出到外存上，以便腾出内存空间。为此，需要对段表进行扩充，扩充后的段表项如图 6.8 所示。

段号	段长	内存始址	访问字段	修改位	状态位	外存地址

图 6.8　扩充后的段表项

在如图 6.8 所示的段表中，段号、段长和内存始址三个信息是进行地址变换所必需的，其他字段的含义与请求分页存储管理类似，状态位用于表示分段是否在内存中，访问字段用于记录分段在一段时间内被访问的次数或最近已有多长时间未被访问，修改位用于表示分段调入内存后是否被修改过，外存地址用于指出分段在外存上的存放地址。

在请求分段存储管理系统中，当被访问分段在内存时，其地址变换过程与分段存储管理相同；当分段不在内存时，应先将该段调入内存，然后再进行地址变换。

当系统发现所要访问的分段不在内存中时，将产生一个缺段中断信号。此时用户程序被中断，控制转到操作系统的缺段中断处理程序，缺段中断处理程序根据该分段在外存的地址把它调入。在调段过程中，若内存中有足够大的空闲分区存放该段，则缺段中断处理程序只需把缺段装入某一个空闲分区中，如需要还应进行分区的划分，再对段表中的相应表项进行修改，如填写内存始址、修改状态位、设置访问字段及修改位初值等；若没有满足要求的空闲分区，则检查空闲分区容量总和，确定是否需要对分区进行拼接，或者调出一个或几个分段后再装入所需要的分段。缺段中断处理流程如图 6.9 所示。

6.3.2　段的共享与保护

在分段存储管理系统中，分段的共享是通过使多个作业的段表中相应表项都指向被共享段的同一个物理副本来实现的。

在多道程序环境下，必须注意共享段中信息的保护问题。当一个作业正从共享段中读取数据时，必须防止另一个作业修改此共享段中的数据。在当今大多数实现信息共享的系

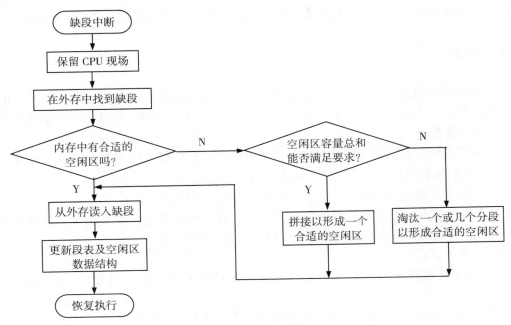

图 6.9 缺段中断处理流程

统中，程序被分成代码区和数据区。不能修改的代码称为纯代码或可重入代码，这样的代码和不能修改的数据是可以共享的，而可修改的程序和数据则不能共享。

与分页存储管理系统类似，分段存储管理系统的保护方法主要有两种。一种是地址越界保护，另一种是访问控制保护。关于访问控制保护的实现方式已在前一小节中介绍，这里不再重复。而地址越界保护则是利用段表寄存器中的段表长度与逻辑地址中的段号比较，若段号大于段表长度则产生越界中断；再利用段表项中的段长与逻辑地址中的段内位移进行比较，若段内位移大于段长，也会产生越界中断。不过在允许段动态增长的系统中，段内位移大于段长是允许的。为此，段表中应设置相应的增补位以指示该段是否允许动态增长。

6.3.3 请求段页式存储管理

为了利用分页和分段的优点，还引入了请求段页式存储管理，就是建立在段页式存储管理基础上的一种段页式虚拟存储管理。

根据段页式存储管理的思想，请求段页式存储管理首先将作业按照自身的逻辑结构，划分为若干个不同的分段，然后再将每个分段按页的大小划分为不同的页，内存空间则按照页的大小划分为若干个物理块。内存以物理块为单位进行离散分配，部分页面装入内存就可启动运行。

在进程运行过程中，访问到不在内存的页时，若该页所在的段在内存，则只产生缺页中断，将所缺的页调入内存；若该页所在的段不在内存，则先产生缺段中断，再产生缺页中断，将所缺的页调入内存；若需要访问的页已在内存，则与段页式存储管理相同。

6.4　小结

1. 虚拟存储器是指具有请求调入和置换功能，能从逻辑上对内存容量进行扩充的一种存储器系统。常见的虚拟存储器实现方案有请求分页存储管理、请求分段存储管理和请求段页式存储管理。

2. 局部性原理是指程序执行时，在一个较短的时间内仅使用程序代码的一部分，相应地程序所访问的存储空间也局限于某个区域。

3. 虚拟存储器的特点是离散性、多次性、对换性和虚拟性。

4. 缺页中断是一个比较特殊的中断，它与一般中断的区别主要表现在：在指令的执行期间产生和处理缺页中断，一条指令可以产生多个缺页中断。

5. 常见的页面置换算法有：

（1）最佳置换算法选择内存中不再访问或在最长时间以后才需要访问的页面予以淘汰。

（2）先进先出置换算法选择内存中驻留时间最长的页面予以淘汰。

（3）最近最久未使用算法选择最近一段时间内最长时间没有被访问过的页面予以淘汰。

6. Belady 现象，当分配给进程的内存块数增加时，缺页率反而增加的现象。

7. 抖动现象是指系统把大部分时间用在了页面的调入/换出上，而几乎不能完成任何有效的工作。

练习题 6

1. 单项选择题

（1）实现虚拟存储器的目的是_____。

    A. 实现存储保护　　　　　　　　B. 实现程序浮动

    C. 扩充辅存容量　　　　　　　　D. 扩充内存容量

（2）页式虚拟存储管理的主要特点是_____。

    A. 不要求将作业装入到内存的连续区域

    B. 不要求将作业同时全部装入到内存的连续区域

    C. 不要求进行缺页中断处理

    D. 不要求进行页面置换

（3）作业在执行中发生了缺页中断，经操作系统处理后，应让其执行_____指令。

    A. 被中断的前一条　　　　　　　B. 被中断的那条

  C. 被中断的后一条   D. 启动时的第一条

（4）虚拟存储管理系统的基础是程序的_____理论。

  A. 局部性   B. 全局性   C. 动态性   D. 虚拟性

（5）在以下存储管理方案中，属于虚拟存储器管理的是_____。

  A. 可重定位分区分配   B. 分段存储管理

  C. 请求分页存储管理   D. 段页式存储管理

（6）由于实现_____页面置换算法的成本高，通常使用一种近似的页面置换算法_____算法。

  A. Optimal LRU   B. LRU Clock

  C. FCFS Clock   D. Clock 改进的 Clock

（7）会产生 Belady 异常现象的页面置换算法是_____。

  A. 最佳页面置换算法   B. 先进先出页面置换算法

  C. 最近最久未使用置换算法   D. 最少使用页面置换算法

（8）在请求分页存储管理系统中，下述_____策略是不适用的

  A. 固定分配局部置换   B. 固定分配全局置换

  C. 可变分配全局置换   D. 可变分配局部置换

（9）二次机会置换算法与简单时钟置换算法在决定淘汰哪一页时，都用到了_____。

  A. 快表   B. 引用位   C. 修改位   D. 存在位

（10）请求段页式系统_____。

  A. 是以页为单位管理用户的虚空间，以段为单位管理内存空间。

  B. 是以段为单位管理用户的虚空间，以页为单位管理内存空间。

  C. 是以连续的内存区存放每个段。

  D. 为提高内存利用率，允许用户使用大小不同的页。

  2. 填空题

  （1）在页式存储管理系统中，常用的页面淘汰算法有：__①__，选择淘汰不再使用或最远的将来才使用的页；__②__，选择淘汰在内存驻留时间最长的页。

  （2）程序运行时的局部性表现为：__①__和__②__。

  （3）虚拟存储器的特点是__①__、__②__、__③__、__④__。

  （4）所谓虚拟存储器是指具有__①__和__②__功能，能从逻辑上对内存容量进行扩充的一种存储器系统。

  （5）虚拟存储器的实现方法有三种__①__、__②__和__③__。

  （6）在请求页式系统中，当访问的页不在主存时，由__①__将该页调入内存；当主存无空闲块时，必须__②__一页。

  3. 解答题

  （1）设有 8 页的逻辑地址空间，每页有 1024 字节，它们被映射到 32 块的物理存储区中。那么，逻辑地址的有效位是多少？物理地址至少是多少位。

（2）在请求分页管理系统中，一个作业要依次访问如下页面：3、4、2、1、4、3、1、4、3、1、4、5，并采用 LRU 页面置换算法。设分给该作业的存储块数为 3，试求出在访问过程中发生缺页中断的次数及缺页率。

（3）假定某页式管理系统的内存容量为 64KB，分成 16 块，块号为 0，1，2，3，4，…，15。设某作业有 4 页，其页号为 0，1，2，3，被分别装入内存的 2、4、1、6 块。试：

①写出该作业每一页在内存中的起始地址。

②有多个逻辑地址[0，100]、[1，50]、[2，0]、[3，60]，试计算出相应的内存地址。（方括号内的第一个元素为页号，第二个元素为页内位移）

（4）在某段式存储管理系统中，有一作业的段表如表 6.5 所示，求逻辑地址[0，65]、[1，55]、[2，90]、[3，20]对应的内存地址（按十进制）。（其中方括号中的第一个元素为段号，第二个元素为段内位移）

表 6.5　　　　　　　　　　　段表

段号	段长	内存起始地址	状态
0	200	600	0
1	50	850	0
2	100	1000	0
3	150	—	1

（5）某计算机有缓存、内存、辅存来实现虚拟存储器。如果数据在缓存中，访问它需要 Ans；如果在内存但不在缓存，需要 Bns 将其装入缓存，然后才能访问；如果不在内存而在辅存，需要 Cns 将其读入内存，然后，用 Bns 再读入缓存，然后才能访问。假设缓存命中率为 $(n-1)/n$，内存命中率为 $(m-1)/m$，则数据平均访问时间是多少？

（6）一台机器有 48 位虚拟地址和 32 位物理地址，若页长为 8KB，问页表共有多少个页表项？如果设计一个反置页表，则有多少个页表项？

（7）有两台计算机 P1 和 P2，它们各有一个硬件高速缓冲存储器 C1 和 C2，且各有一个主存储器 M1 和 M2。其性能为：

	C1	C2	M1	M2
存储容量	4KB	4KB	2MB	2MB
存取周期	60ns	80ns	1μs	0.9μs

若两台机器指令系统相同，它们的指令执行时间与存储器的平均存取周期成正比。如果在执行某个程序时，所需指令或数据在高速缓冲存储器中存取到的概率 P 是 0.7，试问：这两台计算机哪个速度快？当 P=0.9 时，处理器的速度哪个快？

（8）某计算机系统提供 24 位虚存空间，主存为 2^{18} 字节，采用分页式虚拟存储管理，页面尺寸为 256 字节。假定用户程序产生了虚拟地址 11123456（八进制），假设其对应的块号为 315（八进制），试说明该系统是如何进行地址变换的，相应的物理地址是什么（用八进制表示)?

(9)一个进程有 5 个页面,每页大小为 1KB。系统给该进程分配了 3 个物理块,当前进程的页表如表 6.6 所示。

①哪些页面不在内存?

②若系统采用改进的时钟算法进行页面置换,分别计算逻辑地址 3B7H、12A5H、1432H 对应的物理地址(用 16 进制表示),并说明理由。

③若系统采用 LRU 算法,物理块中页面存放情况如表 6.6 所示,在 160 时刻,有页面访问序列为 0、2、1、3、2、4、1、0、1,试计算缺页次数,给出详细过程。

表 6.6   页表

页号	块号	存在位	访问位	修改位	最近访问时刻
0H	1CH	1	1	0	130
1H	3FH	1	1	1	156
2H	—	0	0	0	
3H	5DH	1	0	0	120
4H	—	0	0	0	

第7章 设 备 管 理

在现代计算机系统中，除了 CPU 和内存之外，还配置了大量外部设备。操作系统的主要功能之一是负责管理所有的外部设备。外部设备种类繁多，特性各异，操作方式的差别也很大，从而使得操作系统的设备管理变得十分复杂。设备管理的目标就是建立一个一致的、通用的设备访问接口，使得每个用户都能方便、高效、安全地使用外部设备，而不用关注每种设备的固有特性。

设备管理中，普遍使用 I/O 中断、缓冲管理、通道、设备驱动、调度等多种技术，这些措施较好地克服了由于外部设备和 CPU 速度不匹配所引起的问题，使主机和外设并行工作，提高使用效率。本章主要介绍设备分类、I/O 控制方式、缓冲技术及 I/O 软件的层次结构。

7.1 设备管理概述

设备管理的具体实现跟外部设备的特点紧密相关。我们先讨论外部设备的分类。

7.1.1 设备分类

计算机设备种类繁多，从不同的角度出发，I/O 设备可分成不同的类型。下面列举几种常见的分类方法。

1. 按设备的使用特性分类

按设备的使用特性可以将设备分为存储设备和 I/O 设备两大类。存储设备是计算机用来保存各种信息的设备。如磁盘、磁带等。I/O 设备是向 CPU 传输信息或输出经过 CPU 加工处理信息的设备。如键盘是输入设备，显示器和打印机是输出设备。

2. 按设备的共享属性分类

按设备的共享属性可以将设备分为独占设备、共享设备和虚拟设备。

独占设备是指在一段时间内只允许一个用户进程使用的设备。系统一旦把这类设备分配给某个进程后，便由该进程独占，直至用完释放。多数低速 I/O 设备都属于独占设备，如打印机就是典型的独占设备。若几个用户进程共享一台打印机，则它们的输出结果可能交织在一起，难以识别，因此一段时间只能将打印机分配给一个用户进程使用，待该用户进程使用完毕后，再将打印机分配给其他用户进程使用。

　　共享设备是指在一段时间内允许多个进程使用的设备。如磁盘就是典型的共享设备，若干个进程可以交替地从磁盘上读写信息，当然，在每一个时刻，一台设备只允许一个用户进程访问。

　　虚拟设备是指通过虚拟技术将一台独占设备改造成若干台逻辑设备，供若干个用户进程同时使用，通常把这种经过虚拟技术处理后的设备称为虚拟设备。虚拟设备实际上是不存在的，实现虚拟设备的技术之一是分时技术。

3. 按信息交换单位分类

　　按信息交换单位可以将设备分为字符设备和块设备。字符设备处理信息的基本单位是字符。如键盘、打印机和显示器是字符设备。块设备处理信息的基本单位是字符块。一般块的大小为 512B~4KB，如磁盘、磁带等是块设备。

　　在 Unix 等很多操作系统中，就是按照信息交换单位将设备分为字符设备和块设备来管理的。字符设备一般是 I/O 设备，块设备一般是存储设备。

7.1.2　设备管理的任务和功能

　　设备管理的主要任务是完成用户提出的 I/O 请求，为用户分配 I/O 设备，提高 I/O 设备的利用率，方便用户使用 I/O 设备。为了完成上述任务，设备管理应具备以下功能：

　　(1) 设备分配。按照设备类型和相应的分配算法决定将 I/O 设备分配给哪一个要求使用该设备的进程。如果在 I/O 设备和 CPU 之间还存在着设备控制器和通道，则还需要分配相应的设备控制器和通道，以保证 I/O 设备与 CPU 之间有传递信息的通路。凡未分配到所需设备的进程应放入一个等待队列。为了实现设备分配，系统中应设置一些数据结构，用于记录设备的状态。

　　(2) 设备处理。设备处理程序实现 CPU 和设备控制器之间的通信。进行 I/O 操作时，由 CPU 向设备控制器发出 I/O 指令，启动设备进行 I/O 操作；当 I/O 操作完成时能对设备发来的中断请求做出及时的响应和处理。

　　(3) 缓冲管理。设置缓冲区的目的是缓和 CPU 与 I/O 速度不匹配的矛盾。缓冲管理程序负责完成缓冲区的分配、释放及有关的管理工作。

　　(4) 设备独立性。设备独立性又称设备无关性，是指应用程序独立于物理设备。用户在编制应用程序时，要尽量避免直接使用实际设备名。如果程序中使用了实际设备名，则当该设备没有连接在系统中或者该设备发生故障时，用户程序无法运行，若要运行此程序则需要修改程序。如果用户程序不涉及实际设备而使用逻辑设备，那么它所要求的输入/输出便与物理设备无关。设备独立性可以提高用户程序的可适应性，使程序不局限于某个具体的物理设备。

7.1.3　设备控制器与 I/O 通道

1. 设备控制器

　　设备一般由机械和电子两部分组成,设备的电子部分通常称为设备控制器。在总线型的 I/O 系统结构中,设备控制器处于 CPU 与 I/O 设备之间,它接收从 CPU 发来的命令,并去控制 I/O 设备工作,使处理器从繁杂的设备控制事务中解脱出来。设备控制器是一个可编址设备,当它仅控制一个设备时,它只有一个设备地址;当它可以连接多个设备时,则应具有多个设备地址,每一个地址对应一个设备。

　　设备控制器应具有以下功能:

　　(1)接收和识别来自 CPU 的各种命令。CPU 向设备控制器发送的命令有多种,如读、写等,设备控制器应能够接收并识别这些命令。为此设备控制器中应设置控制寄存器存放接收的命令及参数,并对所接收的命令进行译码。

　　(2)实现 CPU 与设备控制器、设备控制器与设备之间的数据交换。为了实现数据交换,应设置数据寄存器存放传输的数据。

　　(3)记录设备的状态供 CPU 查询。应设置状态寄存器记录设备状态,用其中的一位来反映设备的某种状态,如忙状态、闲状态等。

　　(4)识别控制的每个设备的地址。系统中的每一个设备都有一个设备地址,设备控制器应能够识别它所控制的每个设备地址,以正确地实现信息的传输。

　　大多数设备控制器由设备控制器与处理机的接口、设备控制器与设备的接口及 I/O 逻辑三部分组成,如图 7.1 所示。设备控制器与处理机的接口实现 CPU 与设备控制器之间的通信;设备控制器与设备的接口实现设备与设备控制器之间的通信;I/O 逻辑用于实现对设备的控制,它负责对接收到的 I/O 命令进行译码,再根据所译出的命令对所选择的设备进行控制。

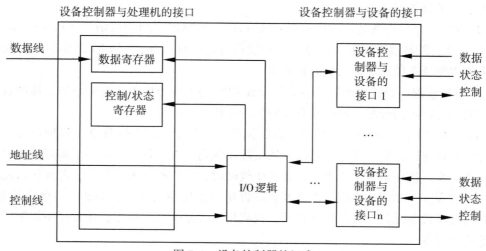

图 7.1　设备控制器的组成

2. I/O 通道

I/O 通道是指专门负责输入/输出工作的处理机。I/O 通道与处理机一样，有运算和控制逻辑，有自己的指令系统，也在程序控制下工作。通道的指令系统比较简单，一般只有数据传送指令、设备控制指令等。通道所执行的程序称为通道程序。

根据信息交换方式的不同，可以将通道分成以下三种类型：

(1)字节多路通道。字节多路通道按字节交换方式工作。它通常都含有若干个非分配型子通道，每个子通道连接一台 I/O 设备，这些子通道按时间片轮转方式共享主通道，当一个子通道控制其 I/O 设备交换完一个字节后，立即让出字节多路通道(主通道)，以便让另一个子通道使用。字节多路通道一般用于连接中、低速 I/O 设备。一个字节多路通道可以连接多台中、低速设备。

(2)数据选择通道。数据选择通道又称数组选择通道，它以成组方式进行数据传输，即每次传输一批数据，传输的速率很高。数据选择通道含有一个分配型子通道，在一段时间内只能执行一个通道程序，控制一台设备进行数据传送，当一个 I/O 请求操作完成后，再选择与通道相连的另一台设备。这样当某台设备占用了通道时，便一直由它独占，直至该设备传送完毕释放该通道为止，由此可见，这种通道的利用率很低，一般用于连接高速 I/O 设备。

(3)数据多路通道。数据多路通道又称数组多路通道，它结合了数据选择通道传输速度高和字节多路通道能进行分时并行操作的优点，这使得它既具有很高的数据传送速率，又能获得满意的通道利用率。数据多路通道以分时的方式执行几个通道程序，它每执行一个通道程序的一条通道指令控制传送一组数据后，就转向另一个通道程序。这种通道广泛用于连接中、高速 I/O 设备。

7.1.4　I/O 系统结构

在不同规模的计算机系统中，I/O 系统的结构也有所不同。通常可以将 I/O 系统的结构分成微机型 I/O 系统和主机型 I/O 系统两大类。

1. 微机型 I/O 系统结构

微机型 I/O 系统多采用总线 I/O 系统结构，如图 7.2 所示。从图 7.2 可以看出，CPU 和存储器直接连接到总线上，I/O 设备通过设备控制器连接到总线上。

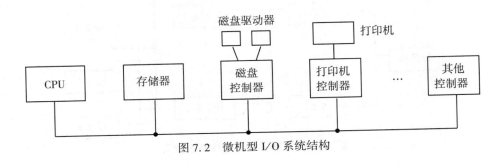

图 7.2　微机型 I/O 系统结构

2. 主机型 I/O 系统结构

通常，为主机配置的 I/O 设备较多，如果所有设备的控制器都通过一条总线与 CPU 通信，则会使总线和 CPU 的负担过重。为此，在 I/O 系统中不采用单总线结构，而是增加了一级 I/O 通道，以实现对各设备控制器的控制，减轻 CPU 的负担。

在具有通道的计算机系统中，存储器、通道、控制器和设备之间采用四级连接，实施三级控制，如图 7.3 所示。其中，一个存储器可以连接若干个通道，一个通道可以连接若干个控制器，一个控制器可以连接若干个设备。CPU 执行 I/O 指令对通道实施控制，通道执行通道命令对控制器实施控制，控制器发出设备控制信号对设备实施控制，设备执行相应的输入/输出操作。

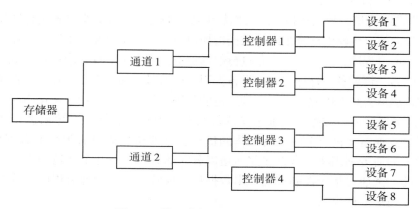

图 7.3　单通路主机型 I/O 系统结构

由于通道的价格昂贵，致使计算机系统中通道的数量远比设备少。这样，往往因通道数量不足产生一种"瓶颈"现象，影响整个系统的处理能力。为了使设备能得到充分利用，在通道、控制器和设备的连接上，若采用多通路的配置方案，如图 7.4 所示，则可以解决瓶颈问题，提高系统的可靠性。

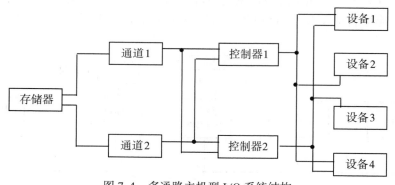

图 7.4　多通路主机型 I/O 系统结构

从图 7.4 可以看出，I/O 设备 1、2、3、4 均有四条通路到达存储器。例如，设备 1 到达存储器的四条通路如下：

通道 1——控制器 1——设备 1

通道 1——控制器 2——设备 1

通道 2——控制器 1——设备 1

通道 2——控制器 2——设备 1

由此可见，在多通路 I/O 系统中，不会因某一通道或某一控制器被占用而阻塞存储器和设备之间的数据传输。仅当两个通道或两个控制器都被占用时，才阻塞存储器和设备交换信息。采用多通路的 I/O 系统也可以提高系统的可靠性。例如，若通道 1 出现了故障，系统仍然可以使用通道 2 来访问设备。

7.2　输入/输出控制方式

输入输出控制在计算机设备管理中具有重要的地位，为了有效地实现物理 I/O 操作，必须通过硬、软件技术，对 CPU 和 I/O 设备的职能进行合理分工，在系统性能和硬件成本之间进行平衡。按照 I/O 控制器功能的差异，以及和 CPU 之间通信方式的不同，可把 I/O 设备的控制方式分为四类，它们的主要差别在于中央处理器和外围设备并行工作的方式不同，并行工作的程度不同。中央处理器和外围设备并行工作有重要意义，它能大幅度提高计算机效率和系统资源的利用率。

7.2.1　程序直接控制方式

在早期的计算机系统中，由于没有中断机构，处理器对 I/O 设备的控制采用程序直接控制方式。程序直接控制方式也称为轮询方式。

以数据输入为例，当用户进程需要输入数据时，由处理器向设备控制器发出一条 I/O 指令启动设备进行输入，在设备输入数据期间，处理器通过循环执行测试指令不间断地检测设备状态寄存器的值，当状态寄存器的值显示设备输入完成时，处理器将数据寄存器中的数据取出，送入内存指定单元，然后再启动设备去读下一个数据。反之，当用户进程需要向设备输出数据时，也必须同样发启动命令启动设备输出并等待输出操作完成。

程序直接控制方式的工作过程非常简单，但 CPU 的利用率相当低。因为 CPU 执行指令的速度高出 I/O 设备几个数量级，所以在循环测试中 CPU 浪费了大量的时间。

7.2.2　中断控制方式

为了减少程序直接控制方式中的 CPU 等待时间，提高 CPU 与设备的并行工作程度，现代计算机系统中广泛采用中断控制方式对 I/O 设备进行控制。

以数据输入为例，当用户进程需要数据时，由 CPU 向设备控制器发出启动指令启动外设输入数据。在设备输入数据的同时，CPU 可以去做其他的工作。当设备输入完成时，设备控制器向 CPU 发送一中断信号，CPU 接收到中断信号之后，转去执行设备中断处理程序。设备中断处理程序将输入数据寄存器中的数据传送到某一特定内存单元中，供要求输入的进程使用，然后再启动设备去读下一个数据。

与程序直接控制方式相比，中断控制方式大大提高了 CPU 的利用率，并且支持 CPU 与设备的并行工作。但这种控制方式仍然存在一些问题，如每台设备每输入/输出一个数据，都要求中断 CPU，这样在一批数据传送过程中，中断发生次数较多，从而耗费了大量的 CPU 时间。

7. 2. 3　DMA 控制方式

DMA 控制方式的基本思想是在外围设备和内存之间开辟直接的数据交换通路。在 DMA 控制方式中，设备控制器(DMA 控制器)具有更强的功能，在它的控制下，设备和内存之间可以成批地进行数据交换，而不用 CPU 干预。这样既大大减轻了 CPU 的负担，也使 I/O 数据传送速度大大提高。这种方式一般用于块设备的数据传输。

为了实现 DMA 控制方式，还需要在 DMA 控制器中设置以下四种寄存器：

(1)内存地址寄存器。存放内存中需要交换数据的地址。DMA 传送前由程序送入首地址，在 DMA 传送中，每交换一次数据，把地址寄存器内容加 1。

(2)数据计数器。记录传送数据的总字数，每传送一个字，数据计数器减 1。

(3)数据寄存器。用于暂存每次传送的数据。

(4)命令/状态寄存器。用于接收从 CPU 发来的 I/O 命令或设备状态。

以数据输入为例，当用户进程需要数据时，CPU 将准备存放输入数据的内存起始地址以及要传送的字节数分别送入 DMA 控制器中的内存地址寄存器和数据计数器中，并启动设备开始进行数据输入。在设备输入数据的同时，CPU 可以去做其他的工作。输入设备不断地挪用 CPU 工作周期，将数据寄存器中的数据源源不断地写入内存，直到要求传送的数据全部传送完毕。DMA 控制器在传送完成时向 CPU 发送一中断信号，CPU 收到中断信号后转中断处理程序执行，中断结束后返回被中断程序。

DMA 控制方式与中断控制方式的主要区别是：中断控制方式在每个数据传送完成后中断 CPU，而 DMA 控制方式则是在所要求传送的一批数据全部传送结束时中断 CPU；中断控制方式的数据传送是在中断处理时由 CPU 控制完成，而 DMA 控制方式的数据传送则是在 DMA 控制器的控制下完成。不过，DMA 控制方式仍然存在一定局限性，如数据传送的方向、存放数据的内存起始地址及传送数据的长度等都由 CPU 控制，并且每台设备需要一个 DMA 控制器，当设备增加时，多个 DMA 控制器的使用也不经济。

7. 2. 4　通道控制方式

通道控制方式与 DMA 控制方式类似，也是一种以内存为中心，实现设备与内存直接交换数据的控制方式。与 DMA 控制方式相比，通道控制方式所需要的 CPU 干预更少，而且可以做到一个通道控制多台设备，从而更进一步减轻了 CPU 的负担。

在通道控制方式中，CPU 只需发出启动指令，指出要求通道执行的操作和使用的 I/O 设备，该指令就可以启动通道并使该通道从内存中调出相应的通道程序执行。

以数据输入为例,当用户进程需要数据时,CPU 发启动指令指明要执行的 I/O 操作、所使用的设备和通道。当对应通道接收到 CPU 发来的启动指令后,把存放在内存中的通道程序读出,并执行通道程序,控制设备将数据传送到内存中指定的区域。在设备进行输入的同时,CPU 可以去做其他的工作。当数据传送结束时,设备控制器向 CPU 发送一中断请求。CPU 收到中断信号后转中断处理程序执行,中断结束后返回被中断程序。

在整个 I/O 控制方式的发展过程中,始终贯穿着这样一条宗旨:即尽量减少主机对 I/O 控制的干预,把主机从繁杂的 I/O 控制事务中解脱出来,以便更多地去完成数据处理任务。

7.3 中断技术

从上一节介绍的 I/O 控制方式中可以看出,除了程序直接控制方式之外,其他三种控制方式都是通过发送中断信号来通知 CPU 相应的输入/输出操作已经完成。在计算机系统中,除了 I/O 中断之外,还存在着许多其他的突发事件,如电源掉电、程序出错等,这种情况下也通过中断信号通知 CPU 做相应处理。

7.3.1 中断的基本概念

中断是指计算机系统内发生了某一急需处理的事件,使得 CPU 暂时中止当前正在执行的程序而转去执行相应的事件处理程序,待处理完毕后又返回到原来被中断处继续执行。引起中断发生的事件称为中断源。中断源向 CPU 发出的请求中断处理的信号称为中断请求。而 CPU 收到中断请求后转向相应事件处理程序的过程称为中断响应。

发生中断时,刚执行完的那条指令所在的单元号称为断点,断点的逻辑后继指令的单元号称为恢复点。而现场是指中断的那一时刻能确保程序继续运行的有关信息。

在有些情况下,尽管产生了中断源和发出了中断请求,但 CPU 内部的处理器状态字 PSW(是一组反映程序运行状态的信息,又称为程序状态字)的中断允许位已被清除,从而不允许 CPU 响应中断,这种情况称为禁止中断(也称为关中断)。CPU 禁止中断后就不允许响应中断,直到 PSW 的中断允许位重新设置后才能接收中断。设置 PSW 的中断允许位称为开中断。开中断和关中断是为了保证某些程序执行的原子性。

为了处理上的方便,计算机系统通常采用中断向量来存放中断处理程序的入口地址,以便中断发生时硬件能根据中断向量转入它所指向的中断处理程序执行。在中断向量中每一个中断信号占用连续的两个单元:一个单元用来存放中断处理程序的入口地址,另一个单元用来保存在处理中断时 CPU 应具有的状态。

除了禁止中断的概念之外,还有一个比较常用的概念是中断屏蔽。中断屏蔽是指系统用软件方式有选择地封锁部分中断而允许其余部分中断仍能得到响应。不过,有些中断请求是不能屏蔽甚至不能禁止的,也就是说,这些中断具有最高优先级,不管 CPU 是否关中断,只要这些中断请求一提出,CPU 必须立即响应。例如,电源掉电事件所引起的中断就是不可禁止和屏蔽的中断。

7.3.2 中断的分类与优先级

根据系统的需要,一般对中断进行分类并对不同中断赋予不同的处理优先级,以便在多个中断同时发生时,按轻重缓急进行处理。当系统中同时发生多个中断时,先处理优先级高的中断。如内中断的优先级往往高于一些外设引起的中断,时钟中断的优先级高于其他外设中断。

1. 按中断信号的含义及功能分类

根据中断信号的含义和功能可以将中断分为以下五类:

(1)硬件故障中断。因机器发生故障而产生的中断,用以反映硬件故障,以便进入诊断程序。如电源故障、内存取数据错误等。

(2)输入/输出中断。由输入/输出设备引起的中断,用以反映通道或外部设备的工作状态。如设备出错、传输结束等。

(3)外中断。由 CPU 外部的非通道式装置引起的中断,用以反映外部的要求。如时钟中断、操作员控制台中断等。

(4)程序性中断。因程序中错误使用指令或数据引起的中断,用以反映程序执行过程中发生的异常情况。如地址错、非法操作、定点运算溢出等。

(5)访管中断。由于程序执行了"访管"指令(系统调用)而产生的中断,用以反映用户程序请求操作系统为其完成某项工作。

2. 按中断信号的来源分类

根据中断信号的来源可以将中断分为以下两类:

(1)外中断。指来自处理器和内存外部的中断,包括 I/O 设备发出的 I/O 中断、外部信号中断(如用户按下 Esc 键)、各种定时器引起的时钟中断以及调试程序中设置的断点引起的调试中断等。

(2)内中断。指在处理器和内存内部产生的中断,内中断一般称为陷入或异常,它包括程序运算引起的各种错误,如地址非法、校验错、存取访问控制错、算术操作溢出、数据格式非法、除数为零、非法指令、用户程序执行特权指令等。

7.3.3 中断处理过程

一旦 CPU 响应中断,系统就开始进行中断处理。中断处理过程如下:

(1)保护被中断进程现场。为了在中断处理结束后能使进程正确地返回到中断点,系统必须保存当前处理器状态字 PSW 和程序计数器 PC 等的值。

(2)分析中断原因,转去执行相应的中断处理程序。在多个中断请求同时发生时,处理优先级最高的中断源发出的中断请求。

(3)恢复被中断进程的现场,CPU 继续执行原来被中断的进程。

7.4 缓冲技术

为了缓和 CPU 和外围设备速度不匹配的矛盾，提高处理器与外围设备的并行程度，在现代操作系统中普遍采用了缓冲技术。本节介绍缓冲技术。

7.4.1 缓冲的引入

虽然中断、DMA 和通道控制技术使得系统中设备和设备、设备和 CPU 得以并行工作，但是，设备和 CPU 处理速度不匹配的问题是客观存在的。设备和 CPU 处理速度不匹配的问题制约了计算机系统性能的进一步提高。

例如，当用户进程一边计算一边输出数据时，若没有设置缓冲，则进程输出数据时，必然会因打印机的打印速度大大低于 CPU 输出数据的速度而使 CPU 停下来等待；反之，在用户进程进行计算时，打印机又因无数据输出而空闲等待。如果设置一个缓冲区，则用户进程可以将数据先输出到缓冲区中，然后继续执行；而打印机则可以从缓冲区中取出数据慢慢打印。因此，缓冲的引入缓和了 CPU 与设备速度不匹配的矛盾，提高了设备和 CPU 的并行操作程度、系统吞吐量和设备利用率。

另一方面，引入缓冲后可以减少设备对 CPU 的中断频率，放宽对中断响应时间的限制。例如，假设某设备在没有设置缓冲区之前每传输一个字节中断 CPU 一次，如果在设备控制器中增设一个 100 字节的缓冲区，则设备控制器要等到存放 100 个字符的缓冲区装满以后才向 CPU 发一次中断，从而使设备控制器对 CPU 的中断频率降低了 100 倍。

缓冲的实现方法有两种：一种是采用硬件缓冲器实现，但由于成本太高，除一些关键部位外，一般情况下不采用硬件缓冲器；另一种实现方法是在内存划出一块存储区，专门用来临时存放输入/输出数据，这个区域称为缓冲区。

根据系统设置的缓冲区个数，可以将缓冲技术分为单缓冲、双缓冲、循环缓冲和缓冲池。

7.4.2 单缓冲

单缓冲是操作系统提供的一种最简单的缓冲形式，如图 7.5(a) 所示。当用户进程发出一个 I/O 请求时，操作系统便在内存中为它分配一个缓冲区。由于只设置了一个缓冲区，设备和处理器交换数据时，应先把要交换的数据写入缓冲区，然后，需要数据的设备或处理器从缓冲区取走数据，故设备与处理器对缓冲区的操作是串行的。

在块设备输入时，先从磁盘把一块数据输入到缓冲区，假设所花费的时间为 t；然后由操作系统将缓冲区的数据传送到用户区，假设所花的时间为 m；接下来 CPU 对这一块数据进行计算，假设计算时间为 c；则系统对每一块数据的处理时间为 $\max(c, t)+m$。通常，m 远小于 t 或 c。如果没有缓冲区，数据将直接进入用户区，则每块数据的处理时间为 t+c。在块设备输出时，先将要输出的数据从用户区复制到缓冲区，然后再将缓冲区中的数据写到设备。

在字符设备输入时，缓冲区用于暂存用户输入的一行数据。在输入期间，用户进程阻塞以等待一行数据输入完毕；在输出时，用户进程将一行数据送入缓冲区后继续执行计算。当用户进程已有第二行数据要输出时，若第一行数据尚未输出完毕，则用户进程阻塞。

7.4.3　双缓冲

引入双缓冲(见图 7.5(b))，可以提高处理器与设备的并行操作程度。在块设备输入时，输入设备先将第一个缓冲区装满数据，在输入设备装填第二个缓冲区的同时，操作系统可以将第一个缓冲区中的数据传送到用户区供处理器进行计算；当第一个缓冲区中的数据处理完后，若第二个缓冲区已装填满，则处理器又可以处理第二个缓冲区中的数据，而输入设备又可装填第一个缓冲区。显然，双缓冲的使用提高了处理器和输入设备并行操作的程度。只有当两个缓冲区都出空，进程还要提取数据时，该进程阻塞。采用双缓冲时系统处理一块数据的时间可以粗略地估计为 $\max(c, t)$。如果 $c<t$，则可使块设备连续输入；如果 $c>t$，则可使处理器连续计算。

在字符设备输入时，若采用行输入方式和双缓冲，则用户在输入完第一行后，CPU执行第一行中的命令，而用户可以继续向第二个缓冲区中输入下一行数据，因此用户进程一般不会阻塞。

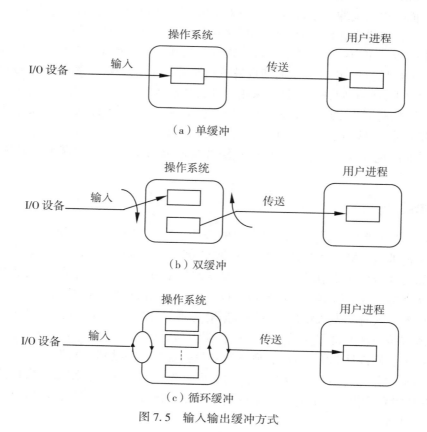

图 7.5　输入输出缓冲方式

7.4.4 循环缓冲

双缓冲方案在设备输入/输出速度与处理器处理数据速度基本匹配时能获得较好的效果，但若两者速度相差甚远，双缓冲的效果则不够理想。为此，引入了循环缓冲(图 7.5(c))技术。

循环缓冲中包含多个大小相等的缓冲区，每个缓冲区中有一个链接指针指向下一个缓冲区，最后一个缓冲区的指针指向第一个缓冲区，这样多个缓冲区构成一个环形。循环缓冲用于输入/输出时，还需要有两个指针 in 和 out。对于输入而言，首先要从设备接收数据到缓冲区中，in 指针指向可以输入数据的第一个空缓冲区；当用户进程需要数据时，从循环缓冲中取一个装满数据的缓冲区，并从此缓冲区中提取数据，out 指针指向可以提取数据的第一个满缓冲区。显然，对输出而言正好相反，进程将处理过的需要输出的数据送到空缓冲区中，而当设备空闲时，从满缓冲区中取出数据向设备输出。

7.4.5 缓冲池

循环缓冲一般适用于特定的 I/O 进程和计算进程，因而当系统中进程很多时，将会有许多这样的缓冲，这不仅要消耗大量的内存空间，而且其利用率也不高。目前计算机系统中广泛使用缓冲池，缓冲池中的缓冲区可供多个进程共享。

缓冲池由多个缓冲区组成，其中的缓冲区可供多个进程共享，且既能用于输入又能用于输出。缓冲池中的缓冲区按其使用状况可以形成三个队列：空缓冲队列、装满输入数据的缓冲队列(输入队列)和装满输出数据的缓冲队列(输出队列)。

除上述三个队列之外，还应具有四种工作缓冲区：用于收容输入数据的工作缓冲区、用于提取输入数据的工作缓冲区、用于收容输出数据的工作缓冲区及用于提取输出数据的工作缓冲区。

当输入进程需要输入数据时，便从空缓冲队列的队首摘下一个空缓冲区，把它作为收容输入工作缓冲区，然后把数据输入其中，装满后再将它挂到输入队列队尾。当计算进程需要输入数据时，便从输入队列取得一个缓冲区作为提取输入工作缓冲区，计算进程从中提取数据，数据用完后再将它挂到空缓冲队列队尾。当计算进程需要输出数据时，便从空缓冲队列的队首取得一个空缓冲区，作为收容输出工作缓冲区，当其中装满输出数据后，再将它挂到输出队列队尾。当要输出时，由输出进程从输出队列中取得一个装满输出数据的缓冲区，作为提取输出工作缓冲区，当数据提取完后，再将它挂到空缓冲队列的末尾。

7.5 设备分配

设备分配是设备管理的功能之一，当进程向系统提出 I/O 请求之后，设备分配程序将按照一定的分配策略为其分配所需的设备，同时还要分配相应的设备控制器和通道，以保证 CPU 与设备之间的通信。

7.5.1 设备分配中的数据结构

为了实现对 I/O 设备的管理和控制,需要对每台设备、通道、设备控制器的有关情况进行记录。设备分配依据的主要数据结构有设备控制表(DCT)、设备控制器控制表(COCT)、通道控制表(CHCT)和系统设备表(SDT),图 7.6 给出了这些表的数据结构。

系统为每一个设备配置一张设备控制表,用于记录设备的特性及与 I/O 设备控制器连接的情况。设备控制表中包括设备标识符、设备类型、设备状态、设备等待队列指针、设备控制器指针等。其中,设备状态用来指示设备是忙还是闲,设备等待队列指针指向等待使用该设备的进程组成的等待队列,设备控制器指针指向与该设备相连接的设备控制器。

设备控制器控制表也是每个设备控制器一张,它反映设备控制器的使用情况,包括设备控制器标识符、设备控制器状态、设备控制器等待队列指针以及和通道的连接情况等。

每个通道都配有一张通道控制表,用以记录通道的使用情况。通道控制表包括通道标识符、通道状态,等待获得该通道的进程等待队列指针(即通道等待队列指针)等。

系统设备表整个系统一张,它记录已连接到系统中的所有物理设备的情况,每个物理设备占一个表目。系统设备表的每个表目包括设备类型、设备标识符、设备控制表指针等。其中,设备控制表指针指向该设备对应的设备控制表。

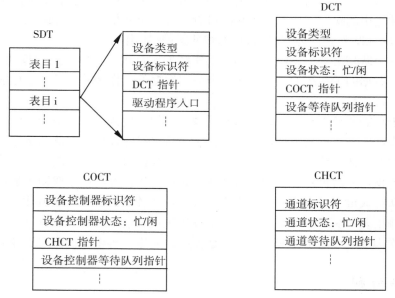

图 7.6 设备管理中的数据结构

7.5.2 设备分配策略

在计算机系统中,请求设备为其服务的进程数往往多于设备数,这样就出现了多个进程对某类设备的竞争问题。为了保证系统有条不紊地工作，系统在进行设备分配时，应考虑下述问题。

1. 设备的使用性质

在分配设备时，应考虑设备的使用性质。例如，有的设备在一段时间内只能给一个进程使用，而有的设备可以被多个进程共享。按照设备自身的使用性质，可以采用以下三种不同的分配方式。

(1)独享分配。独享设备(即独占设备)应采用独享分配方式，即在将一个设备分配给某进程后便一直由它独占，直至该进程完成或释放设备后，系统才能再将该设备分配给其他进程使用。如打印机，就不能由多个进程共享，而应采取独享分配方式。实际上，大多数低速设备都适合采用这种分配方式，这种分配方式的主要缺点是 I/O 设备通常得不到充分利用。

(2)共享分配。对于共享设备，可将它同时分配给多个进程使用。如磁盘是一种共享设备，因此可以分配给多个进程使用。共享分配方式显著提高了设备利用率，但对设备的访问需进行合理调度。

(3)虚拟分配。虚拟分配是针对虚拟设备而言的，其实现过程是，当进程申请独享设备时，系统给它分配共享设备上的一部分存储空间；当进程要与设备交换信息时，系统就把要交换的信息存放在这部分存储空间中；在适当的时候，将设备上的信息传输到存储空间中或将存储空间中的信息传送到设备。

2. 设备分配算法

设备分配除了与设备的使用性质相关外，还与系统所采用的分配算法有关。设备分配中主要采用先请求先服务和优先级高者优先两种算法。

(1)先请求先服务。当有多个进程对同一设备提出 I/O 请求时，该算法根据这些进程发出请求的先后次序，将这些进程排成一个设备请求队列，设备分配程序总是把设备首先分配给请求队列的队首进程。

(2)优先级高者优先。按照进程优先级的高低进行设备分配。当多个进程对同一设备提出 I/O 请求时，哪个进程的优先级高，就先满足哪个进程的请求。对优先级相同的 I/O 请求，则按先请求先服务的算法排队。

3. 设备分配的安全性

所谓设备分配的安全性是指在设备分配中应保证不发生进程的死锁。

在进行设备分配时，可以采用静态分配方式和动态分配方式。静态分配是在用户作业开始执行之前，由系统一次分配该作业所要求的全部设备、设备控制器和通道。这些设备、设备控制器和通道一旦分配，就一直为该作业所占用，直到该作业被撤销为止。静态分配方式不会出现死锁，但设备的使用效率低。

动态分配是在进程执行过程中根据执行需要进行设备分配。当进程需要设备时，通过系统调用命令向系统提出设备请求，由系统按照事先规定的策略给进程分配所需要的设备、设备控制器和通道，一旦使用完之后便立即释放。动态分配方式有利于提高设备的利用率，但如果分配算法使用不当，则有可能造成进程死锁。

在设备的动态分配方式中，也分为安全分配和不安全分配两种情况。在安全分配方式中，每当进程发出 I/O 请求后便立即进入阻塞状态，直到所提出的 I/O 请求完成才唤醒进程并释放设备。当采用这种分配策略时，一旦进程获得某种设备后便阻塞，使该进程不可能再请求其他设备，因而这种设备分配方式是安全的，但进程推进缓慢。

在不安全分配方式中，允许进程发出 I/O 请求后仍然继续运行，并且在进程需要时又可以发出第二个 I/O 请求，第三个 I/O 请求……仅当进程所请求的设备已被另一个进程占用时才进入阻塞状态。这样，一个进程有可能同时操作多个设备，从而使进程推进迅速，但这种设备分配方式有可能产生死锁。

4. 设备独立性

设备独立性是指应用程序独立于具体使用的物理设备。为此要求用户程序中对 I/O 设备的请求采用逻辑设备名，而在程序实际执行时使用物理设备名，它们之间的关系类似于存储管理中的逻辑地址与物理地址。

为了实现设备独立性，系统必须能够将应用程序中所使用的逻辑设备名映射为物理设备名。为此，系统应为每个用户设置一张逻辑设备表，其中的每个表项包括：逻辑设备名、物理设备名和设备驱动程序的入口地址，如图 7.7 所示。当进程用逻辑设备名请求分配 I/O 设备时，系统为它分配相应的物理设备，并在逻辑设备表中建立一个表目，填上应用程序中使用的逻辑设备名和系统分配的物理设备名，以及该设备的驱动程序入口地址。以后进程再利用逻辑设备名请求 I/O 操作时，系统通过查找逻辑设备表，即可以找到物理设备和设备驱动程序。

逻辑设备名	物理设备名	设备驱动程序入口地址
/dev/tty	3	1024
/dev/print	5	2035
⋮	⋮	⋮

图 7.7　逻辑设备表

7.5.3　设备分配程序

1. 单通路 I/O 系统的设备分配

当某一进程提出 I/O 请求后，系统的设备分配程序可按下述步骤进行设备分配。

（1）分配设备。根据进程提出的物理设备名查找系统设备表，从中找到该设备的设备控制表。查看设备控制表中的设备状态字段，若该设备处于忙状态，则将进程插入设备等待队列；若设备空闲，便按照一定的算法来计算本次设备分配的安全性，若分配不会引起死锁则进行分配；否则仍将该进程插入设备等待队列。

（2）分配设备控制器。在系统把设备分配给请求 I/O 的进程后，再到设备控制表中找到与该设备相连的设备控制器的控制表，从该表的设备状态字段中可知该设备控制器是否忙碌。若设备控制器忙，则将进程插入该设备控制器的等待队列；否则将该设备控制器分配给进程。

（3）分配通道。从设备控制器控制表中找到与该设备控制器连接的通道控制表，从该表的通道状态字段中可知该通道是否忙碌。若通道处于忙状态，则将进程插入该通道的等待队列；否则将该通道分配给进程。若分配了通道，则此次设备分配成功，在将相应的设备、设备控制器、通道分配给进程后，便可以启动 I/O 设备实现 I/O 操作。

2. 多通路 I/O 系统的设备分配

为了提高系统的灵活性和可靠性，通常采用多通路的 I/O 系统结构。在这种系统结构中，一个设备可以与多个设备控制器相连，而一个设备控制器又可以与多个通道相连，这使得设备分配的过程较单通路的情况要复杂些。若某进程向系统提出 I/O 请求，要求为它分配一台 I/O 设备，则系统可选择该类设备中的任何一台设备分配给该进程，其步骤如下：

（1）根据进程所提供的设备类型，检索系统设备表，找到第一个该类设备的设备控制表，由其中的设备状态字段可知其忙闲情况。若设备忙，则检查第二个该类设备的设备控制表，仅当所有该类设备都处于忙状态时，才把进程插入到该类设备的等待队列中。只要有一个该类设备空闲，系统便可以计算分配该设备的安全性。若分配不会引起死锁则进行分配；否则仍将该进程插入该类设备的等待队列。

（2）当系统把设备分配给进程后，便可以检查与此设备相连的第一个设备控制器的控制表，从中了解该设备控制器是否忙碌。若设备控制器忙，则再检查与此设备连接的第二个设备控制器的控制表，若与此设备相连的所有设备控制器都忙，则表明无设备控制器可以分配给该设备。只要该设备不是该类设备中的最后一个，便可以退回到第一步，试图再找下一个空闲设备；否则仍将该进程插入设备控制器等待队列中。

（3）若给进程分配了设备控制器，便可以进一步检查与此设备控制器相连的第一个通道是否忙碌。若通道忙，再查看与此设备控制器相连的第二个通道，若与此设备控制器相连的全部通道都忙，表明无通道可以分配给该设备控制器。只要该设备控制器不是与设备连接的最后一个设备控制器，便可以返回到第二步，试图再找出一个空闲的设备控制器，只有与该设备相连的所有设备控制器都忙时，才将该进程插入通道等待队列。若有空闲通道可用，则此次设备分配成功，在将相应的设备、设备控制器和通道分配给进程后，接着便可启动 I/O 设备，开始信息传送。

7.5.4　Spooling 系统

系统中独占设备的数量有限，往往不能满足系统中多个进程的需要，故而成为系统中的瓶颈资源，使许多进程因等待它们而阻塞。另一方面，分配到独占设备的进程，在其整个运行期间，往往占有这些设备，却并不是经常使用这些设备，因而使这些设备的利用率很低。为克服这种缺点，人们常通过共享设备来虚拟独占设备，将独占设备改造成为共享设备，从而提高了设备利用率和系统效率。本小节介绍的 Spooling 技术就是将独占设备改造为共享设备的一种技术。

Spooling(Simultaneous Peripheral Operating On Line)的意思是同时外部设备联机操作，又称为假脱机输入/输出操作，是操作系统中采用的一项将独占设备改造成共享设备的技术。Spooling 系统是对脱机输入/输出工作的模拟，它必须有高速大容量且可随机存取的外存(如磁盘，磁鼓等)支持。在该系统中，用一个进程来模拟脱机输入时外围设备控制机的功能，把低速输入设备上的数据传送到高速磁盘上；再用另一个进程来模拟脱机输出时外围设备控制机的功能，把数据从磁盘上传送到低速输出设备上。这样，便可以在主机的直接控制下，实现脱机输入/输出功能。

Spooling 系统的组成如图 7.8 所示，主要包括以下三部分：

(1)输入井和输出井。这是在磁盘上开辟出来的两个存储区域。输入井模拟脱机输入时的磁盘，用于收容 I/O 设备输入的数据。输出井模拟脱机输出时的磁盘，用于收容用户进程的输出数据。

(2)输入缓冲区和输出缓冲区。这是在内存中开辟的两个缓冲区。输入缓冲区用于暂存由输入设备送来的数据，以后再传送到输入井。输出缓冲区用于暂存从输出井送来的数据，以后再传送到输出设备。

(3)输入进程和输出进程。输入进程模拟脱机输入时的外围设备控制机，将用户要求的数据从输入设备，通过输入缓冲区再送到输入井。当 CPU 需要输入数据时，直接从输入井读入内存。输出进程模拟脱机输出时的外围设备控制机，把用户要求输出的数据，先从内存送到输出井，待输出设备空闲时，再将输出井中的数据，经过输出缓冲区送到输出设备上。

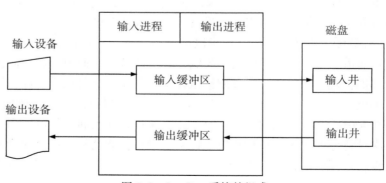

图 7.8　Spooling 系统的组成

7.6 I/O 软件的层次结构

通常把 I/O 设备及其接口线路、控制部件、通道和管理软件称为 I/O 系统。I/O 软件的总体设计目标是：高效率和通用性。高效率是不言而喻的，在改善 I/O 设备的效率中，最应关注的是磁盘 I/O 的效率。通用性意味着用统一标准的方法来管理所有设备。为了达到这一目标，通常把软件组织成一种层次结构，低层软件用来屏蔽硬件的具体细节，而高层软件则为用户提供一个友好的、清晰而统一的接口。I/O 设备管理软件一般分为四层，分别是：中断处理程序、设备驱动程序、与设备无关软件（或设备独立性软件）和用户空间的软件。在下面的各小节中，将按自底向上的次序讨论每一层软件。

7.6.1 中断处理程序

当设备完成 I/O 操作时，便向 CPU 发送一个中断信号，CPU 响应中断后便转入中断处理程序。无论是哪种 I/O 设备，其中断处理程序的处理过程大体相同，步骤如下：

(1) 唤醒被阻塞的驱动程序进程。当中断处理程序开始执行时，必须唤醒被阻赛的驱动程序进程。

(2) 保护被中断进程的 CPU 环境。中断发生时，应保存被中断进程的 CPU 现场信息，以便中断完成后继续执行被中断进程。

(3) 分析中断原因，转入相应的设备中断处理程序。由 CPU 确定引起本次中断的设备，然后转到相应的中断处理程序执行。

(4) 进行中断处理。设备中断处理程序从设备控制器读出设备状态，以判断本次设备中断是正常结束还是异常结束。若为正常结束，则设备驱动程序便可做结束处理；若为异常结束，则根据发生异常的原因做相应处理。

(5) 恢复被中断进程的现场。当中断处理完成后，便可恢复现场信息，使被中断的进程得以继续执行。

7.6.2 设备驱动程序

所有与设备相关的代码放在设备驱动程序中，由于设备驱动程序与设备密切相关，故应为每一类设备配置一个驱动程序、或为一类密切相关的设备配置一个驱动程序。例如，系统支持若干不同品牌的终端，这些终端之间只有很细微的差别，较好的思路是为所有这些终端设计一个终端驱动程序；若系统支持的终端性能差别很大，则必须为它们分别设计不同的终端驱动程序。

设备驱动程序的任务是接收来自上层的与设备无关软件的抽象请求，将这些请求转换成设备控制器可以接受的具体命令，再将这些命令发送给设备控制器，并监督这些命令是否正确执行。如果请求到来时设备驱动程序是空闲的，它立即开始执行这个请求；若设备驱动程序正在执行一个请求，则它将新到来的请求插入到等待队列中。设备驱动程序是操作系统中唯一知道设备控制器中设置了多少个寄存器、这些寄存器有何用途的程序。

以磁盘为例，实现一个 I/O 请求的第一步是将这个抽象请求转换成具体的形式。对于磁盘驱动程序来说，要计算请求块实际在磁盘上的位置，检查驱动器的电机是否正在运转，确定磁头是否定位在正确的柱面上等。简而言之，它必须决定需要设备控制器做哪些操作，以及按照什么样的次序执行操作。

一旦明确应向设备控制器发送哪些命令，它就向设备控制器写入这些命令。一些设备控制器一次只能接收一条命令，另一些设备控制器则可以接收一个命令表，然后自行控制命令的执行，不再求助于操作系统。

在设备驱动程序发出一条或多条命令后，系统有两种处理方式。多数情况下，设备驱动程序必须等待控制器完成操作，所以设备驱动程序阻塞自己，直到中断信号将其唤醒。而在有的情况下，操作很快完成，基本没有延迟，因而设备驱动程序不需要阻塞。例如，某些终端的滚屏操作，只要把几个字节写入设备控制器的寄存器中即可，无需任何机械操作，整个操作几微秒就能完成，因此，设备驱动程序不必阻塞。

对前一种情况，被阻塞的设备驱动程序将由中断唤醒，而后一种情况是设备驱动程序从没有进入阻塞状态。上述任何一种处理方式，在操作完成后，都必须检查是否有错。若一切正常，设备驱动程序负责将数据传送到与设备无关的软件层（如刚刚读的一块）。最后，它向调用者返回一些用于错误报告的状态信息。若还有其他未完成的请求在排队，则选择一个启动执行。若队列中没有未完成的请求，则设备驱动程序等待下一个请求。

7.6.3　与设备无关的软件

虽然 I/O 软件中的一部分（如设备驱动程序）与设备相关，但大部分软件是与设备无关的。至于设备驱动程序与设备无关软件之间的界限，则随操作系统的不同而不同。具体划分原则取决于系统的设计者怎样权衡系统与设备的独立性、设备驱动程序的运行效率等诸多因素。对于一些按照设备独立方式实现的功能，出于效率和其他方面的考虑，也可以由设备驱动程序实现。

与设备无关软件的基本任务是实现一般设备都需要的 I/O 功能，并向用户空间软件提供一个统一的接口。与设备无关软件通常应实现的功能包括：设备命名、设备保护、提供与设备无关的逻辑块、缓冲、存储设备的块分配、独占设备的分配和释放、出错处理。

1. 设备命名

如何给文件和设备命名是操作系统中的一个主要问题。与设备无关软件负责把设备的符号名映射到相应的设备驱动程序上。例如，在 UNIX 系统中，像/dev/tty00 这样的设备名，唯一确定了一个特殊文件的 i 节点，这个 i 节点包含了主设备号和次设备号。主设备号用于寻找对应的设备驱动程序，而次设备号提供了设备驱动程序的有关参数，用来确定要读写的具体设备。

2. 设备保护

设备保护与设备命名机制密切相关。对设备进行必要的保护、防止无授权的应用或用户非法使用设备是设备保护的主要任务。在操作系统中如何防止无授权的用户存取设备取决于具体的系统实现。比如在 MS-DOS 中，操作系统根本没有对设备设计任何的保护机制。在大多数大型计算机系统中，用户进程对 I/O 设备的直接访问是完全禁止的；而 UNIX 系统则采用一种更灵活的保护方式，对于系统中的 I/O 设备使用存取权限来进行保护，系统管理员可以根据需要为每一个设备设置适当的存取权限。

3. 提供与设备无关的逻辑块

不同的磁盘可以采用不同的扇区尺寸，与设备无关软件的一个任务就是向较高层软件屏蔽这一事实并给上层提供大小统一的块尺寸。例如，可以将若干扇区合并成一个逻辑块。这样较高层软件只与抽象设备打交道，不考虑物理扇区的尺寸而使用等长的逻辑块。同样，一些字符设备(如纸带机)一次传输一个字符的数据，而其他字符设备(如卡片机)却一次传输更多的数据，这些差别也必须在这一层隐藏起来。

4. 缓冲

对于常见的块设备和字符设备，一般都使用缓冲区。对块设备，硬件一般一次读写一个完整的块，而用户进程是按任意单位读写数据的。如果用户进程只写了半块数据，则操作系统通常将数据保存在内部缓冲区中，等到用户进程写完整块数据后才将缓冲区的数据写到磁盘上。对字符设备，当用户进程输出数据的速度快于设备输出数据的速度时，也必须使用缓冲。

5. 存储设备的块分配

在创建一个文件并向其中写入数据时，通常要为该文件分配新的存储块。为完成这一分配工作，操作系统需要为每个磁盘设置一张空闲磁盘块表或位示图，因查找一个空闲块的算法是与设备无关的，所以可以将其放在设备驱动程序上面的与设备无关的软件层中处理。

6. 独占设备的分配和释放

有一些设备，如打印机，在任一时刻只能被单个进程使用，这就要求操作系统对设备的使用请求进行检查，并根据设备的可用状况决定是接收该请求还是拒绝该请求。一个简单的处理方法是，要求进程直接通过 OPEN 打开设备特殊文件来提出请求。若设备不能用，则 OPEN 失败，关闭这种独占设备的同时释放该设备。

7. 出错处理

一般来说，出错处理是由设备驱动程序完成的。大多数错误是与设备密切相关的，因此，只有设备驱动程序知道应如何处理(比如：重试、忽略或放弃)。但还有一些典型的错误不是输入/输出设备的错误造成的，如由于磁盘块受损而不能再读，设备驱动程序将尝试重读一定次数，若仍有错误，则放弃重读并通知与设备无关的软件，这样，如何处理这个错误就与设备无关了。如果在读一个用户文件时出现错误，操作系统会将错误信息报告给调用者。若在读一些关键的系统数据结构时出现错误，比如磁盘的空闲块表或位示图，操作系统则需打印错误信息，并向系统管理员报告相应错误。

7.6.4　用户空间的软件

一般来说，大部分 I/O 软件都包含在操作系统中，但是仍有一小部分是由与用户程序链接在一起的库函数、甚至运行于内核之外的程序构成的。通常的系统调用，包括 I/O 系统调用，是由库函数实现的。例如，一个用 C 语言编写的程序可以含有如下的系统调用：

count = write(fd, buffer, nbytes) ;

在该程序运行期间，库函数 write 将与该程序链接在一起，并包含在运行时的二进制程序代码中。显然，这一类库函数也是 I/O 系统的组成部分。

通常，这些库函数所做的工作主要是把系统调用时所用的参数放在合适的位置，也有一些库函数完成非常实际的工作。例如，格式化输入/输出就是由库函数实现的，C 语言中的一个例子是 printf，它以一个格式字符串作为输出，其中可能带有一些变量，然后调用 write 输出格式化后的一个 ASCII 码串。标准 I/O 库中包含许多涉及 I/O 的过程，它们都是作为用户程序的一部分运行的。

并非所有的用户空间 I/O 软件都由库函数组成，Spooling 系统是另一种用户空间 I/O 软件类型。Spooling 系统是多道程序设计系统中处理独占 I/O 设备的一种方法。以打印机为例，打印机是一种独占设备，若一个进程打开它，然后很长时间不使用，就会导致其他进程都无法使用这台打印机。避免这种情况的方法是创建一个特殊的守护(daemon)进程以及一个特殊目录，称为 Spooling 目录。当一个进程要打印一个文件时，首先生成完整的待打印文件并将其存放在 Spooling 目录下，然后由守护进程完成该目录下文件的打印工作，该进程是唯一一个拥有使用打印机特殊文件权限的进程。通过保护特殊文件以防止用户直接使用，可以解决进程空占打印机的问题。

需要指出的是，Spooling 技术不仅适用于打印机这类输入/输出设备，还可以应用到其他一些情况。例如，在网络上传输文件常使用网络守护进程，发送文件前用户先将文件放在一个特定目录下，然后由网络守护进程将其取出发送。这种文件传送方式的用途之一是 Internet 的电子邮件系统。Internet 通过网络将大量的计算机连在一起，当需要发送电子邮件时，用户使用发送程序(如 send)，该程序接收要发送的信件并将其送入一个 spooling 目录，待以后发送。整个电子邮件系统在操作系统之外运行。

图 7.9 总结了 I/O 软件的所有层次及每一层的主要功能。

图中的箭头表示 I/O 控制流。例如，当用户程序试图从文件中读一个数据块时，需要通过操作系统来执行此操作。与设备无关软件首先在高速缓存中查找此数据块，若未找到，则它调用设备驱动程序向硬件发出相应的请求，用户进程随即阻塞直到数据块被读出。当磁盘操作完成时，硬件产生一个中断，并转入中断处理程序。中断处理程序检查中断的原因，并从设备获取所需的信息，然后唤醒睡眠的进程以结束此次 I/O 请求，使用户进程继续执行。

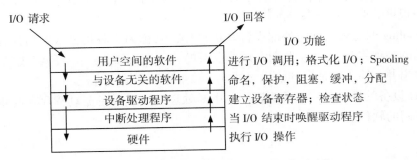

图 7.9 I/O 软件的层次结构及各层的主要功能

7.7 小结

1. 按设备的共享属性可以将设备分为独占设备、共享设备和虚拟设备。

(1) 独占设备是指在一段时间内只允许一个用户进程使用的设备。

(2) 共享设备是指在一段时间内允许多个进程使用的设备。

(3) 虚拟设备是指通过虚拟技术将一台独占设备改造成若干台逻辑设备，供若干个用户进程同时使用，通常把这种经过虚拟技术处理后的设备称为虚拟设备。

2. 设备独立性又称设备无关性，是指应用程序独立于物理设备。

3. 按信息交换单位可以将设备分为字符设备和块设备。字符设备处理信息的基本单位是字符，块设备处理信息的基本单位是字符块。

4. I/O 通道是指专门负责输入/输出工作的处理器。通道所执行的程序称为通道程序。根据信息交换方式的不同，可以将通道分成以下三种类型：字节多路通道、数据选择通道、数据多路通道。

5. 常用的输入/输出控制方式有程序直接控制方式、中断控制方式、DMA 控制方式和通道控制方式。

6. 中断是指计算机系统内发生了某一急需处理的事件，使得 CPU 暂时中止当前正在执行的程序而转去执行相应的事件处理程序，待处理完毕后又返回到原来被中断处继续执行。

7. 缓冲的引入缓和了 CPU 与设备速度不匹配的矛盾；提高了设备和 CPU 的并行操作程度；减少了设备对 CPU 的中断频率，放宽了对中断响应时间的限制。

8. 与设备分配相关的主要数据结构有：设备控制表、控制器控制表、通道控制表和系统设备表。

9. 设备分配中主要采用先请求先服务和优先级高者优先两种算法。

10. 设备分配的安全性是指在设备分配中应保证不发生死锁。

11. 设备分配有静态分配方式和动态分配方式两种。静态分配是在用户作业开始执行之前，由系统一次分配该作业所要求的全部设备、设备控制器和通道。动态分配是在进程执行过程中根据需要进行设备分配。

12. Spooling 的意思是同时外部设备联机操作，又称为假脱机输入输出操作，是操作系统中采用的一项将独占设备改造成共享设备的技术。Spooling 系统的组成包括三部分：输入井和输出井、输入缓冲区和输出缓冲区、输入进程和输出进程。

13. I/O 设备管理软件一般分为四层：中断处理程序、设备驱动程序、与设备无关软件和用户空间的软件。

练习题 7

1. 单项选择题

（1）缓冲技术中的缓冲池在_____中。
    A. 主存   B. 外存   C. ROM   D. 寄存器

（2）CPU 输出数据的速度远远高于打印机的打印速度，为了解决这一矛盾，可采用_____。
    A. 并行技术   B. 通道技术   C. 缓冲技术   D. 虚存技术

（3）通过硬件和软件的功能扩充，把原来独占的设备改造成能为若干用户共享的设备，这种设备称为_____。
    A. 存储设备   B. 系统设备   C. 用户设备   D. 虚拟设备

（4）为了使多个进程能有效地同时处理输入/输出，最好使用_____结构的缓冲技术。
    A. 循环缓冲   B. 缓冲池   C. 单缓冲   D. 双缓冲

（5）如果 I/O 设备与存储设备进行数据交换不经过 CPU 来完成，这种数据交换方式是_____。
    A. 程序查询   B. 中断方式
    C. DMA 方式   D. 无条件存取方式

（6）在采用 Spooling 技术的系统中，用户的打印结果首先被送到_____。
    A. 磁盘固定区域   B. 内存固定区域
    C. 终端   D. 打印机

（7）设备管理程序对设备的管理是借助一些数据结构来进行的，下面的_____不属于设备管理数据结构。
    A. DCT   B. COCT   C. CHCT   D. JCB

（8）操作系统中的 Spooling 技术，实质是将_____转化为共享设备的技术。
    A. 虚拟设备   B. 独占设备   C. 脱机设备   D. 块设备

（9）按_____分类可将设备分为块设备和字符设备。
    A. 从属关系   B. 操作特性
    C. 共享属性   D. 信息交换单位

（10）＿＿＿＿＿＿算法是设备分配常用的一种算法。

    A. 短作业优先　　B. 最佳适应　　　C. 先来先服务　　D. 首次适应

（11）在下面关于设备属性的论述中，正确的论述是＿＿＿＿＿＿。

    A. 字符设备的一个基本特征是可寻址的。

    B. 共享设备必须是可寻址的和可随机访问的设备。

    C. 共享设备是指在同一时刻，允许多个进程同时访问的设备。

    D. 在分配共享设备和独占设备时，都可能引起进程死锁。

（12）通道是一种特殊的＿＿＿＿＿＿，具有执行 I/O 指令集的能力。

    A. I/O 设备　　　B. 设备控制器　　C. 处理器　　　　D. I/O 控制器

2. 填空题

（1）进行设备分配时所需的数据表格主要有　①　、　②　、　③　和　④　。

（2）引起中断发生的事件称为＿＿＿＿＿＿。

（3）常用的 I/O 控制方式有程序直接控制方式、中断控制方式、　①　和　②　。

（4）通道是一个独立于　①　的专管　②　，它控制　③　与内存之间的信息交换。

（5）SPOOLing 系统是由磁盘中的　①　和　②　，内存中的　③　和　④　以及　⑤　和　⑥　所构成。

（6）设备分配程序分配外部设备时，先分配　①　，再分配　②　，最后分配　③　。

（7）中断方式适合于　①　，DMA 方式适合于　②　。

（8）缓冲区的组织方式可分为　①　、　②　、　③　和缓冲池。

（9）缓冲池中有三种类型的缓冲队列：　①　、　②　、　③　。

（10）大多数设备控制器由三部分构成：　①　、　②　、　③　。

3. 解答题

（1）为什么要设置内存 I/O 缓冲区？通常有哪几类缓冲区？

（2）什么是设备驱动程序？其功能是什么？

（3）在设备管理中，何谓设备独立性？如何实现设备独立性？

（4）DMA 控制方式与中断控制方式有什么不同？

（5）简述中断处理过程。

（6）计算机系统中，屏幕显示分辨率为 640×480，若要存储一屏 256 彩色的图像，需要多少字节存储空间？

（7）某文件占 20 个磁盘块，现要把该文件数据逐块读入主存缓冲区，并送用户区进行分析。假设一个缓冲区与一个磁盘块大小相同，把一个磁盘块读入缓冲区的时间为 100μs，将缓冲区的数据传送到用户区的时间是 50μs，CPU 对一块数据进行分析的时间为 50μs。试计算在单缓冲区和双缓冲区结构下，读入并分析该文件的时间分别是多少？

第8章 文件管理

所有的计算机系统都需要长期保存大量信息，而这些信息均以文件的形式存放在外存上，为了管理外存上的文件，操作系统中设置了管理文件的功能模块——文件系统。文件系统是操作系统的重要组成部分，它负责管理文件，用统一的方式管理用户和系统信息的存储、检索、更新、共享和保护，并为用户提供一整套方便有效的文件使用和操作方法。本章主要介绍文件系统的相关概念、文件的逻辑结构和物理结构、磁盘调度算法、文件存储空间的管理、文件的共享及保护。

8.1 文件系统的概念

8.1.1 文件和文件系统

1. 文件

文件是具有符号名的一组相关信息的集合，我们把这个符号名称为文件名。通常，文件由若干个记录组成。记录是一些相关数据项的集合，而数据项是数据组织中可以命名的最小逻辑单位。例如，每个职工情况记录由姓名、性别、出生年月、工资等数据项组成。一个单位的职工情况记录就组成了一个文件。

文件表示的范围很广，系统或用户可以将具有一定功能的程序或数据集合命名为一个文件。例如，一个命名的源程序、目标程序、一批数据以及系统程序等都可以看作文件。在有的操作系统中，设备也被看作一种特殊的文件，这样系统可以对设备和文件实施统一管理，既简化了系统设计又方便了用户。

2. 文件系统

文件系统是指操作系统中与文件管理有关的软件和数据的集合。从系统角度看，文件系统是对文件的存储空间进行组织和分配，负责文件的存储并对存入文件进行保护和检索的系统。具体来说，文件系统负责为用户建立、撤销、读写、修改和复制文件。从用户角度看，文件系统主要实现了按名存取。也就是说，当用户要求系统保存一个已命名文件时，文件系统根据一定的格式将用户的文件存放到文件存储器中适当的地方；当用户需要使用文件时，系统根据用户所给的文件名能够从文件存储器中找到所需要的文件。

文件系统由三部分组成：与文件管理有关的软件、被管理的文件以及实施文件管理所需的数据结构。图8.1给出了文件系统的层次结构，它包含四层：基本 I/O 控制层、基本文件系统层、基本 I/O 管理程序层及逻辑文件系统层。

（1）基本 I/O 控制层。基本 I/O 控制层又称为设备驱动程序层，该层主要由磁盘驱动程序和磁带驱动程序组成，负责启动设备 I/O 操作及对设备发来的中断信号进行处理。

（2）基本文件系统层。基本文件系统层又称为物理 I/O 层，该层负责处理内存和磁盘或磁带之间的数据块交换，它关心的是数据块在辅存设备和在主存缓冲区中的位置，而无需了解所传送数据块的内容或文件结构。

（3）基本 I/O 管理程序层。基本 I/O 管理程序层又称为文件组织模块层，该层完成大量与磁盘 I/O 有关的工作，包括选择文件所在的设备，进行文件逻辑块号到物理块号的转换，对文件空闲存储空间进行管理，指定 I/O 缓冲区。

（4）逻辑文件系统层。该层处理文件及记录的相关操作。如允许用户利用符号文件名访问文件及其中的记录，实现对文件及记录的保护，实现目录操作等。

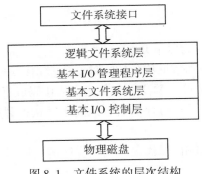

图 8.1　文件系统的层次结构

8.1.2　文件分类

为了便于管理和控制文件，通常将文件分为若干种类型。文件分类方法有很多，这里介绍几种常用的文件分类方法。

1. 按用途分类

按用途可以将文件分为以下几类：

（1）系统文件。是指由系统软件构成的文件。大多数系统文件只允许用户调用执行，而不允许用户去读或修改它。

（2）库文件。指由系统提供给用户使用的各种标准过程、函数和应用程序文件。这类文件允许用户调用执行，但不允许用户修改。

（3）用户文件。用户委托文件系统保存的文件。如源程序、目标程序、原始数据等。这类文件只能由文件所有者或所有者授权用户使用。

2. 按保护级别分类

按保护级别可以将文件分为以下几类：

（1）只读文件。允许所有者或授权用户对文件进行读，但不允许写。

（2）读写文件。允许所有者或授权用户对文件进行读写，但禁止未核准用户读写。

（3）执行文件。允许核准用户调用执行，但不允许对它进行读写。

（4）不保护文件。不加任何访问限制的文件。

3. 按信息流向分类

按信息流向可以将文件分为以下几类：

（1）输入文件。如读卡机或键盘上的文件，只能读入，所以它们是输入文件。

（2）输出文件。如打印机上的文件，只能写出，所以它们是输出文件。

（3）输入输出文件。如磁盘、磁带上的文件，既可以读又可以写，所以它们是输入输出文件。

4. 按数据形式分类

按数据形式可以将文件分为以下几类：

（1）源文件。指由源程序和数据构成的文件。通常由终端或输入设备输入的源程序和数据所形成的文件都属于源文件。源文件一般由 ASCII 码或汉字组成。

（2）目标文件。指源文件经过编译以后，但尚未链接的目标代码形成的文件。目标文件属于二进制文件。

（3）可执行文件。编译后的目标代码经链接程序链接后形成的可以运行的文件。

8.2 文件结构与存储设备

文件结构是指文件的组织形式，文件结构分为文件的逻辑结构和文件的物理结构。文件的逻辑结构是从用户观点出发所看到的文件组织形式，是用户可以直接处理的数据及其结构。文件的物理结构（也称为文件的存储结构）是指文件在外存上的存储组织形式。文件的逻辑结构与存储设备特性无关，但文件的物理结构与存储设备的特性有很大关系。

8.2.1 文件的逻辑结构

文件的逻辑结构可以分为两种形式。一种是有结构的记录式文件，另一种是无结构的流式文件。

1. 记录式文件

记录式文件是一种有结构的文件，它由一组相关记录组成。记录式文件又可以分为等长记录文件和变长记录文件。等长记录文件中的所有记录的长度相等，变长记录文件中的各记录长度可以不相等。

记录是记录式文件的基本单位，文件在信息管理领域显得十分方便。所谓记录，是一组有独立意义的信息集合。例如学生成绩文件，是由全部学生的成绩记录组成的，每个记录包括学生姓名、学号、各科成绩等多个字段。记录是文件进行存取的基本单位，所以顺序访问时文件读/写指针每次步进 1 个记录长度。

记录式文件是一种有结构文件，由一组相关记录组成。它又可分为等长记录文件和变长记录文件。等长记录文件是指文件中所有记录的长度相等。变长记录文件是指文件中各记录长度不相等。

记录式文件根据用户或系统管理的需要可以组织成：顺序文件；索引文件；索引顺序文件。顺序文件的记录按关键字的大小顺序排列，其中的记录通常是定长的。索引文件为文件设置一个索引表，文件中的每个记录在索引表中有一个表项，用于存放记录的存放地址及长度。索引顺序文件是前两者的结合，它将顺序文件中的所有记录分成若干组，为顺序文件建立一张索引表，为每组中的第一个记录建立一个索引项。

2. 流式文件

流式文件是一种无结构文件，它由一系列字符组成。可以将流式文件看成记录式文件的特例。构成流式文件的基本单位是字符，即流式文件是具有符号名且在逻辑上意义完整的有穷字符流序列。因为以字节为单位访问流式文件，所以顺序访问时文件的读/写指针每次步进 1 个字节长度。虽然字符流没有结构，但并非意味着文件不能有结构。在 UNIX 系统中，所有文件都被看成流式文件，系统不对文件进行格式处理。

8.2.2　文件的物理结构

文件的物理结构是指一个文件在外存上的存储组织形式，它与存储介质的存储特性有关。也有学者把文件的物理结构看成是文件的实现。为了有效地管理文件存储空间，通常将其划分为大小相等的物理块，物理块是分配及传输信息的基本单位。物理块的大小与设备有关，但与逻辑记录的大小无关，因此一个物理块中可以存放若干个逻辑记录，一个逻辑记录也可以存放在若干个物理块中。

把文件中的若干个逻辑记录合并成一组写入一个物理块中的操作称为记录的成组。把逻辑记录从物理块中分离出来的操作称为记录的分解。为了有效地利用外存设备和便于系统管理，一般也把文件信息划分为与物理存储块大小相等的逻辑块。

常见的文件物理结构有下述几种形式。

1. 顺序结构

顺序结构又称连续结构，是一种最简单的物理文件结构，它将一个逻辑文件的信息存放在外存的连续物理块中。以顺序结构存放的文件称为顺序文件或连续文件。

顺序文件的主要优点是顺序存取时速度较快；当文件为定长记录文件时，还可以根据文件起始地址及记录长度进行随机访问。但因为文件存储要求连续的存储空间，便会产生碎片，同时也不利于文件的动态扩充。

2. 链接结构

链接结构又称串链结构，它将一个逻辑文件的信息存放在外存的若干个物理块中，这些物理块可以不连续。为了使系统能方便地找到后续的文件信息，在每一个物理块中设置一个指针，指向该文件的下一个物理块的位置，从而使得存放同一个文件的物理块链接起来。采用链接结构存放的文件称为链接文件或串联文件。

链接文件的优点是可以解决外存的碎片问题，因而提高了外存空间的利用率，同时文件的动态增长也很方便。但链接文件只能按照文件的指针链顺序访问，因而查找效率较低。

3. 索引结构

索引结构将一个逻辑文件的信息存放于外存的若干个物理块中，这些物理块可以不连续。系统为每个文件建立一个索引表，索引表中的每个表项存放文件信息所在的逻辑块号和与之对应的物理块号。以索引结构存放的文件称为索引文件。

索引文件的优点是可以进行随机访问，也易于进行文件的增删。但索引表的使用增加了存储空间的开销，另外索引表的查找策略对文件系统的效率影响很大。

8.2.3　文件的存取方法

文件的基本作用是存储信息。当使用文件时，必须将文件信息读入计算机内存中。文件的存取方法是指读写文件信息的方法，通常有三种文件存取方法：顺序存取法、直接存取法和按键存取法。

1. 顺序存取法

顺序存取法是按照文件信息的逻辑顺序依次存取。在记录式文件中，顺序存取反映为按记录的排列顺序来存取。如果当前存取的记录为 R_i，则下次要存取的记录自动地确定为 R_{i+1}。在流式文件中，顺序存取反映为当前读写指针的变化，即在存取完一段信息之后，读写指针自动加上这段信息的长度，以便指出下次存取的位置。

对于定长记录的顺序文件，如果知道了当前记录的地址，则很容易确定下一个要存取记录的地址。例如，设置一个读指针 rptr，令它总是指向下一次要读出的记录首地址。当该记录读出后，对 rptr 进行相应地修改。对于定长记录文件，rptr 修改为

rptr = rptr + L

其中 L 为文件记录的长度，此时 rptr 指向下一次要读出的记录首地址。对于变长记录文件，rptr 修改为

rptr = rptr + L_i

其中 L_i 为文件第 i 个记录的长度，此时 rptr 指向下一次要读出的记录首地址。

2. 直接存取法

直接存取(又称随机存取)法允许按任意顺序存取文件中的任何一个物理记录,可以根据记录的编号来直接存取文件中的任意一个记录,或者是根据存取命令把读写指针移到欲读写信息处。在流式文件中,直接存取法必须事先用必要的命令把读写指针移到欲读写的信息开始处,然后再进行读写。

对于定长记录的顺序文件,若知道文件的起始地址和记录长度,则第 i 个记录(i=0, 1, 2, …)的首地址为

$$rptr = addr + i \times L$$

其中 addr 是该文件的首地址,L 为记录长度。对变长记录文件,则无法实现直接存取。

3. 按键存取法

按键存取法实质上也是直接存取法,它不是根据记录编号或地址来存取,而是根据文件记录中数据项(通常称为键)的内容进行存取。

8.2.4　文件的存储设备

文件的存储设备主要有磁带、磁盘、光盘等。由于存储设备的特性可以决定文件的存取方法,因此这里介绍以磁带为代表的顺序存取设备和以磁盘为代表的直接存取设备的特性,以及存储设备、文件物理结构与存取方法之间的关系,同时还介绍磁盘调度算法。

1. 文件存储设备

磁带是一种典型的顺序存取存储设备,这种设备只有在前面的物理块被存取访问过之后,才能存取后续物理块的内容。由于磁带机的启动和停止都要花费一定的时间,因此在磁带的相邻物理块之间设计有一段间隙将它们隔开,如图 8.2 所示。

磁带

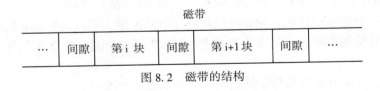

图 8.2　磁带的结构

磁带的存取速度与信息密度(字符数/英寸)、磁带带速(英寸/秒)和块间间隙有关。如果磁带的带速高、信息密度大且块间间隙(磁头启动和停止时间)小,则磁带存取速度高。反之,若磁带的带速低、信息密度小且块间间隙(磁带启动和停止时间)大,则磁带存取速度低。由于磁带读写时只有在第 i 块被存取之后,才能对第 i+1 块进行存取操作,因此,某个特定物理块的存取访问时间与该物理块到磁头当前位置的距离有很大关系。

磁盘是典型的直接存取存储设备,这种设备允许文件系统直接存取磁盘上的任意物理

块。传统的磁盘设备一般由若干磁盘片组成，可沿一个固定方向高速旋转。每个盘面对应一个磁头，磁臂可沿半径方向移动。磁盘上的一系列同心圆称为磁道，磁道沿径向又分成大小相等的多个扇区，与盘片中心有一定距离的所有磁道组成一个柱面。因此，磁盘上的每个物理块可以用柱面号、磁头号和扇区号表示，图 8.3 给出了磁盘结构示意图。

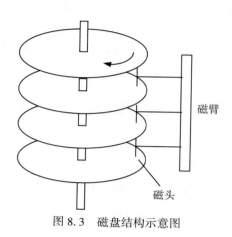

图 8.3　磁盘结构示意图

磁盘访问时间由三部分组成：寻道时间、旋转延迟时间和传输时间。寻道时间是指将磁头从当前位置移动到指定磁道所经历的时间，旋转延迟时间是指将指定扇区移动到磁头下面所经历的时间，传输时间是指从磁盘上读出数据或向磁盘写入数据所经历的时间。由于这三部分操作均涉及机械运动，故磁盘访问时间约为 0.01s~0.1s，其中寻道时间所占的比例最大，约为整个访问时间的 70%。

2. 存储设备、存取方法和物理结构之间的关系

文件的物理结构与文件存储器的特性和存取方法密切相关。

由于磁带是一种顺序存取存储设备，若用它作为文件存储器，则适合采用顺序结构存放文件，相应的存取方法通常是顺序存取法。在顺序存取时，当存取一个记录后，由于磁头正好移到下一个记录的位置，因而可以随即存取该记录，不再需要额外的寻找时间。如果采用其他文件结构或采用直接存取方式进行存取都不太合适，因为来回倒带要花费很多时间。

存储设备、存取方法和物理结构之间的关系如表 8.1 所示。

表 8.1　　　　　　　　　　存储设备、存取方法和物理结构之间的关系

存储设备	磁　盘			磁　带
物理结构	顺序结构	链接结构	索引结构	顺序结构
存取方法	顺序、直接	顺序	顺序、直接	顺序

磁盘属于直接存取存储设备，前述的几种物理结构都可以采用。存取方法也可以多种多样。采用何种物理结构和存取方法要看系统的应用范围和文件的使用情况。如果采用顺序存取法，则前述的几种文件结构都可以采用。如果采用直接存取法，则索引文件效率最高，顺序文件效率居中，链接文件效率最低。

磁盘上的物理块可以按磁盘旋转的反方向依次排列编号，也可以采用间隔顺序排列。图 8.4 中的(a)和(b)给出了这两种排列方法。第二种排列方法的优点是：读完前面的物理块并加以处理后，磁盘刚好旋转到下一个物理块的位置。如果按第一种排列方法，那么前一个物理块读出处理后，下一个物理块已转过磁头，只好等到下次该物理块转到磁头下面时才能读取，这显然降低了存取速度。

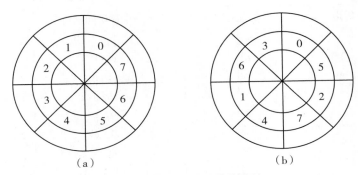

图 8.4　磁盘上物理块的排列

3. 磁盘调度算法

磁盘是可以被多个进程共享的设备。当有多个进程都请求访问磁盘时，应采用一种适当的调度算法，以使各进程对磁盘的平均访问时间(主要是寻道时间)最短。下面介绍几种磁盘调度算法。

(1)先来先服务(FCFS)算法。先来先服务算法是一种最简单的磁盘调度算法。该算法按进程请求访问磁盘的先后次序进行调度。该算法的特点是合理、简单，但未对寻道进行优化。

(2)最短寻道时间优先(SSTF)算法。该算法选择与当前磁头所在磁道距离最近的请求作为下一次服务的对象。该算法的寻道性能比 FCFS 好，但它不能保证平均寻道时间最短，且可能会使某些进程的请求总也得不到服务，这种现象称为饥饿。

(3)扫描(SCAN)算法。SCAN 算法在磁头当前移动方向上选择与当前磁头所在磁道距离最近的请求作为下一次服务的对象。由于这种算法中磁头移动的规律颇似电梯的运行，故又称为电梯调度算法。SCAN 算法具有较好的寻道性能，又避免了饥饿现象，但它对两端磁道请求不利。

(4)循环扫描(CSCAN)算法。CSCAN 算法是对 SCAN 算法的改良，它规定磁头单向移动。例如，自里向外移动，当磁头移到最外磁道时立即又返回到最里磁道，如此循环进行扫描。该算法消除了对两端磁道请求的不公平。

　　例如，有一个磁盘请求序列，其磁道号为：86、147、91、177、94、150、102、175、130，磁头当前正在 143 号磁道上并向磁道号增加的方向移动。表 8.2 给出了使用先来先服务算法和最短寻道时间优先算法的调度情况，表 8.3 给出了使用扫描算法和循环扫描算法的调度情况。

表 8.2　　　　　　　　　　　**先来先服务和最短寻道时间优先算法的调度情况**

FCFS（从磁道 143 开始）		SSTF（从磁道 143 开始）	
下一个被访问磁道	移动磁道数	下一个被访问磁道	移动磁道数
86	57	147	4
147	61	150	3
91	56	130	20
177	86	102	28
94	83	94	8
150	56	91	3
102	48	86	5
175	73	175	89
130	45	177	2
平均寻道长度	62.8	平均寻道长度	18

表 8.3　　　　　　　　　　　**扫描和循环扫描算法的调度情况**

SCAN（从磁道 143 开始，向磁道号增加方向移动）		CSCAN（从磁道 143 开始，向磁道号增加方向移动）	
下一个被访问磁道	移动磁道数	下一个被访问磁道	移动磁道数
147	4	147	4
150	3	150	3
175	25	175	25
177	2	177	2
130	47	86	91
102	28	91	5
94	8	94	3
91	3	102	8
86	5	130	28
平均寻道长度	13.9	平均寻道长度	18.8

4. 磁盘容错技术

容错技术是通过在系统中设置冗余部件来提高系统可靠性的一种技术。磁盘容错技术也称为系统容错技术，可分为三个级别：SFT-Ⅰ是低级磁盘容错技术，主要用于防止磁盘表面发生缺陷所引起的数据丢失，采用了双份目录和双份文件分配表、热修复重定向和写后校验等技术；SFT-Ⅱ是中级磁盘容错技术，主要用于防止磁盘驱动器和磁盘控制器故障，采用了磁盘镜像、磁盘双工等技术；SFT-Ⅲ是高级系统容错技术，采用服务器镜像技术。

为了组合小的廉价磁盘来代替大的昂贵磁盘，以降低大批量数据存储的费用，同时也希望采用冗余信息的方式，使得磁盘失效时不会使数据受损失，于是独立磁盘冗余阵列 RAID(Redundant Arrays of Independent Disks)作为高性能的存储系统，就得到了广泛的应用。

RAID 是一个驱动器阵列，作为一个单驱动器使用。数据通过一种"分拆(striping)"技术均匀地写在每一个驱动器上。数据分拆可在位级或扇区级进行。分拆提高了吞吐量并且提供了一种冗余的形式，可以保证磁盘阵列中一个磁盘出现故障时不影响系统正常工作。

RAID 提供了与磁盘镜象和磁盘双工类似的冗余。冗余的级别取决于所使用的 RAID 级别。RAID 有多级，当购买使用 RAID 系统时，需要检查一下 RAID 的级别是否符合系统需要。下面简单介绍几个主要的级别。

RAID 0：要实现 RAID 0 必须要有两个以上硬盘驱动器，RAID 0 实现了带区组，数据并不是保存在一个硬盘上，而是分成数据块保存在不同驱动器上。因为将数据分布在不同驱动器上，所以数据吞吐率大大提高，驱动器的负载也比较平衡。如果刚好所需要的数据在不同的驱动器上效率最好。它不需要计算校验码，实现容易，缺点是它没有数据差错控制，如果一个驱动器中的数据发生错误，即使其它盘上的数据正确也无济于事了。在所有的级别中，RAID 0 的速度是最快的。但是 RAID 0 没有冗余功能的，如果一个磁盘(物理)损坏，则所有的数据都无法使用。

RAID 1：把磁盘阵列中的硬盘分成相同的两组，互为镜像，当任一磁盘介质出现故障时，可以利用其镜像上的数据恢复，从而提高系统的容错能力。对数据的操作仍采用分块后并行传输方式。RAID 1 的数据安全性在所有的 RAID 级别上来说是最好的，但是其磁盘的利用率却只有 50%，是所有 RAID 级别中最低的。

RAID 2：从概念上讲，RAID 2 同 RAID 3 类似，两者都是将数据条块化分布于不同的硬盘上，条块单位为位或字节。然而 RAID 2 使用一定的编码技术来提供错误检查及恢复。这种编码技术需要多个磁盘存放检查及恢复信息，使得 RAID 2 技术实施更复杂，因此，在商业环境中很少使用。

RAID 3：这种校验码与 RAID2 不同，只能查错不能纠错。它访问数据时一次处理一个带区，这样可以提高读取和写入速度，它象 RAID 0 一样以并行的方式来存放数据，但速度没有 RAID 0 快。校验码在写入数据时产生并保存在另一个磁盘上。需要实现时用户必须要有三个以上的驱动器，写入速率与读出速率都很高，因为校验位比较少，因此计算时间相对而言比较少。利用单独的校验盘来保护数据虽然没有镜像的安全性高，但是硬盘利用率得到了很大的提高。

RAID 4：此级与 3 级 RAID 相似，但数据是按扇区不是按位或字节分拆的，它对数据的访问是按数据块进行的，也就是按磁盘进行的，每次是一个盘。在失败恢复时，它的难度比 RAID3 大，在商业环境中也很少使用。

RAID 5：向阵列中的磁盘写数据，奇偶校验数据存放在阵列中的各个盘上，允许单个磁盘出错。RAID 5 也是以数据的校验位来保证数据的安全，但它不是以单独硬盘来存放数据的校验位，而是将数据段的校验位交互存放于各个硬盘上。这样任何一个硬盘损坏，都可以根据其他硬盘上的校验位来重建损坏的数据。

RAID 6：与 RAID 5 相比，RAID 6 增加了第二个独立的奇偶校验信息块。两个独立的奇偶系统使用不同的算法，数据的可靠性非常高，即使两块磁盘同时失效也不会影响数据的使用。

RAID 7：这是一种新的 RAID 标准，其自身带有智能化实时操作系统和用于存储管理的软件工具，可完全独立于主机运行，不占用主机 CPU 资源。

5. 固态硬盘

固态硬盘(Solid State Drive，缩写 SSD)是近年出现的一种文件存储设备，目前主流的 SSD 是使用半导体闪存(Flash)作为介质的存储设备。SSD 主要由主控制器、存储单元以及接口组成，其工作方式有别于机械硬盘(磁盘)。

在工作方式上，机械硬盘使用磁性介质作为数据存储介质，在数据读取和写入时，使用磁头加马达的方式进行机械寻址。因为机械硬盘靠机械驱动，性能提升受其机械特性的限制。SSD 使用 Flash 作为存储介质，数据读写通过 SSD 控制器进行寻址，不需要机械操作，有着优秀的随机访问能力。

8.3　文件存储空间的分配与管理

为了实现文件系统，必须解决文件存储空间的分配和回收问题，还应对文件存储空间进行有效的管理。本节主要讨论文件存储空间的分配和空闲存储空间的管理方法。

8.3.1　文件存储空间的分配

一般来说，文件存储空间的分配常采用两种方式：静态分配与动态分配。静态分配是在文件建立时一次分配所需的全部空间；而动态分配则是根据动态增长的文件长度进行分配，甚至可以一次分配一个物理块。在分配区域大小上，也可以采用不同方法。可以为文件分配一个完整的区域以装下整个文件，这就是文件的连续分配。但文件存储空间的分配通常以块或簇(几个连续物理块称为簇，一般是固定大小)为单位。常用的文件存储空间分配方法有：连续分配、索引分配、链接分配。

1. 连续分配

连续分配是最简单的磁盘空间分配策略，该方法要求为文件分配连续的磁盘区域。在这种分配算法中，用户必须在分配前说明待创建文件所需要的存储空间大小。然后系统查找空闲区的管理表格，看看是否有足够大的空闲区供其使用。如果有，就给文件分配所需要的存储空间；如果没有，该文件就不能建立，用户进程必须等待。图 8.5 给出了连续分配的示例。

在图 8.5 中，文件 A 的起始盘块号为 2，文件长度为 3，表示它占用的盘块依次为 2、3 和 4。文件 B 的起始盘块号为 9，文件长度为 5，表示它占用的盘块依次为 9、10、11、12 和 13。为了记录各文件的存储分配及其他情况，每个文件在文件目录中占一个表项，表项中包括文件名、起始块号、文件长度等。

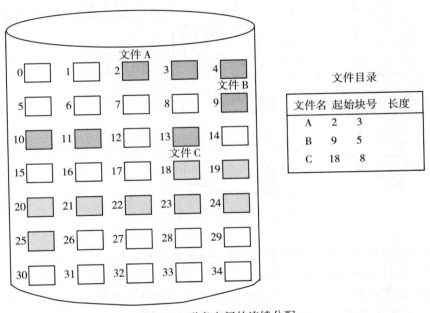

图 8.5　磁盘空间的连续分配

连续分配的优点是查找速度比其他方法要快，目录中关于文件物理存储位置的信息也比较简单，只需要起始块号和文件大小。其主要缺点是容易产生碎片问题，需要定期进行存储空间的紧缩。很显然，这种分配方法不适合文件随时间动态增长和减少的情况，也不适合用户事先不知道文件有多大的应用情况。

2. 链接分配

对于文件长度需要动态增减以及用户不知道文件有多大的应用情况，往往采用链接分配。这种分配策略通常有以下两种实现方案。

（1）以扇区为单位的链接分配。

按文件的要求分配若干个磁盘扇区，这些扇区在磁盘上可以不相邻接，属于同一个文件的各扇区按文件记录的逻辑次序用链接指针连接起来。图 8.6 给出了链接分配的示例。在图 8.6 中，文件 B 的起始盘块号为 1，文件长度为 5，从 1 号盘块中的链接指针可以知道文件的下一个存放盘块为 8，以此类推可以知道存放文件的后续盘块依次为 3、14和 28。

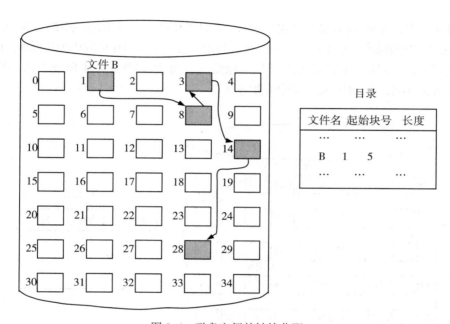

图 8.6　磁盘空间的链接分配

当文件需要增长时，就为文件分配新的空闲扇区，并将其链接到文件链上。同样，当文件缩短时，将释放的扇区归还给系统。

链接分配的优点是消除了碎片问题（消除了外部碎片，类似于内存管理中的分页策略），不需要采取压缩技术。但是检索逻辑上连续的记录时，查寻时间较长，同时链接指针的维护有一些开销，且链接指针也要占用存储空间。

（2）以区段（或簇）为单位的链接分配。

这是一种广为使用的分配策略，其实质是连续分配和非连续分配的结合。通常，扇区是磁盘和内存间信息交换的基本单位，所以常以扇区作为最小的磁盘空间分配单位。本分配策略不是以扇区为单位进行分配，而是以区段（或称簇）为单位进行分配。区段是由若干个（在一个特定系统中其数目是固定的）连续扇区组成的。文件所属的各区段可以用链接指针、索引表等方法来管理。当为文件动态分配一个新区段时，该区段应尽量靠近文件的已有区段，以减少查寻时间。

此策略的优点是对辅存的管理效率较高，并减少了文件访问的查寻时间，所以被广为使用。

3. 索引分配

链接分配方式虽然解决了连续分配方式中存在的问题，但又出现了新的问题。首先，当要求随机访问文件中的一个记录时，需要按链接指针依次进行查找，这样查找十分缓慢。其次，链接指针要占用一定数量的磁盘空间。

在索引分配方式中，系统为每个文件分配一个索引块，索引块中存放索引表，索引表中的每个表项对应分配给该文件的一个物理块。图 8.7 给出了索引分配的示例。在图 8.7 中，文件 B 的索引盘块号为 24，读出索引盘块知道文件长度为 5，文件占用的盘块依次为 1、8、3、14 和 28。

索引分配方式不仅支持直接访问，而且不会产生外部碎片，文件长度受限制的问题也得到了解决。其缺点是由于索引块的分配增加了系统存储空间的开销。对于索引分配方式，索引块的大小选择是一个很重要的问题。为了节约磁盘空间，希望索引块越小越好。但索引块太小无法支持大文件，所以要采用一些技术来解决这个问题。另外，存取文件需要两次访问外存——首先要读取索引块的内容，然后再访问具体的磁盘块，因而降低了文件的存取速度。

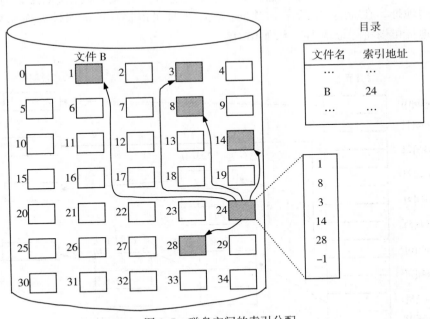

图 8.7　磁盘空间的索引分配

为了更有效地使用索引表，避免访问索引文件时两次访问外存，可以在访问文件时，先将索引表调入内存中，这样文件的存取就只需要访问外存一次了。

当文件很大时，文件的索引表也会很大。如果索引表的大小超过了一个物理块，可以将索引表本身作为一个文件，再为其建立一个"索引表"，这个"索引表"作为文件索引的索引，从而构成了二级索引。第一级索引表的表项指向第二级索引，第二级索引表的表项指向文件信息所在的物理块号。以此类推可再逐级建立索引，进而构成多级索引。

混合索引分配方法是将多种索引分配方法结合在一起形成的一种分配方法。例如，系统中既采用直接索引地址，又采用一次间接索引地址、二次间接索引地址，甚至三次间接索引地址。这种混合索引分配方法已在 UNIX 等操作系统中应用。

（1）直接索引地址。为了提高对文件的检索速度，在索引节点中建立了 10 个直接地址项，每个地址项中存放相应文件所在的盘块号，如图 8.8 所示。假定一个磁盘块的大小为 1KB，当文件长度不大于 10KB 时，可以直接从索引节点中得到文件存储的所有盘块号。

（2）一次间接索引地址。当文件长度达到了几万字节甚至更长时，如果采用直接索引地址，则要在索引节点中设置很多地址项，为此，UNIX 系统中又提供了一次间接索引地址，即在一次间接地址项中存放的不再是存储文件数据的盘块号，而是先将 1~256 个盘块号存放在一个磁盘块中，再将该磁盘块的块号存放在一次间接地址项中。这里，盘块大小为 1KB，一个盘块号占 4 字节。使用一次间接地址项便可以将寻址范围由 10KB 扩大到 266KB。

（3）多次间接索引地址。为了进一步扩大寻址范围，又引入了二次间接索引地址和三次间接索引地址。在前述假定下，二次间接索引地址可以将寻址范围扩大到 64MB，三次间接索引地址可以将寻址范围扩大到 16GB。

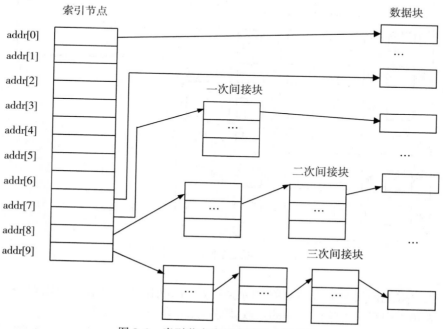

图 8.8　索引节点中的直接块和间接块

8.3.2 空闲存储空间的管理

为了实现空闲存储空间的管理，系统应记住空闲存储空间的情况，以便实施存储空间的分配。下面介绍几种常用的空闲存储空间管理方法。

1. 空闲文件目录

文件存储设备上的一个连续空闲区可以看作一个空闲文件(又称空白文件或自由文件)。空闲文件目录方法为所有这些空闲文件单独建立一个目录，每个空闲文件在这个目录中占一个表项。表项的内容包括第一个空闲块的地址(物理块号)、空闲块的数目，如表8.4所示。从表8.4中可以看出，每个空闲文件在表中占据一个表项，其中存放空闲文件的第一个空闲块号、空闲块个数及相应的物理块号。例如表中的第1项，其第一个空闲块号为5，空闲块个数为3，即该空闲文件的组成盘块依次为5、6和7。

表8.4　　　　　　　　　　　　　　　空闲文件目录

序号	第一个空闲块号	空闲块个数	物理块号
1	5	3	(5, 6, 7)
2	13	5	(13, 14, 15, 16, 17)
3	20	6	(20, 21, 22, 23, 24, 25)
4	—	—	—

这种空闲文件目录方法，类似于内存动态分区的管理。当某用户请求分配存储空间时，系统依次扫描空闲文件目录，直到找到一个满足要求的空闲文件为止。若空闲文件的大小与用户申请的空间大小相等，则将该表项从空闲文件目录中删除；若该空闲文件的容量大于用户申请空间容量，则要对该空闲文件进行划分，一部分分配给用户，剩余部分仍然留在空闲文件目录中。

当用户撤销一个文件时，系统回收该文件所占用的空间，这时也需要顺序扫描空闲文件目录。如果回收盘块与已有空闲文件邻接，则需要将它们合并为一个大的空闲文件；若回收盘块与已有空闲文件不邻接，则应寻找一个空表项，并将回收空间的第一个物理块号及它所占的块数填到这个表项中。

仅当文件存储空间中只有少量空闲文件时，这种方法才有较好的效果。如果存储空间中有大量的小空闲文件，则空闲文件目录将变得很大，因而其效率大为降低。这种管理技术仅适用于连续文件。

2. 空闲块链

空闲块链方法将文件存储设备上的所有空闲块(又称自由块或空白块)链接在一起，并设置一个头指针指向空闲块链的第一个物理块，最后一个物理块的指针为空。这种对空闲文件空间的管理方法类似于文件的链接结构，只是链表上的盘块都是空闲块而已。

当用户建立文件时，就按需要从链首依次取下几个空闲块分配给文件。当撤销文件时，回收其存储空间，并将回收的空闲块依次链入空闲块链中。

这种方法的优点是实现简单，但工作效率低。因为每当在链表上增加或移去空闲块时，对空闲块链要做较大的调整，因而会有较大的系统开销。

一种改进方法是将空闲块分成若干组，再用指针将组与组链接起来，将这种管理空闲块的方法称为成组链接法，UNIX 系统中采用了成组链接法。

在成组链接法中，系统对空闲盘块加以组织，即将若干个空闲盘块合成一组，将每组中的所有盘块号存放在其前一组的第一个空闲盘块号指示的盘块中，而将第一组中的所有空闲盘块号放入超级块的空闲盘块号表中。例如，在如图 8.9 所示的空闲盘块组织中，将第四组的盘块号 409、406、403 等存入第三组的第一个盘块号所指示的 310 号盘块中；而将第三组的盘块号 310、307、304 等放入第二组的第一个盘块号所指示的 211 号盘块中；而第一组的盘块号 109、106、103 等则存放入超级块的空闲盘块号表中。这种成组链接法，在进行空闲块的分配与回收时要比空闲块链方法节省时间。

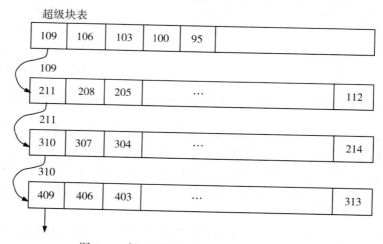

图 8.9　成组链接法空闲盘块的组织示意图

在成组链接法中，当核心要为文件分配一个磁盘块时，首先检查超级块空闲盘块号表是否已上锁，若已上锁则进程睡眠等待；否则将超级块的空闲盘块号表中下一个可用盘块（如 95 号）分配出去。如果所分配的盘块号是超级块中的最后一个可用盘块号，如 109号，由于在该盘块中存放了下一组的所有盘块号（如 211、208 等），于是核心在给超级块中的空闲盘块号表上锁后，先将该盘块中（109 号）的内容读入超级块空闲盘块号表中；然后才将该盘块分配出去；最后将空闲盘块号表解锁，并唤醒所有等待其解锁的进程。

在回收空闲盘块时，如果超级块中的空闲盘块号表未满，则可以直接将回收盘块的编号放入空闲盘块号表中。若空闲盘块号表已满，则应先将空闲盘块号表中的所有盘块号复制到新回收的盘块中，再将新回收盘块的编号放到超级块空闲盘块号表中，此块号就成了表中唯一的盘块号。

3. 位示图

这种方法是为文件存储器建立一张位示图(也称位图),以反映整个存储空间的分配情况。在位示图中,每一个二进制位都对应一个物理块,当某位为"1"时,表示对应的物理块已分配,若某位为"0",则表示对应的物理块空闲,如图 8.10 所示。

当请求分配存储空间时,系统顺序扫描位示图并按需要从中找出一组值为"0"的二进制位,再经过简单的换算就可以得到相应的盘块号,再将这些位置"1"。当回收存储空间时,只需将位示图中的相应位清"0"。

位示图的大小由磁盘空间的大小(物理块总数)确定,因为位示图仅用一个二进制位代表一个物理块,所以它通常比较小,可以保存在内存中,这就使得存储空间的分配与回收较快。但采用这种方法时,需要进行位示图中二进制所在位置与盘块号之间的转换。

	0	1	2	3	4	5	6	7	8	9	10	11	12	13	14	15
0	1	1	0	0	1	1	0	1	1	1	0	1	1	1	1	1
1	0	0	0	0	1	1	1	1	1	0	0	0	0	0	0	1
2	1	1	1	1	1	1	0	1	1	1	1	0	0	0	0	0
3																
4							...									
⋮																

图 8.10 位示图

8.4 文件目录管理

计算机系统中的文件种类繁多,数量庞大,为了有效地管理这些文件,提高系统查找文件的效率,应对它们加以适当的组织。文件的组织可以通过目录来实现。

8.4.1 文件目录

从文件管理的角度看,文件由文件说明和文件体两部分组成。文件体即文件本身,而文件说明(又称为文件控制块)则是保存文件属性信息的数据结构,它包含的具体内容因操作系统而异,但至少应包括以下信息:

(1)文件名。标识一个文件的符号名。每个文件必须具有唯一的名字,这样,用户可以按文件名进行文件操作。

(2)文件的结构。说明文件的逻辑结构是记录式文件还是流式文件,若为记录式文件还需进一步说明记录是否定长、记录长度及个数;说明文件的物理结构是顺序文件、链接文件还是索引文件。

（3）文件的物理位置。指示文件在外存上的存储位置，包括存放文件的设备名，文件在外存的存储地址以及文件长度等。文件物理地址的形式取决于物理结构，如连续文件应给出文件第一块的物理地址及所占块数，对于链接文件只需给出第一块的物理地址，而索引文件则应给出索引表地址。

（4）存取控制信息。指示文件的存取权限，包括文件拥有者（也称作文件主）的存取权限，与文件主同组用户的权限和其他一般用户的权限。

（5）管理信息。包括文件建立的日期及时间、上次存取文件的日期及时间以及当前文件使用状态信息。

文件说明（文件控制块）的集合称为文件目录。一个文件控制块就是一个目录项。目录最基本的功能就是通过文件名存取文件。一般来说，目录应具有如下几个功能：

（1）实现"按名存取"。用户只需提供文件名，就可以对文件进行操作。这既是目录管理的最基本功能，也是文件系统向用户提供的最基本服务。

（2）提高检索速度。这就需要在设计文件系统时合理地设计目录结构，对于大型文件系统来说，这是一个很重要的设计目标。

（3）减少命名冲突。为了便于用户按照自己的习惯来命名和使用文件，文件系统应该允许对不同文件使用相同名称。这时，文件系统可以通过不同工作目录来加以解决。

（4）允许文件共享。在多用户系统中，应该允许多个用户共享一个文件，这样就可以节省文件的存储空间，也可以方便用户共享文件资源。当然，还需要相应的安全措施，以保证不同权限的用户只能取得相应的文件操作权限，防止越权行为。

通常文件目录也作为一个文件来处理，称为目录文件。由于文件系统中一般有很多文件，故文件目录也很大，因此文件目录并不放在内存中，而是放在辅存中。

当文件很多时，文件目录可能要占用大量的盘块。在检索目录文件的过程中，只用到了文件名，不需要其他的说明信息；仅当找到指定的文件时，才需要其他说明信息。因此有些系统采用了将文件名与文件描述信息分开的方法，即把文件描述信息单独形成一个称为索引节点的数据结构，简称 i 节点；而文件目录中的目录项则仅由文件名和所对应的 i 节点组成。这样做可以减少平均启动磁盘的次数，降低系统开销。

常用的文件目录结构有单级目录结构、二级目录结构、多级目录结构及图形目录结构。

8.4.2　单级目录结构

单级目录结构（或称一级目录结构）是最简单的目录结构。在整个文件系统中，单级目录结构只建立一张目录表，每个文件占据其中的一个表项，如表 8.5 所示。

当建立一个新文件时，首先应确定该文件名在目录中是否唯一，若不与已有文件名冲突，则从目录表中找出一个空表项，将新文件的相关信息填入其中。在删除文件时，首先从目录表中找到该文件的目录项，从中找到该文件的物理地址，对文件占用的存储空间进行回收，然后再清除它所占用的目录项。当对文件进行访问时，系统首先根据文件名去查找目录表以确定该文件是否存在，如果文件存在，则找出文件的物理地址，进而完成对文件的操作。

表 8.5　　　　　　　　　　　　　　　　单级目录表

文件名	物理地址	文件其他属性信息
abc		
report		
shang		
⋮		

单级目录结构的优点是易于实现、管理简单，但是存在以下缺点：

（1）不允许文件重名。单级目录下的文件不允许和另一个文件有相同的名字，但是对于多用户系统来说，这又是很难避免的。即使是单用户环境，当文件数量很大时，也很难弄清到底有哪些文件，这就导致文件系统极难管理。

（2）文件查找速度慢。对于稍具规模的文件系统来说，由于拥有大量的目录项，致使查找一个指定的目录项需要花费较长的时间。平均而言，查找一个文件需要扫描半个目录表。

8.4.3　二级目录结构

二级目录结构将文件目录分成主文件目录和用户文件目录两级。系统为每个用户建立一个单独的用户文件目录（UFD，User File Directory），其中的表项登记了该用户建立的所有文件及其说明信息。主文件目录（MFD，Master File Directory）则记录系统中各个用户文件目录的情况，每个用户占一个表项，表项中包括用户名及相应用户文件目录所在的存储位置等。这样就形成了二级目录结构，如图 8.11 所示。

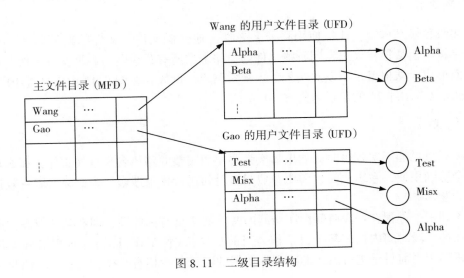

图 8.11　二级目录结构

当用户要访问一个文件时，系统先根据用户名在主文件目录中查找该用户的文件目录，然后再根据文件名，在其用户文件目录中找出相应的目录项，从中得到该文件的物理地址，进而完成对文件的访问。

当用户想建立一个文件时，如果是新用户，即主文件目录表中无此用户的相应登记项，则系统为其在主目录中分配一个表项，并为其分配存放用户文件目录的存储空间，同时在用户文件目录中为新文件分配一个表项，然后在表项中填入有关信息。

文件删除时，只需在用户文件目录中删除该文件的目录项。如果删除后该用户目录表为空，则表明该用户已脱离了系统，从而可以将主文件目录表中该用户的对应项删除。

二级目录结构可以解决文件重名问题，并可获得较高的查找速度；但二级目录结构缺乏灵活性，特别是无法反映真实世界复杂的文件组织形式。

8.4.4　多级目录结构

为了便于系统和用户更灵活方便地组织管理和使用各类文件，将二级目录的层次关系加以推广，便形成了多级目录结构，又称为树型目录结构。

1. 目录结构

在多级目录结构中，第一级目录称为根目录（树根），目录树中的非叶节点均为目录文件（又称子目录），叶节点为数据文件。图 8.12 给出了多级目录结构示例。在图 8.12 中，矩形框表示目录文件，圆圈表示数据文件，文件旁标注的数字为系统赋予该文件的唯一标识符，目录中的字母表示目录文件或数据文件的符号名。例如，在图 8.12 中，根目录中含有三个子目录 A、B、C，子目录 B 的内部标识符为 3。子目录 B 又有三个子目录 F、E、D，其内部标识符分别为 12、13、14。每个子目录中包含若干个文件，如目录 13 中有三个文件，其内部标识符为 18、19、20，其符号名为 I、M、K。

2. 文件路径名

在多级目录结构中，往往使用路径名来唯一地标识文件。文件的路径名是一个字符串，该字符串由从根目录出发到所找文件的通路上的所有目录名与数据文件名用分隔符连接起来而形成，从根目录出发的路径称为绝对路径。例如，在图 8.12 中，文件 10 的路径名为/A/A/A，文件 21 的路径名为/B/D/A。

3. 当前目录

当多级目录的层次较多时，如果每次都要使用完整的路径名来查找文件，那么对用户来说将会感到不便，系统本身也需要花费很多时间进行目录搜索。为此应采取有效措施解决这一问题。

考虑到一个进程在一段时间内所访问的文件通常具有局部性，即在某一范围之内。因此，可在这一段时间内指定某个目录作为当前目录（或称工作目录）。进程对各文件的访问都是相对于当前目录进行的，此时文件使用的路径名为相对路径，它由从当前目录出发到所找文件的通路上的所有目录名与数据文件名用分隔符连接起来而形成。系统允许文件路径往上走,并用"$..$"表示给定目录(文件)的父目录。例如,假定系统的当前目录是目录文件 12,那么文件 15 的相对路径名为 J,文件 8 的相对路径名为 $../../C/G$。

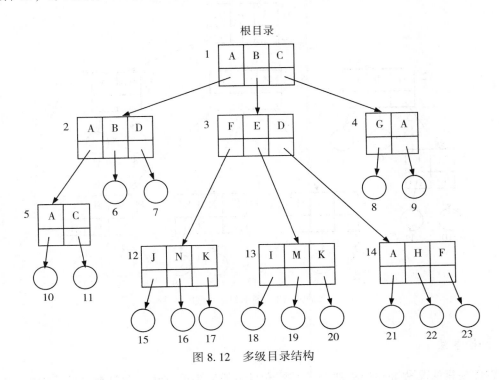

图 8.12　多级目录结构

8.4.5　图形目录结构

　　如果树形目录结构中允许一个文件或目录在多个父目录中占有目录项,则此时的目录结构不再是树形结构,而是图形结构。在 UNIX 系统中,这种一个文件或目录在多个父目录中占有目录项的结构称为链接,如图 8.13 所示。

　　在图 8.13 中,/B/F/K 链接到文件 17,/B/D/F 链接到目录文件 4。前者是链接到一个文件,后者是链接到一个子目录。链接的使用能方便文件共享,但允许链接到目录时,会给目录的管理和维护带来困难,因此在 UNIX 系统中一般只允许链接到文件,以方便对目录的管理。应该指出,一般常说 UNIX 文件系统是树形结构的,但从严格意义上说应该是带链接的树形结构,也就是图形结构。

8.4.6　目录查询技术

　　为了实现用户对文件的按名存取,系统首先利用用户提供的文件名检索文件目录,以找到该文件的文件控制块或索引节点,然后根据文件控制块或索引节点找到该文件的物理地址,进而对文件进行读写操作。在这一过程中,需要提供一种有效的目录查询技术,以提高对目录的检索速度。目前对目录进行查询的方式主要有两种：线性检索法和 hash 法。

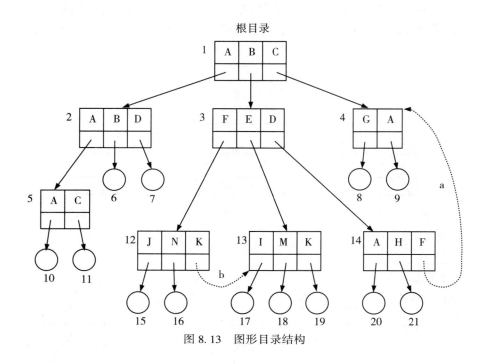

图 8.13　图形目录结构

1. 线性检索法

　　线性检索法又称顺序检索法，这是检索目录的最简单方法。在单级目录结构中，利用用户提供的文件名进行顺序查找。在树形结构中，用户提供的文件名中包含所找文件通路上的所有目录名与文件名，此时需要对多级目录进行查找。假设用户给定的文件名是/usr/ast/mbox，则查找文件的过程是：首先读入文件的第 1 个分量名 usr，在根目录文件中一项一项地与 usr 文件名相比较，以便找到与之匹配的目录项，当在根目录中找到 usr 后，从相应的目录表项中得到 usr 文件的存放地址，再将 usr 目录文件读到内存；然后读入路径名中的第 2 个分量名 ast，用它与 usr 目录文件中的表项进行逐项比较，找到匹配项后，再从相应的目录表项中得到 ast 文件的存放地址，再将 ast 目录文件读到内存；最后读入路径名中的第 3 个分量名 mbox，用它与 ast 目录文件中的表项进行逐项比较，直到找到匹配项。至此目录查询操作结束。如果在目录查找过程中发现一个分量名未能找到，则应停止查找，并返回文件未找到信息。

　　线性检索法简单易行，但速度较慢。作为改善性能的方法之一，很多操作系统使用软件缓冲来存放最近使用过的目录信息。若在缓存中命中就避免了不断从磁盘中读取目录信息。另一种方法是使目录项排序，这样就可以使用二分查找来减少平均搜索时间，但这会使文件的创建和删除变得复杂。还可以使用其他数据结构（如 B 树）来使目录排序更加方便。

2. Hash 法

哈希表是用于文件目录组织的另一种数据结构，采用这种方法时，除了使用线性表存放目录项外，还使用哈希表来进行检索。哈希表根据文件名来散列组织目录项，每个散列值根据文件名计算出，且散列表的表项中含有指向线性表中文件名的指针。

这种方法的优点是大大减少了查询时间。插入删除操作也比较简单。但其实现困难在于如何固定表的大小和确定散列函数。

8.5　文件共享及文件管理的安全性

实现文件共享是文件系统的重要功能。文件共享是指不同的用户（进程）可以使用同一个文件。文件共享不仅为不同用户完成共同的任务所必须，而且还可以节省大量的辅存空间和主存空间，减少输入/输出操作，为用户间的合作提供便利条件。文件共享并不意味着用户可以不加限制地随意使用文件，那样文件的安全性和保密性将无法保证。也就是说，文件共享应该是有条件的，是要加以控制的。因此，文件共享要解决两个问题，一是如何实现文件共享，二是对各类需要共享文件的用户进行操作权限的控制。

文件共享的动机是用户因合作而要进行通信来交换相关信息，如共享管道文件进行通信；减少文件副本来节约访问时间和存储空间；保留一个文件副本可减少文件的不一致性。

共享就有可能引起访问冲突。文件系统的共享语义（File Share Semantics）是文件系统对共享文件或目录冲突访问的处理方法，有些参考文献也称为一致性语义（Consistency Semantics）。不同的文件共享语义定义了对于缓存一致性问题的不同解决方案。

8.5.1　文件共享

在 20 世纪 60~70 年代，已经出现了不少实现文件共享的方法，现代的一些文件共享方法是在这些早期文件共享方法的基础上发展起来的。

1. 早期的文件共享方法

早期实现文件共享的方法有三种，即绕道法、链接法和基本文件目录表方法。

绕道法要求每个用户在当前目录下工作，用户对所有文件的访问都是相对于当前目录进行的。用户文件的路径名是由当前目录到数据文件通路上所有各级目录的目录名加上该数据文件的符号名组成。当所访问文件不在当前目录下时，用户应从当前目录出发向上返回到与所要共享文件所在路径的交叉点，再顺序向下访问到共享文件。绕道法需要用户指定所要共享文件的逻辑位置或到达被共享文件的路径。显然，绕道法要绕弯路访问多级目录，这使其搜索效率不高。

为了提高共享其他目录中文件的速度，另一种实现文件共享的办法是在相应目录表之间进行链接。即将一个目录中的链指针直接指向被共享文件所在的目录，如图 8.13 中的虚线 a 和 b。采用这种链接方法实现文件共享时，应在文件说明中增加"连访属性"和"用户计数"两项。前者说明文件物理地址是指向文件还是指向被共享文件的目录项，后者说明共享文件的用户数目。若要删除一个共享文件，必须判别是否有多个用户共享该文件，若有则只需将用户计数减 1，否则才真正删除此共享文件。

基本文件目录表方法把所有文件目录的内容分成两部分：一部分包括文件的说明信息，如文件存放的物理地址、存取控制信息和管理信息等，并由系统赋予唯一的内部标识符来标识；另一部分则由用户给出的符号名和系统赋给文件说明信息的内部标识符组成。这两部分分别称为符号文件目录表(SFD)和基本文件目录表(BFD)。SFD 中存放文件名和文件内部标识符，BFD 中存放除了文件名之外的文件说明信息和文件的内部标识符。这样组成的多级目录结构如图 8.14 所示。

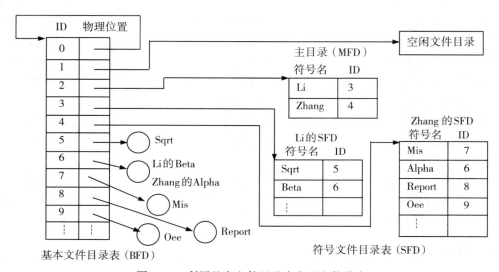

图 8.14　利用基本文件目录表实现文件共享

在图 8.14 中，为了简单起见，未在 BFD 表项中列出说明信息的具体值。另外，在文件系统中，通常规定基本文件目录、空闲文件目录、主目录的标识符分别为 0、1、2。

采用基本文件目录表方法可以较方便地实现文件共享。如果用户要共享某个文件，则只需要在相应的目录文件中增加一个目录项，在其中填上一个符号名及被共享文件的标识符。例如在图 8.14 中，用户 Li 和用户 Zhang 共享标识符为 6 的文件，对于系统来说，标识符 6 指向同一个文件；而对 Li 和 Zhang 两个用户来说，则对应于不同的文件名 Alpha 和 Beta。

2. 基于索引节点的共享方式

当几个用户在同一个项目里工作时，他们常常需要共享文件。为此，可以将共享文件链接到多个用户的目录中，如图 8.15 所示，其中 C 的一个文件现在也出现在 B 的目录下，B 称为该共享文件的一个链接。此时，该文件系统本身是一个有向图，而不是一棵树。

使用这种方法实现文件共享很方便，但也带来一些问题。如果目录中包含文件的物理地址，则在链接文件时，必须将文件的物理地址复制到 B 目录中去。但如果 B 或 C 随后又往该文件中添加内容，则新的数据块将只会出现在进行添加操作的用户目录中，这种改变对其他用户而言是不可见的，因而新增加的这部分内容不能被共享。

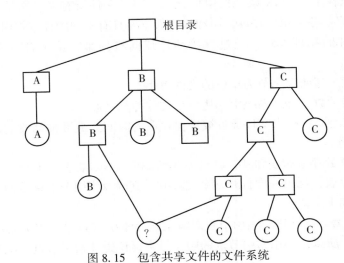

图 8.15　包含共享文件的文件系统

为了解决这个问题，可以将文件说明中的文件名和文件属性信息分开，使文件属性信息单独构成一个数据结构，这个数据结构称为索引节点（又称 i 节点），而文件目录中的每个目录项仅由文件名及该文件对应的 i 节点号构成，如图 8.16 所示。此时，任何用户对文件的修改都会反映在索引节点中，其他用户可以通过索引节点存取文件，因此文件的任何变化对于所有共享它的用户都可见。

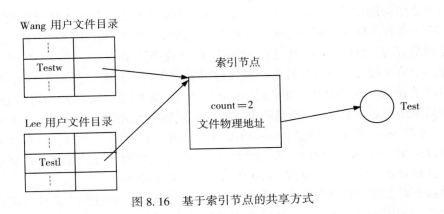

图 8.16　基于索引节点的共享方式

在 UNIX 系统中，索引节点数据结构中存放文件的说明信息。索引节点以静态形式存放于磁盘上，故又称为磁盘索引节点。每个文件有唯一的一个磁盘索引节点，它由以下字段构成：

（1）文件所有者标识号。拥有该文件的用户标识号与用户组标识号。

（2）文件类型。文件可以是正规文件、目录文件、字符设备特别文件、块设备特别文件和管道文件几种。

（3）文件存取权限。UNIX 系统把用户分成三类：文件所有者、文件所有者的同组用户和其他一般用户。各类用户在读、写和执行等方面具有不同的存取权限。

（4）存放文件的物理地址。通过直接地址或间接地址，给出含有文件数据的磁盘块号。

（5）文件长度。指明以字节为单位的文件大小。

（6）文件链接计数。文件系统中到达一个文件的路径数。

（7）文件存取时间。指出文件最近被进程存取的时间、最近被修改的时间及索引节点最近被修改的时间。

为了加快文件的存取速度和减轻磁盘 I/O 的压力，UNIX 系统还专门在内存中建立了一个内存索引节点表，当第一次打开某个文件时，其磁盘索引节点被复制到内存索引节点表中，并增加了如下字段：

（1）索引节点号。标识内存索引节点对应的磁盘索引节点号。因为索引节点按顺序方式存储在磁盘上，所以核心用索引节点的顺序号来标识磁盘索引节点。磁盘索引节点不需要这个字段。

（2）内存索引节点状态。用以指示内存索引节点是否上锁，是否有进程正在等待此索引节点解锁，索引节点是否被修改等。

（3）内存索引节点引用计数。记录当前有几个进程正在访问此索引节点。

（4）设备号。文件所属文件系统的设备号。

（5）内存索引节点指针。内存索引节点也有两种类型——空闲链表和散列队列。因此内存索引节点应有相应的指针。

索引节点中的链接计数 count 字段，用于表示链接到本索引节点的目录项的数目。当 count=2 时，表示有两个目录项链接到本文件上。例如，当用户 C 创建一个新文件时，他是该文件的所有者，此时 count 值为 1。当有用户 B 希望共享此文件时，应在用户 B 的目录中增加一个目录项，并设置指针指向该文件的索引节点，此时文件的所有者仍然是 C，但索引节点的链接计数应加 1，即此时 count 值为 2。如果以后用户 C 不再需要该文件，此时系统只是删除 C 的目录项(若删除该文件，也将删除该文件的索引节点，这使 B 的指针悬空)，并将 count 减 1，即此时 count 值为 1，如图 8.17 所示。此时，只有 B 拥有指向该文件的目录项，而该文件的所有者仍然是 C。如果系统进行记账或配额，C 将继续为该文件付账直到 B 不再需要它，此时 count 值为 0，该文件被删除。

这种基于索引节点的共享方式也称为硬链接(hard link)；通过多个文件名链接到同一个索引节点，可共享同一个文件。硬链接的不足是无法跨越文件系统。

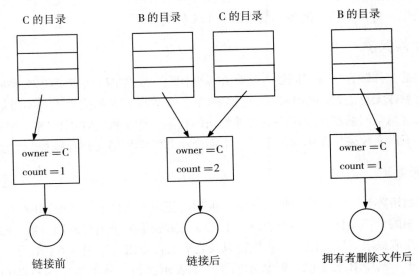

图 8.17　用户 B 链接前后的情况

3. 利用符号链接实现文件共享

利用符号链接也可以实现文件共享。符号链接是一种特殊类型的文件，其内容是被链接文件的文件路径。建立符号链接文件，并不影响原文件，实际上它们各是一个文件。可以建立任意符号链接，甚至原文件是在其他计算机上。

例如，B 为了共享 C 的一个文件 F，这时可以由系统创建一个 LINK 类型的新文件，并把新文件添加到 B 的目录中，以实现 B 的一个目录与文件 F 的链接。新文件中只包含被链接文件 F 的路径名，称这种链接方式为符号链接。当用户 B 要访问被链接的文件 F 时，操作系统发现要读的文件 F 是 LINK 类型的文件，因此由操作系统根据 LINK 文件中的路径名去读该文件，从而实现了用户 B 对文件 F 的共享。

在利用符号链接实现文件共享时，因为只有文件所有者拥有指向其索引节点的指针，共享该文件的用户只有其路径名，而没有指向索引节点的指针。当文件所有者删除文件后，其他用户若试图通过符号链接访问该文件将导致失败，因为系统找不到该文件，于是将符号链接删除。

符号链接的不足是需要额外的开销。当其他用户去读共享文件时，系统是根据给定的文件路径名逐个分量进行查找的，这些操作需要多次访问磁盘，这使共享文件的访问开销很大。另外，符号链接需要配置索引节点以及一个磁盘块用于存储路径，这也要消耗一些磁盘空间。

符号链接的优点是只要提供一个机器的网络地址以及文件在该机器上的驻留路径，就可以链接全球任何地方的机器上的文件。

上述两种链接共享方法都存在一个共同的问题，即每一个共享文件都具有多个文件名，也就是说，每增加一个链接，就增加一个文件名。

8.5.2　文件保护

系统中的文件既存在保护问题，又存在保密问题。文件保护是指避免文件拥有者或其他用户因有意或无意的错误操作使文件受到破坏。文件保密是指文件本身不得被未授权的用户访问。这两个问题都涉及用户对文件的访问权限，即文件的存取控制。在实现文件存取控制时，不同系统采用了不同的方法。下面介绍几种常用的文件存取控制方法。

1. 存取控制矩阵

存取控制矩阵是一个二维矩阵，其中一维列出使用该文件系统的全部用户；另一维列出存入系统中的全部文件。矩阵中的每一个元素用来表示某个用户或用户组对某个文件的存取权限，存取权限可以为读、写、执行以及它们的任意组合。表 8.6 给出了一个存取控制矩阵的例子，其中 R 表示读，W 表示写，E 则表示执行，例如表中用户 ZHAO 对文件 ALPHA 可以进行读和写操作。

当一个用户向文件系统提出存取请求时，由存取控制验证模块利用存取控制矩阵将本次请求和该用户对这个文件的存取权限进行比较，如果不匹配就拒绝执行。

表 8.6　　　　　　　　　　　　　　　　　存取控制矩阵

文件 ＼ 用户	ZHAO	HUANG	CHENG	...
SQRT	R、E	E	E	
TEST	R、W、E	E	None	
ALPHA	R、W	R	R	
BETA	R	R、W	None	
⋮				

存取控制矩阵法的优点是简单、清晰，缺点是不够经济。存取控制矩阵通常放在内存，该矩阵本身占据了大量空间，管理起来也较复杂，尤其是当文件系统很庞大时更是如此。例如，若某系统有 500 个用户，他们共有 20 000 个文件，那么这个存取控制矩阵就有 500×20 000＝10 000 000 个元素，它将占据相当大的存储空间，查找这么大的表，既不方便又很费时，而且每增加或减少一个用户或文件都要修改存取控制矩阵。因此，存取控制矩阵法没有得到普遍应用。

2. 存取控制表

分析一下存取控制矩阵，可以发现某一个文件只与少数几个用户有关。也就是说存取控制矩阵是一个稀疏矩阵，因而可以对它进行简化，即减少不必要的登记项（用户名或文件名）。为此，我们可以按用户对文件的存取权限将用户分成若干组，同时规定每一组用户对文件的存取权限。这样，所有用户组存取权限的集合称为该文件的存取控制表，表8.7 给出了一个存取控制表的示例。

表8.7   **文件 ALPHA 的存取控制表**

用户 / 文件	ALPHA
文件拥有者	R、W、E
A 组	R、W
B 组	E
其他	None

从表8.7 中可以看出，文件拥有者可以读、写和执行 ALPHA，用户组 A 可以读和写该文件，用户组 B 可以执行该文件，其他用户对该文件没有任何操作权限。

显然，这种方法实际上是对存取控制矩阵的一种改进，它不像存取控制矩阵那样，对整个系统中所有文件的访问权限进行集中控制，而是对系统中的每个文件设立一个存取控制表。由于文件存取控制表的表项数较少，可以把它放进我们前面讲过的文件目录中。当文件打开时，它的文件目录项被复制到内存，供存取控制验证模块检验存取的合法性。

3. 用户权限表

用户权限表是将一个用户或用户组所要存取的文件名集中存放在一个表中，其中每个表项指明该用户或用户组对相应文件的存取权限，这种表称为用户权限表。表8.8 给出了一个用户权限表的示例。

从表8.8 中可以看出，用户组 A 对文件 SQRT、TEST 可以读和执行，对文件 ALPHA、BETA 只能读。通常，把所有用户权限表集中存放在一个特定的存储区中，且只允许存取控制验证模块访问这些权限表，这样就可以达到有效保护文件的目的。当用户对一个文件提出存取要求时，系统通过查找相应的权限表，就可以判定其存取的合法性。

4. 口令

上述三种文件保护方法都要建立相应的权限控制表格，这些表格本身需占据一定的存储空间，而且由于表格的长度不一，使得管理比较复杂。为此，又提出了一种简单可行的文件保护办法，即口令。

表 8.8　　　　　　　　　　　　　　用户权限表

文件 \ 用户	A 组
SQRT	R、E
TEST	R、E
ALPHA	R
BETA	R

　　使用口令方法时，文件主为自己的每个文件规定一个口令，一方面进行口令登记，另一方面把口令告诉允许访问该文件的用户。文件的口令通常登记在该文件的目录中，或者登记在专门的口令文件中。当用户请求访问某文件时，首先要提供该文件的口令，经系统证实口令正确后才允许访问文件。

　　口令方法的优点是只需为每个被保护文件提供少量的保护信息，口令的管理也比较简单且口令方法易于实现。但该方法也存在一些缺点，如口令的保密性不强，不易更改存取权限等。如果你想让别的用户存取你的文件，就必须把该文件的口令告诉他们。操作员和系统管理员可能会得到系统的全部口令，因为文件的口令全部登记在系统中。如果某文件主希望收回某个持有口令的用户继续访问他的文件的权限，该文件主只能更改文件的访问口令，而且还需要将新口令告诉其他能访问该文件的用户。因此，这种方法常用于识别系统的合法用户，而存取权限则用其他方法实现。

5. 密码

　　防止文件泄密以及控制存取访问的另一种方法是密码，该方法是对需要保护的文件进行加密。这样，虽然所有用户均可以存取该文件，但是只有那些掌握了译码方法的用户，才能读出正确的信息。

　　文件写入时的编码及读出时的译码都由系统存取控制验证模块承担，但要求发出存取请求的用户提供一个变元——代码键。一种简单的编码方式是，利用代码键作为生成一串随机数的起始码，编码程序把这些随机数加到被编码文件的字节中去；译码时，用和编码时相同的代码键启动随机数发生器，并从存入文件的各字节中依次减去所产生的随机数，这样就能恢复原来的数据。由于只有核准的用户才知道这个代码键，因而他可以正确地存取该文件。

　　在密码方法中，由于代码键不存入系统，仅当用户要存取文件时，才需要将代码键输入给系统。这样，对于那些不诚实的系统管理员来说，由于他们在系统中找不到各个文件的代码键，所以也就无法偷读或篡改他人的文件了。

　　密码技术具有保密性强、节省存储空间的优点，但编码和译码要花费一定的时间。

8.5.3 文件的转储和恢复

在计算机运行过程中，可能出现各种意想不到的事故，为了能在各种意外情况下减少或避免文件系统遭到破坏时的损失，常用的简便方法是定期转储。转储的方法有两种：一种是全量转储，另一种是增量转储。

1. 全量转储

全量转储方法要求将文件存储器中的所有文件定期备份，转储到某存储介质上，如磁盘或磁带。一旦系统出现故障破坏了文件信息，便可以将最近一次转储的内容复制到文件系统中去，使系统恢复到上次转储时的状态。这种方法虽然简单，但有如下缺点：

(1)在转储期间，应停止对文件系统进行其他操作，以免造成混乱。因此，全量转储影响系统对文件的操作，因而不应转储正在打开进行写操作的文件。

(2)转储时间长。如果使用磁带，一次转储可能长达几十分钟，因此不能经常进行，一般每周一次。这样，从转储介质上恢复的文件系统可能与被破坏前那一时刻的文件系统差别较大。

2. 增量转储

增量转储是一种部分文件的转储，即将上次转储以来修改过的文件和新增加的文件转储到某存储介质上。可以每隔一定时间进行一次增量转储，如几小时。增量转储能使系统在遭到破坏后，可以恢复到数小时前文件系统的状态，从而使得所造成的损失减到最小。

在实际工作中，文件转储非常重要，不可忽视，否则会造成前功尽弃或无法弥补的后果。在进行文件转储时，两种方法要配合使用，根据实际情况，确定全量转储的周期和增量转存的时间间隔。一旦系统发生故障，文件系统的恢复过程大致如下：

(1)从最近一次全量转储中装入全部系统文件，使系统得以重新启动，并在其控制下进行后续的恢复工作。

(2)从近到远从增量转储盘上恢复文件。同一个文件可能曾被转储过若干次，但只恢复最近一次转储的副本，其他的转储副本则被略去。

8.6 文件的使用

为使用户能灵活方便地使用和控制文件，文件系统提供了一组进行文件操作的系统调用命令。最基本的文件操作命令有建立文件、删除文件、打开文件、关闭文件、读文件和写文件。

当用户想把一批信息作为文件保存时，可用建立文件命令向系统提出建立文件的要求。当建立新文件时，系统首先要为新文件分配必要的外存空间，并在文件系统的目录中为之建立一个目录项。目录项中应记录新文件的文件名及其在外存的存放地址等属性。

当一个文件不再使用时，可用删除文件命令将文件删除。在删除文件时，系统应先从目录中找到要删除文件的目录项，使之成为空闲目录项，然后回收该文件所占用的存储空间。

所谓读文件就是把文件中的数据从外存读入内存的用户区。在读一个文件时，需要给系统提供文件名和存放读出内容的内存地址。此时，系统同样要查找目录，找到指定文件的目录项，从中得到被读文件在外存的地址，然后从外存将数据读入内存。

当用户要求对文件添加和修改信息时，可用写文件命令将信息写入文件。在写一个文件时，需要给系统提供文件名和要写入信息在内存的地址。为此，系统也同样要查找目录，找到指定文件的目录项，再利用目录中的文件指针将信息写入文件。

为了避免用户在每次访问文件时从外存中查找文件目录，系统提供了打开文件命令。该命令的功能是将待访问文件的目录信息读入内存活动文件表中，建立起用户和文件的联系。一旦文件被打开就可以多次使用，直到文件被关闭为止。在有些系统中，也可以通过读命令隐含地向系统提出打开文件的要求。若在读写命令中不包含打开文件功能，则在使用文件之前，必须先打开文件。

若文件暂时不用，应将其关闭。关闭文件的功能是撤销内存中有关该文件的目录信息，切断用户与该文件的联系；若在文件打开期间，该文件作过某种修改，则应将其写回辅存。文件关闭之后，若要再次访问该文件，则必须重新打开。

8.7　小结

1. 文件系统是指操作系统中与文件管理有关的软件和数据的集合。文件系统由三部分组成：与文件管理有关的软件、被管理的文件以及实施文件管理所需的数据结构。

2. 文件结构是指文件的组织形式，文件结构分为逻辑结构和物理结构两种。文件的逻辑结构是从用户观点出发所看到的文件组织形式，文件的物理结构是指文件在外存上的存储组织形式。

3. 文件的逻辑结构可以分为两种形式：记录式文件和流式文件。记录式文件由一组相关记录组成，流式文件由一系列字符组成。

4. 常见的文件物理结构有顺序结构、链接结构和索引结构。

(1)顺序结构将一个逻辑文件的信息存放在外存的连续物理块中。以顺序结构存放的文件称为顺序文件。

(2)链接结构将一个逻辑文件的信息存放在外存的多个物理块中，同时用指针将存放同一个文件的物理块链接起来。采用链接结构存放的文件称为链接文件。

(3)索引结构将一个逻辑文件的信息存放于外存的多个物理块中，并为每个文件建立一个索引表，索引表中的每个表项存放文件信息所在的逻辑块号和与之对应的物理块号。采用索引结构存放的文件称为索引文件。

5. 文件的存取方法有：顺序存取法、直接存取法和按键存取法。

(1)顺序存取法是按照文件信息的逻辑顺序依次存取。

(2)直接存取法允许按任意顺序存取文件中的任何一个物理记录。

（3）按键存取法实质上也是直接存取法，它根据文件记录中数据项的内容进行存取。

6. 磁盘访问时间由三部分组成：寻道时间、旋转延迟时间和传输时间。寻道时间是指将磁头从当前位置移动到指定磁道所经历的时间，旋转延迟时间是指将指定扇区移动到磁头下面所经历的时间，传输时间是指从磁盘上读出数据或向磁盘写入数据所经历的时间。

7. 常见的磁盘调度算法有：先来先服务算法、最短寻道时间优先算法、扫描算法及循环扫描算法。

8. 常见的文件存储空间分配方法有：连续分配、链接分配、索引分配。

9. 常见的空闲文件存储空间管理方法有：空闲文件目录、空闲块链及位示图。

10. 文件说明又称为文件控制块，是保存文件属性信息的数据结构。文件说明的集合称为文件目录。

11. 常用的文件目录结构有单级目录、二级目录、多级目录和图形目录结构。

12. 文件共享是指不同的用户可以使用同一个文件。文件保护是指避免文件拥有者或其他用户因有意或无意的错误操作使文件受到破坏。文件保密是指文件本身不得被未授权的用户访问。

13. 文件打开的功能是将待访问文件的目录信息读入内存活动文件表中，建立起用户和文件的联系。关闭文件的功能是撤销内存中有关该文件的目录信息，切断用户与该文件的联系；若在文件打开期间，该文件作过某种修改，则应将其写回辅存。

练习题 8

1. 单项选择题

（1）操作系统中对外存上的数据信息进行管理的部分叫做_____。

    A. 数据库系统   B. 文件系统

    C. 检索系统   D. 数据存储系统

（2）共享设备磁盘的物理地址为（柱面号，磁头号，扇区号），磁头从当前位置移动到需访问柱面所用的时间称为 ___①___，磁头从访问的柱面移动到指定扇区所用时间称为 ___②___。

    A. 寻道时间   B. 传输时间

    C. 旋转等待时间   D. 周转时间

（3）若进程 P1 访问 199 号柱面，磁头是从 0 号柱面移到 199 柱面的，且在访问期间依次出现了 P2 申请读 299 号柱面，P3 申请写 209 号柱面，P4 申请读 199 号柱面，访问完 199 号柱面以后，如果采用：先来先服务算法，将依次访问 ___①___；最短寻道时间优先算法，将依次访问 ___②___；扫描算法，将依次访问 ___③___。

    A. 299，199，209   B. 299，209，199

    C. 199，209，299   D. 209，199，299

（4）为了解决不同用户文件的"命名冲突"问题，通常在文件系统中采用_____。

　　　　A. 约定的方法　　B. 多级目录　　　C. 路径　　　　　D. 索引

　　（5）文件系统中，打开文件（open）操作的功能是_____。

　　　　A. 把文件信息从辅存读到内存

　　　　B. 把磁盘的超级块从辅存读到内存

　　　　C. 把文件的 FAT 表信息从辅存读到内存

　　　　D. 把文件的控制管理信息从辅存读到内存

　　（6）文件的绝对路径名是指_____。

　　　　A. 文件名和文件扩展名

　　　　B. 一系列的目录文件名和该文件的文件名

　　　　C. 从根目录到该文件所经历的路径中各符号名的集合

　　　　D. 目录文件名和文件名的集合

　　（7）一个文件的相对路径名是从_____开始，逐步沿着各级子目录追溯，最后到指定文件的整个通路上所有子目录名组成的一个字符串。

　　　　A. 当前目录　　　B. 根目录　　　　C. 二级目录　　　D. 多级目录

　　（8）存放在磁盘上的文件_____。

　　　　A. 只能随机访问　　　　　　　B. 只能顺序访问

　　　　C. 既可随机访问，又可顺序访问　D. 不能随机访问

　　（9）用磁带作文件存储介质时，文件只能组织成_____。

　　　　A. 目录文件　　　B. 链接文件　　　C. 索引文件　　　D. 顺序文件

　　（10）使用文件前必须先　①　文件，文件使用完毕后应该　②　。

　　　　A. 建立　　　　　B. 打开　　　　　C. 命名　　　　　D. 关闭

　　（11）位示图可用于_____。

　　　　A. 文件目录的查找　　　　　　　B. 磁盘空间的管理

　　　　C. 主存空间的共享　　　　　　　D. 实现文件的保护和保密

　　（12）在文件系统中，文件的不同物理结构有不同的优缺点。在下列文件的物理结构中，　①　不具有直接读写文件任意一个记录的能力，　②　不利于文件长度动态增长。

　　　　A. 顺序结构　　　B. 链接结构　　　C. 索引结构　　　D. Hash 结构

　　（13）文件系统采用二级目录结构，这样可以_____。

　　　　A. 缩短访问文件存储器时间

　　　　B. 实现文件共享

　　　　C. 解决不同用户之间的文件名冲突问题

　　　　D. 节省主存空间

　　（14）常用的文件存取方法有两种：顺序存取和_____存取。

　　　　A. 流式　　　　　B. 串联　　　　　C. 记录　　　　　D. 随机

　2. 填空题

　　（1）索引文件大体上由_____区和_____区构成。

（2）逻辑文件有两种类型，即 _____ 文件与 _____ 文件。

（3）文件的物理组织有顺序结构、_____和索引结构。

（4）活动头磁盘的访问时间包括 _____、_____ 和 _____。

（5）按用户对文件的存取权限将用户分为若干组，同时规定每一组用户对文件的访问权限。这样，所有用户组存取权限的集合称为该文件的_____。

（6）_____是指避免文件拥有者或其他用户因有意或无意的错误操作使文件受到破坏。

（7）文件转储的方法有两种：全量转储和_____。

（8）在文件系统中，要求物理块必须连续的物理文件是_____。

（9）_____算法选择与当前磁头所在磁道距离最近的请求作为下一次服务的对象。

（10）文件的结构就是文件的组织形式，从用户观点出发所看到的文件组织形式称为文件的 ① ；从实现观点出发，文件在外存上的存放组织形式称为文件的 ② 。

（11）文件系统中若文件的物理结构采用连续结构，则文件控制块中关于文件的物理位置信息应包括文件的 ① 和 ② 。

（12）二级目录结构通常由 ① 和各用户的 ② 组成。

3. 解答题

（1）什么是文件系统？文件系统提供了哪些基本操作？

（2）什么叫寻道？访问磁盘时间由哪几部分组成？其中哪一个是磁盘调度的主要目标？

（3）什么是文件的物理结构和逻辑结构？

（4）文件存取控制方法有哪些？比较其优缺点。

（5）什么是打开文件操作？什么是关闭文件操作？

（6）文件目录有哪几种常见的组织方式？

（7）设某系统磁盘共有 1600 块，块号从 0~1599，若用位示图管理这 1600 块的磁盘空间，问位示图需要多少个字节？

（8）若磁头的当前位置为 100 磁道，磁头正向磁道号增加方向移动。现有一个磁盘读写请求队列：23，376，205，132，19，61，190，398，29，4，18，40。若采用先来先服务、最短寻道时间优先和扫描算法，试计算出平均寻道长度各为多少？

（9）在实现文件系统时，为加快文件目录的检索速度，可利用"文件控制块分解法"。假设目录文件存放在磁盘上，每个盘块 512 字节。文件控制块占 64 字节，其中文件名占 8 字节。通常将文件控制块分解成两部分，第 1 部分占 10 字节（包括文件名和文件内部号），第 2 部分占 54 字节（包括文件内部号和文件其他描述信息）。

①假定某一目录文件共有 254 个文件控制块，试分别给出采用分解法前和分解法后，查找该目录的某一个文件控制块的平均访问磁盘次数。

②一般地，若目录文件分解前占用 n 个盘块，分解后改用 m 个盘块存放文件名和文件内部号，请给出访问磁盘次数减少的条件。

（10）若两个用户共享一个文件系统，用户甲使用文件 A、B、C、D、E；用户乙要用到文件 A、D、E、F。已知用户甲的文件 A 与用户乙的文件 A 实际上不是同一文件；甲、乙两用户的文件 D 和 E 正是同一文件。试设计一种文件系统组织方案，使得甲、乙两用户能共享该文件系统又不致造成混乱。

（11）设某文件为连接文件，由 5 个逻辑记录组成，每个逻辑记录的大小与磁盘块大小相等，均为 512 字节，并依次存放在 50、121、75、80、63 号磁盘块上。若要存取文件的第 1569 逻辑字节处的信息，问要访问哪一个磁盘块？

（12）某些系统采用保持一个副本的方法提供文件共享，而有些系统对每个共享用户提供一个副本。这两种方法各有什么利弊？

（13）如果磁盘的每个磁道分成 9 个块，现有一文件包含有 A，B，…，I 共 9 个记录，每个记录的大小与块的大小相等，设磁盘转速为 27ms/转，每读出一块后需要 2ms 的处理时间。若忽略其他辅助时间，试问：

①如果顺序存放这些记录并顺序读取，处理该文件要多少时间？

②如果要顺序读取该文件，记录如何存放处理时间最短？

（14）某磁盘文件系统采用混合索引分配方式，13 个地址项记录在 FCB 中，第 0-9 个地址项为直接地址，第 10 个地址项为一次间接地址，第 11 个地址项为二次间接地址，第 12 个地址项为三次间接地址。如果每个盘块的大小为 512 字节，盘块号需要用 4 个字节来描述，问：

①该文件系统允许的文件最大长度是多少？（结果可以用 xKB+yMB+zGB 形式）

②若要读取偏移量为 5000B 处的文件数据，试说明如何计算得到其物理地址（磁盘块号及偏移量）。

（15）假设计算机系统磁盘空间为 4GB，每个磁盘块的大小为 512B，采用电梯调度的磁盘调度策略。

①请说明如果采用位示图进行磁盘块的分配和回收，位示图的开销是多少？

②设某单面磁盘旋转速度为每分钟 6000 转。每个磁道有 100 个扇区，相邻磁道间的平均移动时间为 1ms。若在某时刻，磁头位于 100 号磁道处，并沿着磁道号增大的方向移动，磁道号请求队列为 50、90、30、120，对请求队列中的每个磁道需读取 1 个随机分布的扇区，则读完这 4 个扇区共需要多少时间？

第9章　操作系统安全

由于操作系统位于硬件之上，其他软件之下，是计算机系统最基础的软件，所以在信息系统的安全中，操作系统的安全性具有至关重要的基础作用，其安全职能是其他软件安全职能的根基。一方面它直接为用户数据提供各种保护机制，如实现用户数据之间的隔离，另一方面为应用程序提供可靠的运行环境，保证应用程序的各种安全机制正常发挥作用，如禁止数据管理系统之外的应用程序直接操作数据库文件，以防数据库系统的安全保护机制被绕过。网络环境下的信息安全需要操作系统提供更强的安全机制。本章主要讨论有关操作系统安全的问题。

9.1　操作系统安全概述

操作系统实质是一个资源管理系统，管理计算机系统的各种资源，用户通过它获得对资源的访问权限。安全操作系统除了要实现普通操作系统的功能外，还要保证它所管理资源的安全性，包括保密性、完整性、可用性和可信性等。

操作系统安全是计算机系统软件安全的必要条件，若没有操作系统提供的基础安全性，信息系统的安全性是没有基础的。缺乏这个安全的根基，构筑在其上的应用系统以及安全系统，如PKI、加密解密技术的安全性是得不到根本保障的，信息系统的安全性就不可能达到预定的目的。

9.1.1　基本概念

所谓安全操作系统是指对所管理的数据与资源提供适当的保护级，有效地控制硬件与软件功能的操作系统。通常，一种安全操作系统是从开始设计时就充分考虑到系统的安全性，或者是基于一个通用的操作系统，专门进行安全性改进或增强，并通过相应的安全性测评。

安全操作系统与操作系统安全的含义不尽相同，操作系统安全表达的是对操作系统的安全需求，而安全操作系统的特色则是其安全性。但二者又是统一的和密不可分的，因为它们所关注的都是操作系统的安全性。安全操作系统通常与一定的安全等级相对应，例如，美国国防部根据《可信计算机系统安全评价准则（TCSEC）》，将操作系统的安全性分为四类七个安全级别。

操作系统安全（Operating System Security）：操作系统无错误配置、无漏洞、无后门、无特洛伊木马等，能防止非法用户对计算机资源的非法存取，一般用来表达对操作系统的安全需求。

操作系统的安全性（Security of Operating System）：操作系统具有或应具有的安全功能，比如存储保护、运行保护、标识与鉴别、安全审计等。

安全操作系统（Secure Operating System）：能对所管理的数据与资源提供适当的保护级、有效地控制硬件与软件功能的操作系统。安全操作系统在开发完成后，在正式投入使用之前一般都要求通过相应的安全性评测。

多级安全操作系统（Multilevel Secure Operating System）：实现了多级安全策略的安全操作系统，比如符合美国橘皮书（TCSEC）B1 级以上的安全操作系统。

1972 年，J. P. Anderson 等人提出了引用监控机制（Reference Monitor Mechanism）、引用验证机制（Reference Validation Mechanism）、安全核（Security Kernel）和安全建模（Security Modeling）等重要概念，并提出了开发安全操作系统总的指导原则。

安全操作系统的设计优先考虑的是隔离性、完整性和可验证性三个基本原则，而不是普通操作系统所考虑的灵活性、方便性、性能、开发费用等因素。一般来说，安全操作系统的设计应考虑到以下因素：第一，实现通用操作系统中的基本安全功能，即保证各个进程的相互隔离性，每个进程都有其独立运行的安全空间；第二，安全性在安全操作系统中的实现，即安全内核的设计。

操作系统安全性的主要目标是标识系统中的用户，对用户身份进行认证，对用户的操作进行控制，防止恶意用户对计算机资源进行窃取，篡改，破坏等非法存取，防止正当用户操作不当而危害系统安全，从而既保证系统运行的安全性，又保证系统自身的安全性。具体包括如下几个方面：

（1）身份认证机制：实施强认证方法，比如口令、数字证书等；

（2）访问控制机制：实施细粒度的用户访问控制，细化访问权限等；

（3）数据保密性：对关键信息，数据要严加保密；

（4）数据完整性：防止数据系统被恶意代码破坏，对关键信息进行数字签名技术保护；

（5）系统的可用性：操作系统要加强应对攻击的能力，比如防病毒、防缓冲区溢出攻击等；

（6）审计：审计是一种有效的保护措施，它可以在一定程度上阻止对计算机系统的威胁，并在系统检测、故障恢复方面发挥重要作用。

9.1.2　漏洞扫描

安全操作系统的一个安全漏洞，可能致使整个系统所有的安全控制变得毫无价值，并且一旦这个漏洞被蓄意入侵者发现，就会产生巨大危害，所以要求能及时发现这些安全漏洞并且对这些漏洞做出响应。为了保证安全操作系统的安全性，人们往往采用专用工具扫描操作系统的安全漏洞，从而达到发现漏洞和补救这些漏洞的目的。

操作系统安全漏洞扫描的主要目的是：自动评估由于操作系统的固有缺陷或配置方式

不当所导致的安全漏洞。扫描软件在每台机器上运行，通过一系列测试手段来探查每一台机器，发现潜在的安全缺陷。它从操作系统的角度评估单机的安全环境并生成所发现的安全漏洞的详细报告。可以使用扫描软件对安全策略和实际实施进行比较，并给出建议采取相应措施来堵塞安全漏洞。

操作系统安全扫描的主要内容包括以下四个方面：

（1）设置错误。检查系统设置，搜索安全漏洞，判断是否符合安全策略。

（2）黑客踪迹。黑客留下的踪迹常常是可以检测到的，例如检查网络接口是否处于"杂收"模式。黑客也常在某些目录下放置文件，扫描软件检查这些目录下是否有可疑的文件。

（3）特洛伊木马程序。黑客经常在系统文件中内嵌"别有用心"的应用程序，对安全构成很大威胁。扫描软件试图检查这种应用程序的存在。

（4）关键系统文件完整性的威胁。检查关键系统文件的非授权修改和不合适的版本。这种检查不仅提供了一种检测漏洞的手段，也有助于版本控制。

9.1.3 安全评测

没有发现一个操作系统的安全漏洞并不代表该操作系统是安全的，需要采用系统性的安全操作系统评测技术来对操作系统的安全性进行评价和测试。我们说一个操作系统是安全的，是指它满足某一给定的安全策略。一个操作系统的安全性是与设计密切相关，只有有效保证从设计者到用户都相信设计准确地表达了模型，而代码准确地表达了设计时，该操作系统才可以说是安全的，这也是安全操作系统评测的主要内容。

评测操作系统安全性的方法主要有三种：形式化验证、非形式化确认及入侵分析。这些方法各自可以独立使用，也可以将它们综合起来评估操作系统的安全性。

（1）形式化验证。

分析操作系统安全性最精确的方法是形式化验证。在形式化验证中，安全操作系统被简化为一个要证明的"定理"。定理断言该安全操作系统是正确的，即它提供了所应提供的安全特性。但是证明整个安全操作系统正确性的工作量是巨大的。另外，形式化验证也是一个复杂的过程，对于某些大的实用系统，试图描述及验证它都是十分困难的，特别是那些在设计时并未考虑形式化验证的系统更是如此。

（2）非形式化确认。

确认包括验证，也包括其他一些不太严格的让人们相信程序正确性的方法。完成一个安全操作系统的确认有如下几种不同的方法：安全需求检查；设计及代码检查；模块及系统测试。

（3）入侵分析。

在入侵分析方法中，"老虎"小组成员试图"摧毁"正在测试中的安全操作系统。"老虎"小组成员应当掌握操作系统典型的安全漏洞，并试图发现并利用系统中的这些安全缺陷。操作系统在某一次入侵测试中失效，则说明它内部有错。相反地，操作系统在某一次入侵测试中不失效，并不能保证系统中没有任何错误。入侵测试在确定错误存在方面是非常有用的。

通常，对安全操作系统评测是从安全功能及其设计的角度出发，由权威的第三方实施。

9.1.4　评测标准

一般来说，评价一个计算机系统安全性能的高低，应从如下两个方面进行：系统具有哪些安全功能；安全功能在系统中得以实现的可被信任的程度。通常通过文档规范、系统测试、形式化验证等安全保证来说明。

为了对现有计算机系统的安全性进行统一的评价，为计算机系统制造商提供一个有权威的系统安全性标准，需要有一个计算机系统安全评测准则。

美国国防部于 1983 年推出了历史上第一个计算机安全评价标准《可信计算机系统评测准则(Trusted Computer System Evaluation Criteria，TCSEC)》，又称橘皮书。TCSEC 带动了国际上计算机安全评测的研究，德国、英国、加拿大、西欧四国等纷纷制定了各自的计算机系统评价标准。近年来，我国也制定了相应的强制性国家标准 GB17859—1999《计算机信息系统安全保护等级划分准则》和推荐标准 GB/T18336—2001《信息技术　安全技术　信息技术安全性评估准则》。

计算机安全评测的基础是需求说明。一般地说，安全系统规定安全特性，控制对信息的存取，使得只有授权的用户或代表他们工作的进程才拥有读、写、建立或删除信息的存取权。基于这个基本的目标，美国国防部给出了可信任计算机信息系统的六项基本需求，其中四项涉及信息的存取控制，两项涉及安全保障。

根据这 6 项基本需求，TCSEC 在用户登录、授权管理、访问控制、审计跟踪、隐蔽通道分析、可信通路建立、安全检测、生命周期保障、文档写作等各方面，均提出了规范性要求，并根据所采用的安全策略、系统所具备的安全功能将系统分为四类七个安全级别：

D 级：最低安全性；

C1 级：自主存取控制；

C2 级：较完善的自主存取控制(DAC)、审计；

B1 级：强制存取控制(MAC)；

B2 级：良好的结构化设计、形式化安全模型；

B3 级：全面的访问控制、可信恢复；

A1 级：形式化认证。

现在一般的商用操作系统达到了 C2 级的安全级别，通常称 B1 级以上的操作系统为安全操作系统。

我国国标 GB17859—1999 基本上是参照美国 TCSEC 制定的，但将计算机信息系统安全保护能力划分为下述五个等级。

第一级用户自主保护级。本级的计算机信息系统可信计算基通过隔离用户与数据，使用户具备自主安全保护的能力。它具有多种形式的控制能力，对用户实施访问控制，即为用户提供可行的手段，保护用户和用户组信息，避免其他用户对数据的非法读写与破坏。

第二级系统审计保护级。与用户自主保护级相比，本级的计算机信息系统可信计算基实施了粒度更细的自主访问控制，它通过登录规程、审计安全性相关事件和隔离资源，使用户对自己的行为负责。

第三级安全标记保护级。本级的计算机信息系统可信计算基具有系统审计保护级的所有功能。此外，还提供有关安全策略模型、数据标记以及主体对客体强制访问控制的非形式化描述；具有准确地标记输出信息的能力；消除通过测试发现的任何错误。

第四级结构化保护级。本级的计算机信息系统可信计算基建立于一个明确定义的形式化安全策略模型之上，它要求将第三级系统中的自主和强制访问控制扩展到所有主体与客体。此外，还要考虑隐蔽通道。本级的计算机信息系统可信计算基必须结构化为关键保护元素和非关键保护元素。计算机信息系统可信计算基的接口也必须明确定义，使其设计与实现能经受更充分的测试和更完整的复审。加强了鉴别机制；支持系统管理员和操作员的职能；提供可信设施管理；增强了配置管理控制。系统具有相当的抗渗透能力。

第五级访问验证保护级。本级的计算机信息系统可信计算基满足访问监控器需求。访问监控器仲裁主体对客体的全部访问。访问监控器本身是抗篡改的；必须足够小，能够分析和测试。为了满足访问监控器需求，计算机信息系统可信计算基在其构造时，排除那些对实施安全策略来说并非必要的代码；在设计和实现时，从系统工程角度将其复杂性降低到最小程度。支持安全管理员职能；扩充审计机制，当发生与安全相关的事件时发出信号；提供系统恢复机制。系统具有很高的抗渗透能力。

第五级是最高安全等级。一般认为我国 GB17859—1999 的第四级对应于 TCSEC B2 级，第五级对应于 TCSEC B3 级。计算机信息系统安全保护能力随着安全保护等级的增高，逐渐增强。国标 GB/T20271—2006《信息安全技术操作系统安全技术要求》以国标 GB17859—1999 划分的五个安全保护等级为基础，对操作系统的每个安全保护等级的安全功能技术要求和安全保证技术要求做了详细描述。

美国联合荷、法、德、英、加等国，于 1991 年 1 月宣布了制定通用安全评价准则（Common Criteria for IT Security Evaluation，CC）的计划。1996 年 1 月发布了 CC 的 1.0 版。它的基础是欧洲的 ITSEC、美国的 TCSEC、加拿大的 CTCPEC，以及国际标准化组织 ISO SC27 WG3 的安全评价标准。1999 年 7 月，国际标准化组织 ISO 将 CC 2.0 作为国际标准——ISO/IEC 15408 公布。CC 标准提出了"保护轮廓"，将评估过程分为"功能"和"保证"两部分，是目前最全面的信息技术安全评估标准。CC 标准在内容上包括三部分：第一部分是简介和一般模型，定义了 IT 安全评估的通用概念和原理，提出了评估的通用模型；第二部分是安全功能要求，建立一套功能组件，作为表示评估对象功能要求的标准方法；第三部分是安全保证要求，建立一套保证组件，作为表示评估对象保证要求的标准方法。此外，还定义了保护轮廓和安全目标的评估准则，提出了评估保证级别。

CC 开发的目的是使各种安全评估结果具有可比性，在安全性评估过程中为信息系统及其产品的安全功能和保证措施提供一组通用要求，并确定一个可信级别。应用 CC 的结果是，可使用户确定信息系统及安全产品对他们的应用来说是否足够安全，使用中的安全风险是否可以容忍。

　　要评估的信息系统和产品被称为评估对象(TOE)，如操作系统、分布式系统、网络及其应用等。CC 涉及信息的保护，以避免未授权的信息泄露、修改和不可用。CC 重点考虑人为的安全威胁，但 CC 也可用于非人为因素造成的威胁，CC 还可用于其他的 IT 领域。CC 不包括与信息技术安全措施无直接关系的行政性管理安全措施的评估；不包括物理安全方面的评估；不包括评估方法学，也不涉及评估机构的管理模式和法律框架；也不包括密码算法强度等方面的评估。

9.2　操作系统面临的安全威胁

　　所谓安全威胁，是指这样一种可能性，即对于一定的输入，经过系统处理，产生了危害系统安全的输出。随着外界环境复杂程度的增加和与外界交互程度的提高，计算机系统的安全性显得越来越重要，安全问题也就日益突出。目前网络技术的飞速发展和信息共享程度的不断增强，使得越来越多的计算机系统遭受着各种安全威胁。这些威胁大多是通过利用操作系统和应用服务程序的弱点或缺陷实现的。

　　在设计安全操作系统之前，首先需要对其面临的威胁进行分析，然后针对这些威胁设计相应的安全模型，提供所需的安全机制，以防范这些安全威胁。操作系统作为系统软件，其所面临的安全威胁主要来自黑客入侵和计算机病毒。

　　计算机病毒本质上是一个程序或一段可执行代码，并具有自我复制能力及隐蔽性、传染性和潜伏性等特征，如 CIH 病毒；黑客攻击则表现为具备某些计算机专业知识和技术的人员通过分析挖掘系统漏洞和利用网络对特定系统进行破坏，使功能瘫痪、信息丢失等，常见的攻击方式如拒绝服务攻击，即通过消耗网络带宽或频发连接请求阻断系统对合法用户的正常服务。

　　操作系统各种安全威胁形式导致的最终后果，其实就是对一般信息系统或计算机系统应该拥有的保密性、完整性和可用性等三方面的安全特性的破坏。其中，机密性是指只有授权用户才能以对应的授权存取方式访问系统中的相应资源和信息；完整性是指系统中的信息不能在未经授权的前提条件下被有意或无意地篡改或破坏；可用性是指系统中的信息应保持有效性，且无论何时，只要需要，均应支持合法授权用户进行正确和适当方式的存取访问。

　　病毒或黑客对操作系统安全性的威胁方式通常有下面四种情况：

　　(1)切断：系统的资源被破坏或变的不可用或不能用。这是对可用性的威胁，如破坏硬盘、切断通信线路或使文件管理失效。

　　(2)截取：未经授权的用户、程序或计算机系统获得了对某资源的访问。这是对机密性的威胁，如在网络中窃取数据及非法拷贝文件和程序。

　　(3)篡改：未经授权的用户不仅获得了对某资源的访问，而且进行篡改。这是对完整性的攻击，如修改数据文件中的值，修改网络中正在传送的消息内容。

　　(4)伪造：未经授权的用户将伪造的对象插入到系统中。这是对合法性的威胁，如非法用户把伪造的消息加到网络中或向当前文件加入记录。

9.2.1　入侵检测

入侵者又称为黑客(hacker)或计算机窃贼(cracker)。有以下三种类型的入侵者：

(1)伪装者(masquerader)：一个未经授权使用计算机的个人，他穿过系统的访问控制，使用了一个合法用户的账号。

(2)违法行为者(misfeasor)：一个合法的用户，他访问了数据、程序和资源，而这种访问对他来说是未经授权的或虽经授权却错误地使用了他的特权。

(3)秘密的用户(clandestine user)：指夺取了对系统的管理控制，并使用这一控制躲避审核和访问控制，或取消审核的人。

入侵者的目的是获得对系统的访问或提高他访问系统的特权范围。一般来说，这需要入侵者获得已被保护的信息。在多数情况下，这种信息的形式是用户口令，知道了其他用户的口令，入侵者可以登录到系统中，并行使该合法用户所具有的所有特权。

典型情况下，系统必须维护一个口令文件，该文件将记录每个授权用户的口令，如果该文件未经保护，则获得对它的访问并获取口令将很容易。一般的口令文件的保护可以采取下列两种方式之一：

(1)单向加密：系统存储的仅仅是加密形式的用户口令。当用户输入口令时，系统对该口令加密并与存储的值相比较。实际上，系统通常执行一个单向(不可逆)的变换，使用口令生成一个用于加密功能的密钥，并产生一个固定长度的输出。

(2)访问控制：对口令文件的访问被局限于一个或非常少的几个账号。

系统的第一条防线是口令系统，第二道防线就是入侵检测。如果一个入侵很快被检测到，则可以确定入侵者，并在他进行破坏之前将他逐出系统。即使不能及时检测出入侵者，但越早检出，破坏性就越小，系统恢复也越快。有效的入侵检测系统具有威慑力，因而，也可以防止入侵。入侵检测能收集入侵攻击技巧的信息，这些信息可用来加强入侵防范措施。入侵检测基于的假设是入侵者的行为不同与合法用户的某些行为，当然，无法期望入侵者的攻击和授权用户正常使用资源之间存在着明显区别，相反两者之间存在着相同之处。

9.2.2　计算机病毒

病毒可以做其他程序可做的任何事情，仅有的区别是它将自身复制到另一个程序中，当宿主程序运行时它也秘密的执行。一个病毒可以找到程序的第一条指令，把其变成跳转到内存某一区，然后，把病毒代码的一个副本送到这里，接着让病毒模拟那条被替换的指令，跳回主程序的第二条指令，继续执行主程序。一旦主程序运行时，病毒就感染其他程序，然后，再执行主程序。典型的病毒生命周期分如下四个阶段：

(1)潜伏阶段：这时病毒是空闲的，病毒将被某些事件激活，如某个日期，另一个程序或文件的出现，或磁盘的容量超过某个限度。并非所有病毒都具有这个阶段。

(2)传播阶段：病毒将自身的一份相同的副本复制到其他程序中，或磁盘上特定系统所在区域中。现在每个受感染的程序已经包含了该病毒的一个副本，它也同样进行传播。

　　(3)触发阶段：病毒被激活，执行它想要执行的功能。与潜伏阶段一样，触发阶段可以由很多不同的系统事件所导致。

　　(4)执行阶段：病毒已经得到执行。功能可能是无害的，如屏幕上显示一条信息；也可能是破坏性的，如删去文件或篡改数据。

　　大多数病毒都是以一种针对某一特定操作系统的方式运行，因而，病毒是针对特定系统的不足来设计的。

　　自从病毒第一次出现以来，在病毒程序编写者和反病毒软件制造者之间就持续不断地进行着对抗。随着适用已有病毒类型的有效的反病毒措施的开发，新的类型的病毒也在不断得到发展。最为重要的病毒类型可以分为以下三类：

　　(1)寄生病毒：传统的并且仍是最普通的病毒形式。寄生病毒将自己加到可执行文件中，当受到感染的程序执行时，它就将自身复制到其他可执行文件中。

　　(2)常驻内存病毒：寄宿在主存中，并作为常驻系统程序的一部分，病毒将感染执行的所有程序。

　　(3)引导扇区病毒：感染主引导记录或引导记录，并且当系统从含有病毒的磁盘引导时，进行传播。

　　(4)秘密病毒：被设计得能够隐蔽自己的一种病毒形式，避免被反病毒软件检测到。

　　(5)多形病毒：每次感染时变异，它使通过病毒的特征来检测病毒变得十分困难。

　　(6)宏病毒：宏病毒充分利用了 word 和其他办公应用程序，例如 Microsoft Excel 的特点，即：宏。本质上，宏是一个嵌在字处理文档或其他类型的文件中的可执行程序。自动执行的宏使生成宏病毒成为可能。这是一种自动调用的宏，无须用户显式输入。一般自动执行的事件有：打开文件、关闭文件以及启动应用程序。

　　解决病毒威胁的最理想的办法是预防：不要让病毒侵入到系统中。尽管预防能够减少病毒成功攻击的数目，但这个目标一般来说是不太可能达到的。另一个较好的方法就是能够做到如下三点：

　　(1)检测：一旦已经发生感染，就要确定它的发生并定位病毒。

　　(2)识别：当检测取得成功后，就要识别并清除感染程序中的特定病毒。

　　(3)清除：一旦识别出特定病毒，根除病毒并恢复程序原来的状态。

　　如果检测成功但没能清除，就可以把被感染程序删去，重新安装一个无毒版本。早期的病毒代码很简单，用通常的杀毒软件就可验证和清除。随着病毒的发展，杀毒软件也越来越复杂，杀毒软件经历了四代：第一代简单扫描。用病毒签名来验证病毒，病毒所有副本的结构和形式相同，这种扫描签名仅限于检测已知病毒；也可以记录程序长度，观察长度是否变化来确定有否病毒。第二代启发式扫描。扫描并不仅依靠签名，而采用启发式规则来搜索可能的病毒感染，例如，找出多形病毒的加密循环，从而找到密钥，依据密钥就可解密病毒，从而清除它并恢复程序。另一种二代方法是完整性检查，对每个程序附加一个检查和，如果病毒感染程序不改变检查和，则完整性检查就可以指出这种改变；对于改变检查和的病毒，可通过加密来检测，加密密钥独立于程序存放，于是病毒不能产生新代码加密。第三代杀毒程序常驻内存，它通过行为而不是被感染程序的结构来验证病毒。优点在于不必对病毒组提供签名，只需验证出感染的行为集。第四代是包含大量杀毒技术的工具包，这些技术包括扫描和活动验证技术。这种包还有存取控制能力，从而，限制了病毒渗透系统的能力，限制了病毒为传递感染的修改文件的能力。

9.3 安全模型

开发设计一个安全的操作系统，首先要明确安全需求。操作系统的安全需求可以归纳为四个方面：机密性（confidentiality）、完整性（integrity）、可追究性（accountability）和可用性（availability）。上述安全需求转化为一系列的安全策略，比如访问控制策略（ACP）和访问支持策略（ASP），前者反应系统的机密性和完整性需求，后者反应系统的可追究性和可用性需求。我们说一个系统是安全的，并非指该系统就是绝对安全，而是说这个系统的实现达到了当初设计时所制定的安全策略。

我们需要将安全需求、安全策略抽象为安全模型。安全模型主要功能是对安全策略所表达的安全需求进行简单、抽象和无歧义的描述，为安全策略的实现提供框架。安全模型除了具备精确无歧义、简易抽象、容易理解的特点之外，还具有一般性，即安全模型只是关注安全相关的问题，不过度涉及系统的功能和实现。

安全模型可以分为非形式化和形式化两种安全模型。非形式化模型仅模拟系统的安全功能，形式化安全模型则借助数学模型，精确地描述安全性及其在系统中使用的情况。J. P. Anderson 曾指出，开发安全系统首先必须建立系统的安全模型，完成安全系统的建模之后，再进行安全内核的设计和实现。一般高等级安全操作系统开发时都要求使用形式化安全模型来模拟安全系统，因为形式化模型可以正确地综合系统的各类因素，如系统的使用方式、使用环境类型、授权的定义、共享的客体资源等，所有这些因素构成安全系统的形式化抽象描述，使得系统可以被证明是完整的、反映真实环境的、逻辑上能够实现程序可以受控执行的。

安全策略是有关管理，保护和发布敏感信息的法律，规定和实施细则。安全模型的特点是：简单的、抽象的，容易理解；精确的、无歧义的；只涉及安全性质；安全策略明显表现。现有的安全模型大多采用状态机模型系统。在状态机模型中，利用状态变量表示系统的状态，利用转换函数或操作规则用以描述状态变量的变化过程，来达到确保系统安全状态不变量的维持（意味着系统安全状态保持）的目的。

开发一个状态机安全模型包含确定模型的要素（变量、函数、规则等）和安全初始状态，需要采用如下特定的步骤：定义安全相关的状态变量；定义安全状态的条件；定义状态转换函数；检验函数是否维持了安全状态；定义初始状态；依据安全状态的定义，证明初始状态安全。

现有的安全模型可分为状态机模型、信息流模型、无干扰模型、不可推断模型、完整性模型等类型。

状态机模型（State Machine Model）。用状态语言将安全系统描绘成抽象的状态机，用状态变量表示系统的状态，用转换规则描述变量变化的过程。状态机模型用于描述通用操作系统的所有状态变量几乎是不可能的，通常只能描述安全操作系统中若干与安全相关的主要状态变量。访问控制矩阵(Access Control Matrix)是一个典型的状态机模型。

信息流模型(Information Flow Model)。信息流模型用于描述系统中客体间信息传输的安全需求，根据客体的安全属性决定主体对它的存取操作是否可行。信息流模型不是检查主体对客体的存取，而是试图控制从一个客体到另一个客体的信息传输过程。它根据两个客体的安全属性决定存取操作是否可以进行。信息流模型可用于寻找隐蔽通道，因此依赖信息流模型的系统分析方法(又称为信息流分析)通常与隐蔽通道分析等价。

无干扰模型(Non-Interference Model)。无干扰模型将系统的安全需求描述成一系列主体间操作互不影响的断言，要求在不同存储域中操作的主体能够防止由于违反系统的安全性质导致的相互间的影响，如要求高安全级的操作不干扰低安全级主体的活动。

不可推断模型(Non-Deducibility Model)。这个模型提出了不可推断性的概念，要求低安全级用户不能推断出高安全级用户的行为。

完整性模型(Integrity Model)。目前公认的两个完整性模型是 Biba 模型和 Clark-Wilson 模型。Biba 模型通过完整级(Integrity Level)的概念，控制主体"写"访问操作的客体范围。Clark-Wilson 模型针对完整性问题，对系统进行功能分隔和管理。

下面介绍几个比较有影响的具体模型。

9.3.1　BLP 模型

Bell-LaPadula 模型(简称 BLP 模型)是 D. Elliott Bell 和 Leonard J. LaPadula 于 1973 年提出的一种适用于军事安全策略的计算机操作系统安全模型，它是最早、也是最常用的一种计算机多级安全模型之一。BLP 模型是一个状态机模型，它形式化地定义了系统、系统状态以及系统状态间的转换规则；定义了安全概念；制定了一组安全特性，以此对系统状态和状态转换规则进行限制和约束，使得对于一个系统而言，如果它的初始状态是安全的，并且所经过的一系列规则转换都保持安全，那么可以证明该系统是安全的。

BLP 模型采用线性排列安全许可的分类形式来保证信息的保密性。每个主体都有个安全许可，等级越高，可访问的信息就越敏感；每个客体都有个安全密级，密级越高，客体信息越敏感。BLP 模型也被称为机密性安全模型。

(1)模型的基本元素。

模型定义了如下的集合：

主体集合 $S = \{s_1, s_2, \cdots, s_n\}$，主体：用户或代表用户的进程，能使信息流动的实体。

客体集合 $O = \{o_1, o_2, \cdots, o_m\}$，客体：文件、程序、存储器段等。

主体或客体的密级 $C = \{c_1, c_2, \cdots, c_q\}$，元素之间呈全序关系，$c_1 < c_2 < \cdots < c_q$。

部门或类别的集合 $K = \{k_1, k_2, \cdots, k_r\}$。

访问属性集 $A = \{r, w, e, a, c\}$，其中，r：只读；w：读写；e：执行；a：添加(只写)；c：控制。

请求元素集 $R = \{g, r, c, d\}$，其中，g：get(得到)，give(赋予)；r：release(释

放），rescind（撤销）；c：change（改变客体的安全级），create（创建客体）；d：delete（删
除客体）。

判定集（结果集）D＝{yes，no，error，?}，其中，yes：请求被执行；no：请求被拒绝；
error：系统出错，有多个规则适合于这一请求；?：请求出错，规则不适用于这一请求。

访问矩阵集 $\mu=\{M_1，M_2，\cdots，M_p\}$，其中元素 M_k 是一 n×m 的矩阵，M_k 的元素 M_{ij}
$\subseteq A$。

$F=C^S\times C^O\times(P_K)^S\times(P_K)^O$，其中，

$C^S=\{f_1\mid f_1：S\rightarrow C\}$ f_1 给出每一主体的密级；

$C^O=\{f_2\mid f_2：O\rightarrow C\}$ f_2 给出每一客体的密级；

$(P_K)^S=\{f_3\mid f_3：S\rightarrow P_K\}$ f_3 给出每一主体的部门集（即范畴）；

$(P_K)^O=\{f_4\mid f_4：O\rightarrow P_K\}$ f_4 给出每一客体的部门集（即范畴）。

其中，P_K 表示 K 的幂集（$P_K=2^K$）。

F 的元素记作 $f=(f_1，f_2，f_3，f_4)$，给出在某状态下每一主体的密级和部门集，每一客
体的密级和部门集，即主体的许可证级（$f_1，f_3$），客体的安全级（$f_2，f_4$）。

（2）系统状态。

$V=P_{(S\times O\times A)}\times\mu\times F$ 是状态的集合，状态 $v=(b，M，f)$ 用有序三元组表示，其中 $b\subseteq(S\times O\times A)$，是当前访问集。M 是访问矩阵，它的第 i 行，第 j 列的元素 $M_{ij}\subseteq A$ 表示在当前状
态下，主体 S_i 对客体 O_j 所拥有的访问权限。$f=(f_1，f_2，f_3，f_4)$，其中，$f_1(s)$ 和 $f_3(s)$ 分
别表示主体 s 的密级和部门集，$f_2(s)$ 和 $f_4(s)$ 分别表示客体 O 的密级和部门集。

（3）安全特性。

①简单安全性。

我们说一个状态 $v=(b，M，f，H)$ 满足简单安全性，当且仅当对任意的主体 s（属于主
体集合 S），若 s 对客体 o（属于客体集合 O）有读写权限，那么主体 s 的安全级一定支配客
体 o 的安全级，这里的安全级支配意思是指主体的密级 L(s) > 客体的密级 L(o)，并且 s
的范畴 Domain(s) 包含 o 的范畴 Domain(o)，一句话说就是显而易见的道理：A 可以对 B
读写，那么 A 的安全级一定高于 B（强制安全策略体现）。

② ＊特性。

这类似一个分段函数，分情况来说就是，对于状态 $v=(b，M，f，H)$ 满足相对于 S 子
集 S_1 的 ＊特性，当且仅当，对任意属于 S_1 的 s，都有：

若 s 对于 o 只有只写权限，那么 o 的安全级支配 s 的安全级，即客体安全级高于主体
安全级；

若 s 对于 o 有读写权限，那么客体 o 的安全级等于主体 s 的安全级；

若 s 对于 o 只有只读权限，那么主体 s 的安全级支配客体 o 的安全级。

其实 BLP 就是"下读上写"：信息只能由高等级读低等级，写操作可以由低等级到高
等级，可读可写一定安全级相同。

③自主安全性。

状态 v=(b，M，f)满足自主安全性，当且仅当对所有的 $(s_i，o_j，x)∈b$，有 $x∈M_{ij}$。

④兼容性公理。

对于客体 o，如果 o 是 O-1 的叶节点，则叶结点的安全级支配 O-1 的安全级。

(4)状态转换规则。

BLP 状态转换规则 ρ 定义为函数 ρ：$R×V→D×V$，对规则的解释为给定一个请求和一个状态，规则 ρ 决定系统产生的一个响应和下一个状态。

其中：R 为请求集；V 为状态集；D 为判定集{yes，no，error，?}。

ρ 规定对于给定的一个状态和一个请求，系统产生一个判定和下一个状态，只有当 D 的取值为"yes"时，请求才被执行，状态才发生转换。BLP 模型定义了十条基本规则。

规则 1~4 分别用于主体请求对客体的读(r)，添加(a)，执行(e)和写(w)的访问权。规则 5 用于主体释放它对某客体的访问权(包括 r，或 a，或 e，或 w)。规则 6 和规则 7 分别用于一个主体授予和撤销另一个主体对某客体的访问权。规则 8 用于改变静止客体的密级和类别集。规则 9 和规则 10 分别用于创建和删除(使之成为静止)一个客体。

(5)系统的定义。

①$R×D×V×V=\{(r_K，d_m，v*，v)\mid r_K∈R，d_m∈D，v*，v∈V\}$

即，任意一个请求，任意一个结果(判定)和任意两个状态都可组成一个上述的有序四元组，这些有序四元组便构成集合 $R×D×V×V$。

②设 $ω=\{P_1，P_2，\cdots P_s\}$ 是一组规则的集合，定义 W(ω)是 $R×D×V×V$ 的子集：

a. $(r_k，?，v，v)∈W(ω)$，iff 对每个 i，$1≤i≤s$，$P_i(r_k，v)=(?，v)$

b. $(r_k，error，v，v)∈W(ω)$，iff 存在 i_1，i_2，$1≤i1$，$i2≤s$，使得对于任意的 $v*∈V$ 有 $P_{i1}(r_k，v)≠(?，v*)$ 且 $P_{i2}(r_k，v)≠(?，v*)$。

c. $(r_k，d_m，v*，v)∈W(ω)$，$d_m≠?$，$d_m≠error$，iff 存在唯一的 i，$1≤i≤s$，使得对某个 $v*$ 和任意的 $v**∈V$，$P_i(r_k，v)≠(?，v**)$，$P_i(r_k，v)=(d_m，v*)$。

以上定义说明 W(ω)只包含 $R×D×V×V$ 中一部分四元组，或某些特定的四元组。若某 $(r_k，d_m，v*，v)∈W(ω)$，则说明该四元组一定满足上述定义中(3 条)的某一条，亦即意味着在状态 v 下，发出某请求 r_k 后，按照某条规则，其结果为 d_m，状态 v 转换成状态 $v*$。因此 W(ω)是由 ω 中的一组规则所定义的有序四元组所组成。

③$X×Y×Z=\{(x，y，z)\mid x∈X，y∈Y，z∈Z\}$，其中，

$x=x_1x_2\cdots x_t\cdots$是请求序列，X 是请求序列集；

$y=y_1y_2\cdots y_t\cdots$是结果序列，Y 是结果序列集；

$z=z_1z_2\cdots z_t\cdots$是状态序列，Z 是状态序列集。

任意一个请求序列，任意一个结果序列和任意一个状态序列均可组成一个有序三元组，$X×Y×Z$ 即由所有这样的有序三元组所构成。

④系统表示为 $Σ(R，D，W(ω)，z0)$，定义为：

$Σ(R，D，W(ω)，z0)⊆X×Y×Z$，只含有其中一部分有序三元组，$X×Y×Z$ 中的有序三元组 $(x，y，z)∈Σ(R，D，W(ω)，z_0)$，iff 对每一个 $t∈T$，$(x_t，y_t，z_t，z_{t-1})∈W(ω)$。

z_0 是系统的初始状态，通常表示为(φ，M，f)

令 $x=x_1x_2\cdots x_t\cdots$ 是请求序列；

$y=y_1y_2\cdots y_t\cdots$ 是结果序列；

$z=z_1z_2\cdots z_t\cdots$ 是状态序列。

若(x，y，z) $\in \sum$(R，D，W(ω)，z_0)，则意味着对于所有的 t $\in$T，(x_t，y_t，z_t，z_{t-1}) $\in$W(ω)，即符合 ω 所规定的操作规则。

因此系统 $\sum$(R，D，W(ω)，z_0)是一个状态机，它从一个特定的初始状态 z_0 开始，接受用户的一系列请求，按照 W(ω)的规则给出相应的结果，并进行相应的状态转换，符合上述条件的所有可能的(x，y，z)组成系统 $\sum$。系统 R 就是由所有这些有序三元组(x，y，z)所组成。

从初始状态 z_0 出发，任何一个请求序列均可导致出一结果序列和状态序列，引起一系列的状态转换。

(6)系统安全的定义。

①安全状态：一个状态 v=(b，M，f) $\in$V，若它满足自主安全性，简单安全性和 $*$ 一性质，那么这个状态就是安全的。

②安全状态序列：设 z $\in$Z 是一状态序列，若对于每一个 t $\in$T，z_t 都是安全状态，则 z 是安全状态序列。

③系统的一次安全出现：(x，y，z) $\sum$(R，D，W(ω)，z_0)称为系统的一次出现。

若(x，y，z)是系统的一次出现，且 z 是一安全状态序列，则称(x，y，z)是系统 $\sum$(R，D，W(ω)，z_0)的一次安全出现。

④安全系统：若系统 $\sum$(R，D，W(ω)，z_0)的每次出现都是安全的，则称该系统是一安全系统。

(7)模型中的有关安全的结论。

BLP 模型中证明了：

①这十条规则都是安全性保持的(即若 v 是安全状态，则经过这十条规则转换后的状态 v $*$ 也一定是安全状态)。

②若 z0 是安全状态，ω 是一组安全性保持的规则，则系统 $\sum$(R，D，W(ω)，z0)是安全的。

说明 BLP 模型所描述的系统是一个安全的系统。

(8)对 BLP 安全模型的评价。

BLP 模型是最早的一种安全模型，也是最有名的多级安全策略模型。它给出了军事安全策略的一种数学描述，用计算机可实现的方式定义。它已为许多操作系统所使用。

BLP 模型是一个最早地对多级安全策略进行描述的模型；是一个严格形式化的模型，并给出了形式化的证明；是一个很安全的模型，既有自主访问控制，又有强制访问控制；控制信息只能由低向高流动，能满足军事部门等一类对数据保密性要求特别高的机构的需求。

BLP 模型中当低安全级的信息向高安全级流动，可能破坏高安全客体中数据完整性，被病毒和黑客利用。只要信息由低向高流动即合法（高读低），不管工作是否有需求，这不符合最小特权原则。高级别的信息大多是由低级别的信息通过组装而成的，要解决推理控制的问题。另外上级对下级发文受到限制；部门之间信息的横向流动被禁止；缺乏灵活、安全的授权机制。

9.3.2　其他安全模型 Biba 模型

（1）Biba 模型。

BLP 模型通过防止非授权信息的扩散保证系统的安全，但它不能防止非授权修改系统信息。于是 Biba 等人在 1977 年提出了第一个完整性安全模型——Biba 模型，其主要应用类似 BLP 模型的规则来保护信息的完整性。Biba 模型也是基于主体、客体以及它们的级别的概念的。模型中主体和客体的概念与 BLP 模型相同，对系统中的每个主体和每个客体均分配一个级别，称为完整级别。

每个完整级别均由两部分组成：密级和范畴。其中，密级是如下分层元素集合中的一个元素：｛极重要（Crucial，C），非常重要（Very Important，VI），重要（Important，I）｝。此集合是全序的，即 C>VI>I。范畴的定义与 BLP 模型类似。

完整级别形成服从偏序关系的格，此偏序关系称为支配（≤）关系。

模型定义主体为系统中所有能够存取信息的主动元素，例如用户进程。系统中每个用户被分配一个完整级别，用户进程则取用户的完整级别。用户的完整级别反映用户插入、删除、修改信息的置信度。

模型定义客体为系统中所有能够响应存取要求的被动元素，例如文件、程序等。系统中每个客体也被分配一个完整级别，此完整级别反映对存储在客体中的信息的置信程度。

（2）Clark-Wilson 模型。

在商务环境中，1987 年 David Clark 和 David Wilson 所提出的完整性模型具有里程碑的意义，它是完整意义上的完整性目标、策略和机制的起源。为了体现用户完整性，他们提出了职责隔离（Separation of Duty）目标；为了保证数据完整性，他们提出了应用相关的完整性验证进程；为了建立过程完整性，他们定义了对于变换过程的应用相关验证；为了约束用户、进程和数据之间的关联，他们使用了一个三元组结构。

Clark-Wilson 模型的核心在于以良构事务（Well-Formal Transaction）为基础来实现在商务环境中所需的完整性策略。

（3）RBAC 模型。

基于角色的存取控制（Role-Based Access Control，RBAC）模型主要用于管理特权，在基于权能的访问控制中实现职责隔离及极小特权原理。RBAC 包含以下基本要素：用户集（Users），主体进程集（Subjects），角色集（Roles），操作集（Operations），操作对象集（Objects），操作集和操作对象集形成一个特权集（Privileges）；用户与主体进程的关系（subject_user），用户与角色的关系（user_role），操作与角色的关系（role_operations），操作与操作对象的关系（operation_object）。

通常 subject_user 是一个多对一的关系，它把多个主体进程映射到一个用户。user_

role 可以是多对多的关系。role_operations 是一个一对多的关系，它把一个角色映射到多个操作，是角色被授权使用的操作的集合。operation_object 是一个一对多的关系，它把一个操作映射到多个操作对象，是操作被授权作用的操作对象集。

（4）DTE 模型。

域类型增强（Domain and Type Enforcement，DTE）模型是由 O'Brien and Rogers 于 1991 年提出的一种访问控制技术。它通过赋予文件不同的类型（Type）、赋予进程不同的域（Domain）来进行访问控制，从一个域访问其他的域以及从一个域访问不同的类型都要通过 DTE 策略的控制。

近年来 DTE 模型被较多地作为实现信息完整性保护的模型。该模型定义了多个域（Domain）和类型（Type），并将系统中的主体分配到不同的域中，不同的客体分配到不同的类型中，通过定义不同的域对不同的类型的访问权限，以及主体在不同的域中进行转换的规则来达到保护信息完整性的目的。

DTE 使域和每一个正在运行的进程相关联，型和每一个对象相关联。如果一个域不能以某种访问模式访问某个类型，则这个域的进程不能以该种访问模式去访问那个类型的对象。当一个进程试图访问一个文件时，DTE 系统的内核在做标准的系统许可检查之前，先做 DTE 许可检查。如果当前域拥有被访问文件所属的类型所要求的访问权，那么这个访问得以批准，继续执行正常的系统检查。

上述几个知名的安全模型的表现力各不相同。有的比较具体，侧重于解决特定的安全策略，如 BLP 和 Biba 是多级安全模型，用安全级别区分系统中对象，用安全级别间的关系来控制对对象的操作，主要侧重于读操作和写操作等有限的几个操作；有的比较通用，不和特定的安全需求相关，可以用不同的配置满足不同的安全需求，如 RBAC 模型可以用不同的配置实现自主访问控制和强制访问控制，DTE 模型可以用来限定特权操作。

安全操作系统支持哪些安全模型是由安全需求决定的。

9.4 操作系统的安全机制

安全机制就是利用某种技术、某些软件来实施一个或多个安全服务的过程。主要包括标识与鉴别机制，访问控制机制，最小特权管理机制，可信通路机制，安全审计机制，以及存储保护、运行保护和 I/O 保护机制。

9.4.1 标识与鉴别机制

这部分的作用主要是控制外界对于系统的访问。标识就是用户要向系统表明的身份，如用户名、登录 ID、身份证号或智能卡等。标识应当具有唯一性，不能被伪造。鉴别，对用户所宣称的身份标识的有效性进行校验和测试的过程。

用户向系统表明自己的身份，有种方法：

（1）证实自己所知道的，例如口令、密码、身份证号码、最喜欢的歌手、最爱的人的名字等。

（2）出示自己所拥有的，例如智能卡。

（3）证明自己是谁，例如指纹、语音波纹、视网膜样本、照片、面部特征扫描等。

（4）表现自己的动作，例如签名、键入密码的速度与力量、语速等。

口令机制是身份鉴别中最常用的手段。虽然口令机制简单易行，但很脆弱。容易记忆的内容，很容易被猜到；难以记忆的内容，用户使用不方便，常常记录在容易被发现的地方；远程鉴别中，口令容易在传递过程中被破解；暴力破解等。

为了提高口令的安全性，口令的选取需要注意以下几点：不要使用容易猜到的词或短语；不要使用字典中的词、常用短语或行业缩写等；应该使用非标准的大写和拼写方法；应该使用大小写和数字混合的方法选取口令。

此外，口令质量还取决于口令空间、口令加密算法和口令长度。

现在使用生物鉴别方法来确定用户身份也很普遍。通过提供用户特有的行为或生理上的特点，如指纹、面容扫描、虹膜扫描、视网膜扫描、手掌扫描、心跳或脉搏取样、语音取样、签字力度、按键取样等来证明用户身份。使用生物鉴别方法应该注意：生物特征绝对唯一；鉴别要准确，鉴别设备要精确；必须先取样并存储；要考虑时间特性：随时间变化的因素，要考虑定期重新进行生物特征测定。

9.4.2　访问控制机制

用户在通过身份鉴别后，还需要通过授权，才能访问资源或进行操作。访问是使信息在主体和对象间流动的一种交互方式。访问控制是对信息系统资源进行保护的重要措施，适当的访问控制能够阻止未经允许的用户有意或无意地获取数据。

访问控制的手段包括用户识别代码、口令、登录控制、资源授权（例如用户配置文件、资源配置文件和控制列表）、授权核查、日志和审计。

访问控制的类型包括六种：防御型、探测型、矫正型、管理型、技术型和操作型控制。防御型控制用于阻止不良事件的发生；侦测型控制用于探测已经发生的不良事件；矫正型控制用于矫正已经发生的不良事件；管理型控制用于管理系统的开发、维护和使用，包括针对系统的策略、规程、行为规范、个人的角色和义务、个人职能和人事安全决策；技术型控制是用于为信息技术系统和应用提供自动保护的硬件和软件控制手段，技术型控制应用于技术系统和应用中；操作型控制是用于保护操作系统和应用的日常规程和机制。它们主要涉及在人们（相对于系统）使用和操作中使用的安全方法。操作型控制影响到系统和应用的环境。

在计算机系统中，访问控制包括以下三个任务：授权，即确定可给予哪些主体存取客体的权力；确定存取权限（读、写、执行、删除、追加等存取方式的组合）；实施存取权限。

在一个访问控制系统中，区别主体与客体很重要。首先由主体发起访问客体的操作，该操作根据系统的授权或被允许或被拒绝。另外，主体与客体的关系是相对的，当一个主体受到另一主体的访问，成为访问目标时，该主体便成为了客体。

访问控制的目的是为了限制访问主体对访问客体的访问权限，从而使计算机系统在合法范围内使用;它决定用户能做什么,也决定代表一定用户身份的进程能做什么。

1. 访问控制策略

访问控制策略是用于规定如何做出访问决定的策略。传统的访问控制策略包括一组由操作规则定义的基本操作状态。典型的状态包含一组主体(S)、一组对象(O)、一组访问权(A[S,O]),包括读、写、执行和拥有。

访问控制策略涵盖对象、主体和操作,通过对访问者的控制达到保护重要资源的目的。对象包括终端、文本和文件,系统用户和程序被定义为主体。操作是主体和客体的交互。访问控制模型除了提供机密性和完整性外,还提供记账性。记账性是通过审计访问记录实现的,访问记录包括主体访问了什么客体和进行了什么操作。访问控制一般包括三种类型:自主访问控制、强制访问控制和基于角色的访问控制。

自主访问控制(Discretionary Access Control,DAC)是最常用的一类访问控制机制,是用来决定一个用户是否有权访问一些特定客体的一种访问约束机制。在很多机构中,用户在没有系统管理员介入的情况下,需要具有设定其他用户访问其所控制资源的能力。这使得控制具有任意性。在这种环境下,用户对信息的访问能力是动态的,在短期内会有快速的变化。自主访问控制经常通过访问控制列表实现,访问控制列表难于集中进行访问控制和访问权力的管理。自主访问控制包括身份型(Identity-Based)访问控制和用户指定型(User-Directed)访问控制。

强制访问控制(Mandatory Access Control)是一种不允许主体干涉的访问控制类型。它是基于安全标识和信息分级等信息敏感性的访问控制。强制访问控制包括基于规则(Rule-Based)访问控制和管理指定型(Administratively-Based)访问控制。

基于角色的访问控制(Role-Based Access Control)是目前国际上流行的先进的安全访问控制方法。它通过分配和取消角色来完成用户权限的授予和取消,并且提供角色分配规则。安全管理人员根据需要定义各种角色,并设置合适的访问权限,而用户根据其责任和资历再被指派为不同的角色。这样,整个访问控制过程就分成两个部分,即访问权限与角色相关联,角色再与用户关联,从而实现了用户与访问权限的逻辑分离。由于实现了用户与访问权限的逻辑分离,基于角色的策略极大地方便了权限管理。例如,如果一个用户的职位发生变化,只要将用户当前的角色去掉,加入代表新职务或新任务的角色即可。研究表明,角色/权限之间的变化比角色/用户关系之间的变化相对要慢得多,并且给用户分配角色不需要很多技术,可以由行政管理人员来执行,而给角色配置权限的工作比较复杂,需要一定的技术,可以由专门的技术人员来承担,但是不给他们给用户分配角色的权限,这与现实中的情况正好一致。

基于角色访问控制可以很好地描述角色层次关系,实现最小特权原则和职责分离原则。

各种访问控制策略之间并不相互排斥,现存计算机系统中通常都是多种访问控制策略并存,系统管理员能够对安全策略进行配置使其达到安全政策的要求。

2. 访问控制机制

　　访问控制机制是为检测和防止系统中的未经授权访问，对资源予以保护所采取的软硬件措施和一系列管理措施等。访问控制一般是在操作系统的控制下，按照事先确定的规则决定是否允许主体访问客体，它贯穿于系统工作的全过程，是在文件系统中广泛应用的安全防护方法。

　　访问控制矩阵(Access Control Matrix)是最初实现访问控制机制的概念模型，它利用二维矩阵规定了任意主体和任意客体间的访问权限。矩阵中的行代表主体的访问权限属性，矩阵中的列代表客体的访问权限属性，矩阵中的每一格表示所在行的主体对所在列的客体的访问授权，如图9.1所示。访问控制的任务就是确保系统的操作是按照访问控制矩阵授权的访问来执行的，它是通过引用监控器协调客体对主体的每次访问而实现，这种方法清晰地实现认证与访问控制的相互分离。

	File1	file2	file3
User1	r w		r w
User2	R	r w x	x
User3	X	R	

图 9.1　访问控制矩阵

　　在较大的系统中，访问控制矩阵将变得非常巨大，而且矩阵中的许多格可能都为空，造成很大的存储空间浪费，因此在实际应用小，访问控制很少利用矩阵方式实现。实际上，访问矩阵通常是稀疏的，可以按行或按列分解之。

　　(1)访问控制表(Access Control Lists)。访问控制矩阵按列分解，生成访问控制列表，见图9.2。访问控制表是以文件为中心建立访问权限表。表中登记了该文件的访问用户名及访问权隶属关系。利用访问控制表，能够很容易的判断出对于特定客体的授权访问，哪些主体可以访问并有哪些访问权限。同样很容易撤销特定客体的授权访问，只要把该客体的访问控制表置为空。

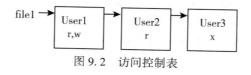

图 9.2　访问控制表

　　由于访问控制表简单、实用，虽然在查询特定主体能够访问的客体时，需要遍历查询所有客体的访问控制表，它仍然是一种成熟且有效的访问控制实现方法，许多通用的操作系统使用访问控制表来提供访问控制服务。例如 Unix 和 VMS 系统利用访问控制表的简略方式，允许以少量工作组的形式实现访问控制表，而不允许单个的个体出现，这样访问控制表很小，能够用几位就可以和文件存储在一起。另一种复杂的访问控制表应用是利用一些访问控制包，通过它制定复杂的访问规则限制何时和如何进行访问，而且这些规则根据用户名和其他用户属性的定义进行单个用户的匹配应用。

（2）权能表（Capabilities Lists）。权能表与访问控制表相反，是访问控制矩阵按行分解，以用户为中心建立权能表，见图 9.3，表中规定了该用户可访问的文件名及访问能力。利用权能表可以很方便查询一个主体的所有授权访问。相反，检索具有授权访问特定客体的所有主体，则需要遍历所有主体的权能表。权能表有时又被称为访问能力表，或用户权限表。

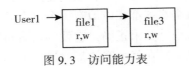

图 9.3　访问能力表

由于受限于计算机体系结构，早期的操作系统性能偏低，基于访问能力的操作系统受到冷落。而且当时计算机网络尚未大规模应用，安全问题显得不是非常突出，因此基于访问控制表的操作系统首先得到发展。随着计算机软硬件技术的发展以及对操作系统安全性需求的提高，基于访问能力的操作系统日益受到重视。这是因为基于访问能力的系统具有基于访问控制表的系统所不具有的如下安全特性：

①最小特权。在访问控制表系统中，进程根据用户身份获得权限，同一用户发起的所有进程都有相同的权限，因此最小特权无法在访问控制表系统上真正实现。

②选择性授权访问。访问控制表系统中，父进程创建子进程后，不能有选择的指定子进程拥有哪些权限。

③责任分离。访问控制表不能解决责任分离问题，会导致责任混淆。

④自验证性。访问控制表系统无法控制权限和信息的流动，因而其自身无法验证所有的安全策略是否得到了遵守和执行。

⑤有利于分布式环境。由于分布式系统中很难确定特定客体的潜在主体集，因此访问控制表一般用于集中式系统，而分布式系统采用访问能力表。

（3）前缀表（Profiles）。对每个主体赋予的前缀表，包括受保护客体名和主体对它的访问权限。当主体要访问某客体时，自主存取控制机制将检查主体的前缀是否具有它所请求的访问权。

（4）保护位（Protection Bits）这种方法对所有主体、主体组以及客体的拥有者指明一个访问模式集合。保护位机制不能完备地表达访问控制矩阵，一般很少使用。

3. 自主访问控制

自主访问控制，又称为任意访问控制，根据用户的身份及允许访问权限决定其访问操作，只要用户身份被确认后，即可根据访问控制表上赋予该用户的权限进行限制性用户访问。使用这种控制方法，用户或应用可任意在系统中规定谁可以访问他们的资源，这样，用户或用户进程就可有选择地与其他用户共享资源。自主访问控制是一种对单独用户执行访问控制的过程和措施。

需要自主访问控制保护的客体的数量取决于系统环境，几乎所有的系统在自主访问控制机制中都包括对文件、目录、IPC 以及设备的访问控制。

为了实现完备的自主访问控制机制，系统要将访问控制矩阵相应的信息以某种形式保存在系统中。目前在操作系统中实现的自主访问控制机制是基于矩阵的行或列表达访问控制信息。

基于行的自主访问控制机制在每个主体上都附加一个该主体可访问的客体的明细表，根据表中信息的不同又可分成以下三种形式：访问能力表；前缀表；口令。在基于口令机制的自主存取控制机制中，每个客体都相应地有一个口令。主体在对客体进行访问前，必须向操作系统提供该客体的口令。如果正确，它就可以访问该客体。

基于列的自主访问控制机制，在每个客体都附加一个可访问它的主体的明细表，它有两种形式，即保护位和访问控制表。

由于 DAC 对用户提供灵活和易行的数据访问方式，能够适用于许多的系统环境，所以 DAC 被大量采用、尤其在商业和工业环境的应用上。然而，DAC 提供的安全保护容易被非法用户绕过而获得访问。例如，若某用户 A 有权访问文件 F，而用户 B 无权访问 F，则一旦 A 获取 F 后再传送给 B，则 B 也可访问 F，其原因是在自主访问控制策略中，用户在获得文件的访问权后，并没有限制对该文件信息的操作，即并没有控制数据信息的分发。所以 DAC 提供的安全性还相对较低，不能够对系统资源提供充分的保护，不能抵御特洛伊木马的攻击。

4. 强制访问控制

与 DAC 相比，强制访问控制提供的访问控制机制无法绕过。在强制访问控制机制下，系统中的每个进程、每个文件、每个 IPC 客体都被赋予了相应的安全级别，这些安全级别是不能改变的，它由管理部门或由操作系统自动地按照严格的规则来设置，不像存取控制表那样由用户或他们的程序直接或间接地修改。系统通过比较用户和访问的文件的安全级别来决定用户是否可以访问该文件。此外，强制访问控制不允许一个进程生成共享文件，从而防止进程通过共享文件将信息从一个进程传到另一进程。

强制存取控制和自主存取控制是两种不同类型的存取控制机制，自主访问控制较弱，而强制访问控制又太强，会给用户带来许多不便。因此，实际应用中，往往将自主访问控制和强制访问控制结合在一起使用。自主访问控制作为基础的、常用的控制手段；强制访问控制作为增强的、更加严格的控制手段。强制存取控制常用于将系统中的信息分密级和类进行管理，适用于政府部门、军事和金融等领域。

通常强制访问控制可以有许多不同的定义，但它们都同美国国防部定义的多级安全策略相接近，所以人们一般都将强制访问控制和多级安全体系相提并论。

多级安全(又称 MLS)是军事安全策略的数学描述，是计算机能实现的形式定义。

计算机内的所有信息(如文件)都具有相应的密级，每个人都拥有一个许可证。军事安全策略的目的是防止用户取得自己不应得到的密级较高的信息。密级、安全属性、许可证、访问类等含义是一样的，分别对应于主体或客体，一般都统称安全级。安全级由两方面的内容构成：保密级别（或叫做敏感级别或级别）和范畴集。

安全级包括一个保密级别，范畴集包含任意多个范畴。安全级通常写作保密级别后随一范畴集的形式。实际上范畴集常常是空的，而且很少有几个范畴名。

在安全级中保密级别是线性排列的。两个安全级之间的关系有以下几种：第一安全级支配第二安全级；第二安全级支配第一安全级；第一安全级等于第二安全级；两个安全级无关。

MAC可通过使用敏感标签对所有用户和资源强制执行安全策略，即实行强制访问控制。安全级别一般有四级：绝密级（Top Secret），秘密级（Secret），机密级（Confidential）和无级别级（Unclassified），其中 T>S>C>U。

则用户与访问的信息的读写关系将有四种，即：

下读（read down）：用户级别高于文件级别的读操作。

上写（write up）：用户级别低于文件级别的写操作。

下写（write down）：用户级别高于文件级别的写操作。

上读（read up）：用户级别低于文件级别的读操作。

上述读写方式都保证了信息流的单向性，显然上读—下写方式保证了数据的完整性（Integrity），上写—下读方式则保证了信息的秘密性。

多级安全计算机系统的第一个数学模型是 Bell-LaPudula 模型（一般称 BLP 模型）。BLP 模型的目标就是详细说明计算机的多级操作规则。对军事安全策略的精确描述被称作是多级安全策略。

BLP 模型有如下两条基本规则：

（1）简单安全特性规则。一个主体对客体进行读访问的必要条件是主体的安全级支配客体的安全级，即主体的保密级别不小于客体的保密级别，主体的范畴集合包含客体的全部范畴。即主体只能向下读，不能向上读。

（2）*特性规则。一个主体对客体进行写访问的必要条件是客体的安全级支配主体的安全级，即客体的保密级别不小于主体的保密级别，客体的范畴集合包含主体的全部范畴。即主体只能向上写，不能向下写。

5. 角色访问控制

基于角色的访问控制模式中，用户不是自始至终以同样的注册身份和权限访问系统，而是以一定的角色访问，不同的角色被赋予不同的访问权限，系统的访问控制机制只看到角色，而看不到用户。用户在访问系统前，经过角色认证而充当相应的角色。用户获得特定角色后，系统依然可以按照自主访问控制或强制访问控制机制控制角色的访问能力。

在基于角色的访问控制系统中，由系统管理员负责管理系统的角色集合和存取权限集合，并将这些权限（不同类别和级别）通过相应的角色分别赋予承担不同工作职责的终端用户，而且还可以随时根据业务的要求或变化对角色的存取权限集和用户所拥有的角色集进行调整，这里也包括对可传递性的限制。

角色(Role)定义为与一个特定活动相关联的一组动作和责任。系统中的主体担任角色，完成角色规定的责任，具有角色拥有的权限。一个主体可以同时担任多个角色，它的权限就是多个角色权限的总和。

基于角色的访问控制就是通过定义角色的权限，为系统中的主体分配角色来实现访问控制的。通过各种角色的不同搭配授权来尽可能实现主体的最小权限；通过不同的角色来明确区分权限(Authority)和职责(Responsibility)。

用户先经认证后获得一定角色，该角色被分派了一定的权限，用户以特定角色访问系统资源，访问控制机制检查角色的权限，并决定是否允许访问。

角色访问策略是根据用户在系统里表现的活动性质而定的，活动性质表明用户充当一定的角色，用户访问系统时，系统必须先检查用户的角色。一个用户可以充当多个角色、一个角色也可以由多个用户担任。角色访问策略具有以下优点：

(1)便于授权管理，如系统管理员需要修改系统设置等内容时，必须有几个不同角色的用户到场方能操作，从而保证了安全性；

(2)便于根据工作需要分级，如企业财务部门与非财力部门的员工对企业财务的访问权就可由财务人员这个角色来区分；

(3)便于赋予最小特权，如即使用户被赋予高级身份时也未必一定要使用，以便减少损失。只有必要时方能拥有特权；

(4)便于任务分担，不同的角色完成不同的任务；

(5)便于文件分级管理，文件本身也可分为个同的角色，如信件、账单等，由不同角色的用户拥有。

角色访问策略是一种有效而灵活的安全措施。通过定义模型各个部分，可以实现DAC 和 MAC 所要求的控制策略。

基于角色的访问控制的功能相当强大，适用于许多类型(从政府机构到商业应用)的用户需求。Netware、Windows NT、Solaris 和 SELinux 等操作系统中都采用了类似的 RBAC 技术作为存取控制手段。

9.4.3　最小特权管理机制

最小特权原则是系统安全中最基本的原则之一。最小特权(Least Privilege)，指的是"在完成某种操作时所赋予系统中每个主体(用户或进程)必不可少的特权"。

最小特权原则应限定系统中每个主体所必须的最小特权，确保可能的事故、错误、网络系统部件的篡改等原因造成的损失最小。最小特权要求赋予系统中每个使用者执行授权任务所需的限制性最强的一组特权，即最低许可。这个原则的应用将限制因意外、错误或未经授权使用而造成的损害。

最小特权管理一般可以通过设置管理员角色分割权限，或者使用 POSIX 权能机制来实现。权能(Capability)是一种用于实现恰当特权的能力令牌。POSIX 权能与传统的权能机制类似，但是它为系统提供了更为便利的权能管理和控制：一是提供了为系统进程指派一个权能去调用或执行受限系统服务的便捷方法；二是提供了一种是进程只能调用其特定任务必须权能的限制方法，支持最小特权安全策略的实现。因此 POSIX 权能机制提供了一种比超级用户模式更细粒度的授权控制。每个进程的特权动态管理，通过进程和程序文件权能状态(许可集、可继承集、有效权能集)共同决定子进程的权能。

9.4.4　可信通路机制

可信通路(Trusted Path，TP)，也称为可信路径，是终端人员能借以直接同可信计算基(Trusted Computing Base，TCB)通信的一种机制，该机制只能由有关终端人员或可信计算基启动，并且不能被不可信软件模仿。可信通信机制主要应用在用户登录或注册时，能够保证用户确实是和安全核心通信，防止不可信进程如特洛伊木马等模拟系统的登录过程而窃取口令。建立可信通路的最简单的办法是给每个用户两台终端，一台用于处理日常工作，一台专门用于和内核的硬连接；这种方法简单但昂贵。另一种方法是使用通用终端，通过发信号给核心，这个信号是不可信软件不能拦截、覆盖或伪造的。系统实现可信通路机制时，预定义一组"安全注意键"序列，当用户键入这组"安全注意键"时，便激活可信通路，即杀死当前终端的所有进程(包括特罗伊木马)，重新激活可信通道。

9.4.5　存储保护机制

存储器是操作系统管理的重要资源之一，也是被攻击的主要目标。存储器保护是操作系统得以正常运行的基础，是安全操作系统提供的最基本的安全服务之一。存储器保护主要是指保护用户在存储器中的数据，防止存储器中的数据泄漏或被篡改。对于一个多任务系统来说，如果没有存储器保护机制，系统也就没有任何安全性可言。

要保证系统中各个进程互不干扰，就需要实现必要的访问控制和存储器的隔离。存储器保护的实现需要硬件和软件协作完成，软件指操作系统的内存管理子系统，硬件指处理器的虚拟内存管理子系统。内存管理子系统保证系统中所有进程都有相互完全分离的虚拟地址空间，从而运行一个应用程序的进程不会影响其它的进程。处理器中的虚拟内存管理子系统支持操作系统的内存管理子系统完成地址变换和内存的访问控制，其硬件强制执行性保证了这种保护机制不会被任何恶意程序绕过。存储器的硬件保护主要由地址映射引入，其中涉及各种权限检查和访问控制，目的在于实现进程的逻辑隔离和内存页面的访问控制，例如段选择符、段描述符、页描述符、存储键等，利用它们可对所选择的存储单元的起始地址、长度、访问方式进行限制，起到了隔离保护的作用。

保护的单元为存储器中的最小数据范围，可以是字、字块、页面或段。保护单位越小，存储器保护的精度越高。对于代表单个用户，在内存中一次运行一个进程的系统，存储保护机制应该防止用户进程对操作系统的影响。在允许多道程序并发运行的多任务操作系统中，还进一步要求存储保护机制对进程的存储区域实行互相隔离。

存储器保护与存储器管理是紧密相关的，存储器保护负责保证系统各个任务之间互不干扰；存储器管理则是为了更有效地利用存储空间。

存储器隔离主要有进程与进程的隔离，用户空间与内核空间的隔离。在绝大部分系统中，一个进程的虚地址空间至少要被分成两部分或称两个段：一个用于用户程序与数据，称为用户空间；另一个用于操作系统，称为内核空间。两者的隔离是静态的，也是比较简单的。驻留在内存中的操作系统可以由所有进程共享。虽然有些系统允许进程共享一些物理页，但用户间是彼此隔离的。最灵活的分段虚存方式是：允许一个进程拥有许多段，这些段中的任何一个都可以由其他进程共享。

可以采用硬件虚拟化技术来实现用户程序之间，包括用户程序对操作系统的安全隔离。其原理是使用虚拟机监控器（Virtual Machine Monitor，VMM）来截获用户程序为请求使用物理内存时所发出的中断，从而能够为用户程序提供妥善的存储器管理服务。由于 VMM 对中断的截获具有不可被旁路的性质，所以这样的存储器管理具有强制性。

VMM 是系统程序集中特权级别最高的一个软件，一旦被加载入内存中跑起来之后便开始执行强制性内存管理，所以一个攻击软件在 VMM 的监控之下很难对 VMM 所使用的内存区域进行任何形式的访问。另外值得一提的是 VMM 的执行代码部分可以做成一个静态程序。

对于一般的用户级软件，完整性保护至少有两个方面需要防范：软件在内存中及在外存中都需要保护。前一种情况是指一个软件的代码（包括有些数据）已经被加载入计算平台的内存中后，在执行的时候平台对内存内容实行完整性保护。在这一情况下。软件完整性的定义是一个比较复杂的问题（例如需要区分软件代码的合法自身修改与被非法篡改，另外在内存中一个软件可以有动态链接部分）。所以目前在内存中对软件的完整性保护手段很有限。对于后一种情况，由于软件在外存（如磁盘）中的完整性定义要比在内存中的情况简单的多。就是指一般意义上的数据完整性，手段不外乎使用更改检测码（Modification Detection Code，MDC，可以用哈希函数来实现），所以保护手段就相对比较成熟。

目前一些常用的存储器保护机制主要有以下几种：

（1）所有系统范围内内核态组件使用的数据结构和内存缓冲池只能在内核态下访问，用户态线程不能访问这些页面。如果它们试图这样做，硬件会产生一个错误信息，随后内存管理器线程报告一个访问冲突。

（2）每个进程有一个独立、私有的地址空间，禁止其他进程的线程访问。唯一例外是，该进程和其他进程共享页面，或另一进程具有对进程对象的虚拟内存读写权限。

（3）除了提供虚拟到物理地址转换的隐含保护外，处理器还提供了一些硬件内存保护措施（如读/写，只读等）。这种保护的细节根据处理器不同而不同。例如，在进程的地址空间中代码页被标志为只读，可以防止被用户线程修改。

（4）共享内存区域对象具有标准的存取控制表（ACL），当进程试图打开它们时会检查 ACL 表，这样对共享内存的访问也限制在具有适当权限的进程之中。

9.4.6　文件保护机制

在操作系统中，所有的数据都是以文件形式存在的。文件保护就是防止文件被非法窃取、篡改或丢失，同时又保证合法用户能正确使用文件。进行文件保护的方法主要有文件的备份，文件的恢复，文件的加密。

1. 文件备份

文件备份的目的主要就是为了保险，防止文件丢失。

在进行备份之前，应先做好备份规划，选择合适的备份策略。在制定备份规划时，要考虑备份的时间，保存备份的设备，备份媒体存放的地点，谁来做备份，备份哪些文件等。常见的备份策略有完全备份(Full Backup)和增量备份(Incremental Backup)。

完全备份是最简单最彻底的备份方案，将系统中的所有文件复制到磁带或其他备份媒介上。这样备份的一组文件往往是整个计算机系统或是一个磁盘分区。完全备份需要花很多时间而且不灵活。从一个包含好几个磁带的大型备份中恢复单个文件很不方便。特别是文件变化不频繁时，为了少数几个变化的新文件而花费大量时间进行完全备份是不值得的。

增量备份更常见一些。对于增量备份，系统仅仅复制自上次备份之后改变的文件。增量备份在那些完全备份的工作量很大而且在一定的时间段(比如说一天)中只有少量的数据改变的情况下使用。在这种情况下，增量备份所需的时间会比完全备份所需的时间显著减少。

2. 文件恢复

备份可以对数据进行保护，但只有真正成功的备份才能起到保护作用，因此在执行备份时应该对备份成功与否进行检验，检验的最简单的方法就是用它们执行恢复操作。

当需要使用的文件丢失或遭到破坏时，就需要从备份文件中进行恢复。大多数系统都提供了各种工具来执行备份，包括通用的存档程序如 tar 和 cpio，利用这些工具可从备份的文件中进行文件恢复。还有一些其它的备份和恢复工具，以及对每个文件系统实现多级增量备份方案的程序。

3. 文件加密

一些重要或私密信息如果外泄，会带来严重后果，如机密信息被竞争对手获取，移动设备(U 碟、光碟、笔记本、硬盘)丢失或被盗甚至送修，机密信息被公开、盗卖。只有提早做好预防泄密的准备，才能防止此类安全隐患。

对文件进行加密是一种有效的数据加密存储技术，它可以有效防止非法入侵者窃取用户的机密数据；另外，在多个用户共享一个系统的情况下，可以很好地保护用户的私有数据。

文件加密就是将重要的文件以密文的形式存储在媒介上。要想实现文件加密，需要有加密文件系统的支持，加密文件系统允许用户以加密格式存储磁盘上的数据。

加密是将数据转换成不能被其他用户读取的格式的过程。一旦用户加密了文件，只要文件存储在磁盘上，它就会自动保持加密状态。解密是将数据从加密格式转换为原始格式的过程。一旦用户解密了文件，只要文件存储在磁盘上，它就会保持解密状态。

对加密某文件的用户，加密是透明的。这表明不必在使用前手动解密已加密的文件。就可以正常打开和更改文件。

目前，已经有很多成熟的加密文件系统被广泛地应用，如基于 Linux 系统的 CFS（Cryptographic File System）、TCFS（Transparent Cryptographic File System）、AFS（Andrew File System），基于 Windows 系统的 EFS（Encrypting File System）等。

9.5　操作系统安全增强的实现方法

9.5.1　安全威胁的来源

按照形成安全威胁的途径来分，安全威胁可以来源于如下几个途径：

（1）不合理的授权机制。为完成某项任务，只需分配给用户必要的权限，称为最小特权原则。如果分配了不必要的过多的权限，这些额外权限可能被用来进行一些不希望的操作，对系统造成危害，即授权机制便违反了最小特权原则。有时授权机制还要符合责任分离原则，将安全相关的权限分散到数个用户，避免集中在一个人手中，造成权力的滥用。

（2）不恰当的代码执行。如在 C 语言实现的系统中普遍存在的缓冲区溢出问题，以及移动代码的安全性问题等。

（3）不恰当的主体控制。如对动态创建，删除，挂起，恢复主体的行为控制不够恰当。

（4）不安全的进程间通信（IPC）。进程间通信的安全对于基于消息传递的微内核系统十分重要，因为微内核系统中很多系统服务都是以进程的形式提供的。这些系统进程需要处理大量外部正当的或恶意的请求。对于共享内存的 IPC，还存在数据存储的安全问题。

（5）网络协议的安全漏洞。在目前网络大规模普及的情况下，很多攻击性的安全威胁都是通过网络在线入侵造成的。

（6）服务的不当配置。对于一个已经实现的安全操作系统来说，多大程度上能够发挥其安全设施的作用，还取决于系统的安全配置。

针对这些安全威胁来源，操作系统必须提供合适的安全控制机制。安全控制问题归根结底是一个权限控制问题。如果一个系统能够在任何时候都能保证用户的行为得到合适的权限控制，那么可以说这个系统是安全的。进一步说，如果系统能够在任何时候保证系统能够为正常用户提供合适的服务，则可以说该系统是可信的。简而言之，权限控制的目标就是保证系统中的用户"能够做应该做的事"，"不能做不应该做的事"。对系统中的用户而言，需要有一个合适的权限分配机制，还要有一个动态的策略来保证这种权限分配在系统运行中不会被破坏，保证系统运行时的变化不会影响到已有的用户信息，保证每个用户只能使用自己拥有的权限。

萨尔泽（Saltzer）和施罗德（Schroder）提出了下列安全操作系统的设计原则：

（1）最小特权：为使无意或恶意的攻击所造成的损失达到最低限度，每个用户和程序必须按照"需要"原则，尽可能地使用最小特权。

（2）机制的经济性：保护系统的设计应小型化、简单、明确。保护系统应该是经过完备测试或严格验证的。

（3）开放系统设计：保护机制应该是公开的，因为安全性不依赖于保密。

（4）完整的存取控制机制：对每个存取访问系统必须进行检查。

（5）基于"允许"的设计原则：应当标识什么资源是应该是可存取的，而非标识什么资源是不可存取的，也就意味着许可是基于否定背景的，即没有被显式许可标识的都是不允许存取的。

（6）权限分离：在理想情况下对实体的存取应该受到多个安全条件的约束，如用户身份鉴别和密钥等。这样使得侵入保护系统的人将不会轻易拥有对全部资源的存取权限。

（7）避免信息流的潜在通道：信息流的潜在通道一般是由可共享实体的存在所引起的，系统为防止这种潜在通道应采取物理或逻辑分离的方法。

（8）方便使用：友好的用户接口。

9.5.2　安全操作系统的实现方法

操作系统安全的可信性主要依赖于安全功能在系统中实现的完整性、文档系统的清晰性、系统测试的完备性和形式化验证所达到的程度。操作系统可以看成是由内核程序和应用程序组成的一个大型软件，其中内核直接和硬件打交道，应用程序为用户提供使用命令和接口。验证这样一个大型软件的安全性是十分困难的，因此要求在设计中要用尽量小的操作系统部分控制整个操作系统的安全性，并且使得这一小部分软件便于验证或测试，从而可用这一小部分软件的安全可信性来保证整个操作系统的安全可信性。

安全操作系统的一般结构如图 9.4 所示，其中，由安全内核用来控制整个操作系统的安全操作。可信应用软件由两个部分组成，即系统管理员和操作员进行安全管理所需的应用程序，以及运行具有特权操作的、保障系统正常工作所需的应用程序。用户软件由可信软件以外的应用程序组成。操作系统的可信应用软件和安全内核组成了系统的可信软件，它们是可信计算基的一部分，系统必须保护可信软件不被修改和破坏。

图 9.4　安全操作系统一般结构示意图

在操作系统中实现更强的安全机制主要有两条途径：开发具有相应安全特性的操作系统和在现有操作系统上添加安全增强机制。一般来讲。开发全新的安全操作系统代价大，需要兼容目前主流操作系统以保证系统易用性。相比之下，在现有主流操作系统添加安全特性相对容易实现，兼容性也易得到保证。在现有操作系统上实现安全增强是目前提高操作系统安全性普遍采用的方式，一般有如下三种具体方法：

（1）虚拟机法。在现有操作系统与硬件之间增加一个新的分层作为安全内核，操作系统几乎不变地作为虚拟机来运行。安全内核的接口几乎与原有硬件编程接口等价，操作系统本身并未意识到已被安全内核控制，仍像在裸机上一样执行它自己的进程和内存管理功能，因此它可以不变地支持现有的应用程序，且能很好地兼容原来操作系统的将来版本。采用虚拟机法增强操作系统的安全性时，硬件特性对虚拟机的实现非常关键，它要求原系统的硬件和结构都要支持虚拟机。

（2）改进/增强法。在现有操作系统的基础上对其内核和应用程序进行面向安全策略的分析，然后加入安全机制，经改造、开发后的安全操作系统基本上保持了原来操作系统的用户接口界面。由于改进/增强法是在现有系统的基础上开发增强安全性的，受其体系结构和现有应用程序的限制，所以很难达到很高（如 B2 级以上）的安全级别。但这种方法不破坏原系统的体系结构，开发代价小，且能很好地保持原来操作系统的用户接口和系统效率。

（3）仿真法。对现有操作系统的内核进行面向安全策略的分析和修改以形成安全内核，然后在安全内核与原来操作系统用户接口界面中间再编写一层仿真程序。这样做的好处在于在建立安全内核时，可以不必受现有应用程序的限制，且可以完全自由地定义原来操作系统仿真程序与安全内核之间的接口。但采用这种方法要同时设计仿真程序和安全内核，还要受顶层原来操作系统接口的限制。另外根据安全策略，有些原来操作系统的接口功能不安全，从而不能仿真；有些接口功能尽管安全，但仿真实现特别困难。

9.5.3　安全操作系统的一般开发过程

（1）建立一个安全模型。对一个现有操作系统的非安全版本进行安全性增强之前，首先得进行安全需求分析。也就是根据所面临的风险、已有的操作系统版本，明确哪些安全功能是原系统已具有的，哪些安全功能是要开发的。只有明确了安全需求，才能给出相应的安全策略。计算机安全模型是实现安全策略的机制，它描述了计算机系统和用户的安全特性。建立安全模型有利于正确地评价模型与实际系统间的对应关系，帮助我们尽可能精确地描述系统安全相关功能。另外，还要将模型与系统进行对应性分析，并考虑如何将模型用于系统开发之中，并且说明所建安全模型与安全策略是一致的。

（2）安全机制的设计与实现。建立了安全模型之后，结合系统的特点选择一种实现该模型的方法。使得开发后的安全操作系统具有最佳安全/开发代价比。

（3）安全操作系统的可信度认证。安全操作系统设计完成后，要进行反复的测试和安全性分析，并提交权威评测部门进行安全可信度认证。

9.5.4　操作系统近年来受到重视的安全增强技术

（1）增强对用户身份的鉴别和认证。

目前，一些主流的操作系统通过简单的口令来确认用户身份。这种鉴别是单向的和不安全的。对于一些安全计算机，在开机和用户登录方面加强了鉴别力度，采用了双因子认证，包括智能卡、USB-Key，甚至还采用了指纹、虹膜等认证方式。

（2）增强对访问的控制。

传统的访问控制理论表现为一种关口控制的概念，不让不符合条件者进去，一旦取得进入的资格和权利，在范围内的活动行为就无法监管了，进入后想做什么就做什么，其原因是主体对客体的访问和行为是根据预定的授权和身份识别来决定的。授权一旦确定，不看主体的表现，也不考查主体行为的可信性，直到另外一次授权的改变。对重要信息的授权人操作行为的忽视往往是信息流失事件多发的根源，即使专用业务系统有一定的流程控制和系统审计措施，对信息目标的流动管理往往在授权之后却没有通用的控制方法。这是由授权机制本身所限制的。

访问控制是操作系统实施资源保护的重要措施，其基本任务是在对主体进行识别和认证的基础上，判断主体是否允许访问客体，并以此限制主体对客体的访问。目前访问控制相关研究主要集中在三方面：访问控制策略，策略描述与验证，策略支持结构。

访问控制策略，根据具体安全需求所制定的对资源进行访问的相关限制和约束。从授权方式上讲，访问控制策略简单分为两类：自主式策略和强制式策略。在自主式策略中，资源所属主体能够对该资源的访问进行授权，决定其他主体是否可以访问该资源。自主式策略已在流行操作系统中得到广泛使用，但自主式策略资源管理权比较分散，信息容易泄露，难以抵御特洛伊木马的攻击。在强制式策略中，资源访问授权根据资源和主体的相关属性确定，或者由特定主体（一般为安全管理员）指定。强制式策略对特洛伊木马攻击有一定的抵御作用，即使某用户进程被特洛伊木马非法控制，也不能随意扩散机密信息。

策略描述与验证，把安全策略以形式化方法描述和表示，并对正确性加以验证。随着安全需求的多样化发展，操作系统需要支持不同的，甚至是动态变化的访问控制策略，一些不局限于特定策略的形式化描述方法逐渐引起人们的重视，出现一些相应的策略描述方法和策略描述语言。把访问控制策略以形式化方式描述主要有两方面作用：一方面对现实环境下的安全需求或安全策略进一步抽象，便于在操作系统中实现；另一方面便于访问控制策略的正确性验证。基于角色的访问控制是近年来影响最大的不局限于特定策略的访问控制描述方法。它的基本思想是在用户与权限之间引入角色的概念，利用角色来实现用户和权限的逻辑隔离，即用户与角色相关联，角色与权限相关联，用户通过成为相应角色的成员而获得相应权限，并不针对特定访问控制策略，角色之间，角色与权限，角色与用户的关系可以根据具体的应用环境和策略进行配置和指定。

策略支持结构，即在系统中如何实现具体的访问控制策略。

随着计算机系统的广泛应用和安全需求的多样化发展，研究和开发不局限于具体策略的支持框架逐渐引起人们的注意。从 20 世纪 90 年代初，一些研究机构和学者就开始安全策略灵活支持的研究，提出一些策略灵活支持的体系结构。

通用访问控制框架。该框架主要思想是把访问控制从逻辑上分为两部分：访问决策部件和访问执行部件的这种访问控制机制逻辑分离的思想在开放系统安全框架的访问控制部分得到体现。

（3）审计增强。

审计是一种通过事后追查增强系统安全性的安全技术。它要求对涉及系统安全的操作做完整记录,并对这些记录进行必要的分析。在安全操作系统中,安全审计的作用主要体现在根据审计信息追查执行事件的当事人,明确事故责任;通过对审计信息的分析,可以发现系统设计或配置管理存在的不足,有利于改进系统安全性;把审计功能与告警功能结合起来,可以实现安全管理员对系统状态的实时监控。操作系统的安全审计增强主要集中在以下方面:审计信息的结构化与可视化;审计信息分析的自动化;审计信息的保护。

审计信息的结构化与可视化,就是把记录下来的原始的,底层的信息抽象成高层的事件提供给系统管理员。随着操作系统的复杂化,海量的审计信息不可能交给用户手工分析,需要审计信息的自动化分析或半自动化分析以协助用户发现外界入侵和违背系统安全的操作。审计信息的保护,尤其在系统遭到入侵时,如何在受侵害的系统上保证审计数据不被非法删除和篡改是审计功能发挥作用的基础,目前受到广泛的重视。这方面的审计增强近来主要体现为两个方向:把审计功能与系统其他功能隔离,防止系统中其他安全机制被攻破危害到审计信息的完整性,单独设置审计管理员负责审计就是审计增强的一个具体实例;通过密码技术或分布存储技术保证审计信息的保密性和完整性。

(4)安全管理增强。

安全管理在操作系统安全中占有非常重要的地位。很多安全事件的发生都存在一定的管理根源,这其中既有操作系统管理机制上的因素,也有用户管理配置上的因素。操作系统安全管理方面的增强主要针对以下两个方面:改进原有操作系统中管理方面的缺陷和开发自动化或半自动化的辅助管理技术或工具。

(5)多管理员增强。

目前,管理员方面的安全增强主要体现为两种形式:通过多个管理员共同实现对系统的管理,每个管理员负责不同的管理职责,彼此之间既相互协助,又相互制约;通过一定的机制限制管理员程序的权限,减少因这些特权程序被非法控制带来的危害。

(6)自动化辅助管理。

用户管理配置引起的安全漏洞对系统安全构成严重的威胁。除用户自身的原因外,操作系统安全机制和管理机制的复杂化也是导致管理配置漏洞的内在因素之一。近年来,自动化或半自动化的辅助管理技术与工具的开发受到相当的重视,具体体现在:自动化配置能够提高安全系统对用户错误或疏忽的免疫力,是考核安全产品保证级别的重要指标之一;漏洞扫描是发现和消除管理配置漏洞的重要措施,目前也受到相当重视。漏洞扫描技术结合系统安全需求和攻击技术,模拟攻击者检查系统的弱点,分析被检查系统的安全状况,并提交系统的安全分析报告,帮助用户改进系统安全配置。此外,上面提到的审计信息自动化分析也是安全管理增强的一个方面,它可协助管理员发现和消除系统管理方面存在的安全隐患。

除以上提到的安全增强技术外,针对缓冲区溢出的安全增强,网络协议栈安全增强,系统完整性保护等近年来也有一定的研究。

9.5.5 安全操作系统的设计原则

由于操作系统在计算系统中的地位和作用,要设计高度安全性的操作系统非常困难。

操作系统功能复杂，事务繁忙，要处理中断及上下文转接且必须执行最少的代码以免阻延用户计算；操作系统还得承担整个计算机系统的安全保护责任，这就使得其设计工作更是难上加难。

操作系统中与安全性有关的功能如下：

(1)用户认证。操作系统必须识别请求访问的每个用户，并核对其身份与实际是否相符。最普通的识别机制是口令比较。

(2)存储器保护。每个用户程序必须在分得的存储区域内运行，不得访问未经授权的存储区域。这种保护也许还要控制用户自己对程序空间受限制部分的访问。不同的安全性，如读、写和执行，可能适用于用户的存储空间的各个部分。

(3)文件和 I/O 设备的访问控制。操作系统必须保护用户和系统文件以防未经批准的用户的访问。

(4)对一般目标的定位和访问控制。一般目标，如允许并行的和允许同步的机制，必须提供给用户。而这些目标的使用必须受到控制，以便一个用户不致对其他用户产生副作用。

(5)共享的实施。资源应恰当地为用户所获取。共享则需要保证完整性和一致性。

(6)保证公平服务。所有的用户都期望提供 CPU 的使用和其他服务，而不至于无限期的等下去。硬件记时与调度规则的联合使用保证这种公平性。

(7)进程间通信和同步。正在执行的进程有时需要与其他进程通信或协调它们对共享资源的服务。操作系统像进程间的桥梁，响应进程间异步通信或同步请求，从而，提供上述服务。

安全功能渗透于操作系统的设计和结构中，这意味着设计安全操作系统有两方面的事情要做。第一，必须在操作系统设计的每个方面都考虑安全性。当设计了一部分之后，必须及时检查它实现或提供的安全程度。第二，既然安全性体现在整个操作系统中，对一个设计上不具有或不够安全的操作系统添加安全特点是很困难的。安全性必须是操作系统初始设计的一部分。Saltzer 和 Schroeder 列出了设计安全操作系统的以下原则：

(1)公开系统设计方案。假设入侵者不知道系统的工作方式无疑是自欺欺人。

(2)机制的经济性。所设计的保护系统小型化、简单，应该能承受穷举测试、严格的测试或验证，因而是可以信赖的。

(3)最小特权。给每个进程赋予一个最小的可能权限，这个原则蕴含着一个小颗粒度的保护方案。例如，如果一个编辑器只有权存取它所编辑的文件(在编辑器启动时指定)，这时即使它带有特洛伊木马病毒，也不会造成很大的损失。

(4)严密的访问控制机制。对于每个访问操作必须检查其权限，以确定此访问的合法性。

(5)基于许可的模式。许可是基于否认的背景，不可访问应该是缺省属性。

(6)特权分离。对实体的存取应该依赖于多个安全条件，如用户身份鉴别和密钥。

(7)避免隐通道。可共享实体提供了信息流的隐通道，为防止隐通道带来的威胁，采取物理或逻辑分离的方法。

（8）便于使用。提供方便、友善的接口。

9.6　小结

1. 计算机系统安全、操作系统安全的基本概念。
2. 计算机系统面临的安全威胁。
3. 计算机系统安全等级评测标准。
4. 操作系统安全模型。
5. 操作系统的保护机制。
6. 操作系统安全增强技术。

练习题 9

1. 解答题

（1）试叙述操作系统安全性的主要内容。

（2）面向用户访问控制的基本技术是什么？如何实现？

（3）口令文件的主要弱点是什么？如何克服它？

（4）叙述 Bell&LaPadul 安全模型。

（5）叙述多级保护系统中"不向上读"规则和"不向下写"规则的重要性。

（6）有三种不同的保护机制：存取控制表、权能表和 UNIX/Linux 的 rwx 位。下面的各种问题分别适用于哪些机制？

①Rick 希望除 Jennifer 以外，任何人都能读取他的文件。

②Helen 和 Anna 希望共享某些秘密文件。

③Cathy 希望公开她的一些文件。对于 UNIX/Linux 假设用户被分为：教职工、学生、秘书等。

（7）考虑一个有 5000 个用户的系统，假如只允许这些用户中的 4990 个用户能存取一个文件。如何实现？

（8）用户甲有 A1、A2 和 A3 三个私有文件，用户乙有 B1 和 B2 二个私有文件，而且这两个用户都需使用共享文件 S。若文件系统对所有用户提供按名存取功能，试画出能保证存取正确性的文件系统目录结构。

第10章 多处理器操作系统

早期的计算机系统基本上都是单处理器系统。进入 20 世纪 70 年代末期，出现了多处理器系统 MPS(Multiprocessor System)。引入多处理器系统的原因有以下几点：增加系统的吞吐量，节省投资和提高系统的可靠性。

根据多处理器之间耦合的紧密程度，可把多处理器系统分为两类：紧密耦合 MPS 和松散耦合 MPS。紧密耦合 MPS 通常是通过高速总线或交叉开关来实现多个处理器之间的互连；它们共享主存储器和 I/O 设备，并要求将主存储器划分为若干个能独立访问测存储器模块，以便多个处理器能同时对主存进行访问。系统中的所有资源和进程，都由操作系统实施统一的控制和管理。松散耦合 MPS 通常是通过通道或通信线路，来实现多台计算机之间的互连。每台计算机都有自己的存储器和 I/O 设备，并配置了操作系统来管理本地资源和本地运行的进程。

本章主要讨论网络操作系统和分布式操作系统这两种多处理器操作系统。在网络操作系统中，用户通过资源服务器的名称而不是通过提供怎样的服务功能来获得资源，因此系统对网络用户是不透明的。在分布式操作系统中，用户界面是服务方式而不是服务器名称，用户发出请求时，只需要描述他要得到什么而不必指明物理设备或逻辑设备，系统便能为他提供服务，因此分布式操作系统对用户是完全透明的。这是两种操作系统的基本不同点。

10.1 网络操作系统

在介绍网络操作系统 NOS(Net Operating System)之前，先简单介绍网络的基本概念。

10.1.1 网络的基本概念

1. 网络拓扑结构

计算机网络的拓扑结构是指各节点计算机采用的连接形式，常见的拓扑结构有：总线、星型、环型、树型和网状。树型结构以其独特的层次性特点而与众不同。TCP/IP 网间网，尤其是著名的 Internet，均采用树型结构，以对应于网间网的管理层次和寻径(routing)层次。位于树型结构上不同层次的节点，其地位不同。比如在 Internet 中，树根对应于最高层的 ARPANET 主干或 NSFNET 主干——一个贯穿全美的广域网，中间节点对应于自治系统(autonomous system)，叶节点对应于最低层的局域网。不同层次的网络在管理、信息交换等问题上都是不平等的。树型结构中，假如每一节点是一台计算机，则上下层节点之间的信道是点到点的，因此树型网也被认为是点到点网络。

2. 通信与协议

开放互连系统参考模型(即 OSI 开放系统互连)有七层，从低到高的层次排列为物理层、数据链路层、网络层、传输层、会话层、表示层和应用层。在逻辑上，不同主机的各层之间可相互通信，这种通信称为对等通信。对等的通信规则称为协议。在实现时，消息自发送站点由上层向下层纵向传递，横向终止于物理层，最后在接收站点自下层到上层纵向传递。发送站点的每一层均对消息做某种处理，然后加上前缀再向下传递；接受站点的每一层将对应的前缀去掉向上传递直达应用层。

从第 1 层到第 3 层习惯上称为网络硬件层次，第 3 层的一部分(主要包括网络设备驱动程序)到第 5 层被认为是网络操作系统。不过许多实际的网络产品把第 6 层和第 7 层也划入操作系统范围。应当指出，当前许多微型机网络和工作站网络系统并没有全部的七层，在局域网中更是如此。

10.1.2　网络操作系统的基本概念

1. NOS 的功能

网络操作系统是网络用户和计算机网络之间的一个接口，它除了应该具备通常操作系统所应具备的基本功能外，还应该具有联网功能，支持网络体系结构和各种网络通信协议，提供网络互连能力，支持有效可靠安全地数据传输，具体表现在以下几个方面。

(1)网络通信。这是网络最基本的功能，其任务是在源主机和目标主机之间，实现无差错的数据传输。要求能建立和拆除通信链路，进行必要的传输控制，对传输中的数据进行差错检测和纠正，控制传输过程中的数据流量，选择适当的传输路径。

(2)资源管理。对网络中的共享资源进行有效地管理，协调诸用户对共享资源的使用，保证数据的安全和一致性。

(3)网络服务。主要的网络服务有：电子邮件、文件传输、共享硬盘、共享打印等。

(4)网络管理。网络管理最基本的任务是安全管理。

作为网络服务器，其硬盘容量较大，供各个客户机共享。实现共享硬盘的方式有：虚拟软盘方式和文件服务方式。

为了实现硬盘共享，把硬盘空间划分成若干个分区，每个分区称为盘卷。用户利用建立盘卷命令，在共享硬盘上建立属于自己的盘卷。然后再用安装命令把该盘卷安装到自己工作站上空闲的逻辑驱动器上，即在盘卷和逻辑驱动器之间建立连接，这样便可把该盘卷变成一个虚拟软盘，以后便可像访问自己工作站上的软盘一样来访问该虚拟软盘。按连接情况，该虚拟软盘可以私用，也可以共享。对于被共享的盘卷，数据的完整性必须得到保证，因此对共享卷的信号量管理是必不可少的。

通常，用户建立私用的或共享盘卷的目的是存取各种文件。但是，在虚拟软盘方式中，并未提供对虚拟软盘上的文件进行管理的功能，为了管理文件，用户不得不自行开发一套管理软件。以文件服务方式实现硬盘共享，允许用户将文件存入文件服务器硬盘的文件系统中。借助文件服务器上的文件系统，为用户提供文件创建、删除、打开、关闭以及读写操作。虽然文件服务方式较之前一方式更受用户欢迎但系统配置的灵活性差。

2. NOS 的工作模式

网络操作系统通常有两种工作模式：客户/服务器（C/S：Client/Server）模式和对等（Peer-to-Peer）模式。

客户/服务器模式是把网络中的各个站点分为两类：服务器和客户。服务器是网络的控制中心，向客户提供服务。客户是用于本地处理和访问服务器的站点。C/S 模式具有分布处理，集中控制的特征。

对等模式中，各个站点是对等的。在网络中既无服务处理中心，也无控制中心。该模式具有分布处理的特征。

3. NOS 的特征

典型网络操作系统特征是具有硬件独立性，支持多用户，支持网络实用程序，支持多种客户端，提供目录服务，支持多种增值服务。

10.1.3 基本通信技术

通信技术是网络操作系统的低层实现技术，是支持通信管理和资源共享的基础。通信技术有 Send/Receive 原语，远程过程调用 RPC，Socket 系统调用。

1. Send/Receive 原语

在单处理器系统中，我们介绍过 Send 和 Receive。在网络环境下，这一对原语是在两台计算机上执行，有一个相互配合的问题。这与它们在单处理器环境下是不同的。此外，两种环境下它们所带的参数也不同。

（1）带有检查应答信号的 Send/Receive 原语。

不带有检查应答信号的 Send 原语在执行时，只是把信息发出去，而不能保证该信息一定能被对方进程所接受。如果信息在传输过程中丢失，或者接收进程由于某种原因没有收到该信息，则造成 Send 原语的运行出错，因此可靠性较差。带有检查应答信号的 Send 原语，在发出消息一段时间以后，如果没有收到接收进程送回的应答信号，则重新发送信息。因此当 Send 的原语结束时，所发出的消息一定已被接受方接受了。等待时间 T 值的设定是影响通信效率的重要因素。环形网络因有固定的最长网络传输时间，T 值是不难确定的，但是总线类型的网络因没有固定最长网络传输时间，则 T 值的确定比较困难。

带有检查应答信号的 Receive 原语在接受信息后，必须自动返回应答信号。

带有检查应答信号的 Send/Receive 原语使通信的可靠性大增，但需要的系统开销较大，在通信距离短而且故障率低的网络中，往往不使用这种原语。

（2）带锁的 Sendw/Receivew 原语。

当用户程序执行 Sendw 原语时，网络控制部件锁住信息发送区直到消息离开信息发送区。当被发送的消息进入对方信息接收区时也被锁住，直到 Receivew 把消息移出接收区。因为 Sendw 不需要等待接收方的回答信号，所以返回用户程序的时间快于 Send 原语，但通信的可靠性不及 Send。

（3）带缓冲区的 Sendb/Receiveb 原语。

在设计通信原语时，对于是否要为传送信息设置缓冲区以及在哪里设置缓冲区，有多种选择。最简单的选择是不设缓冲区，如上述的 Send/Receive。也可在接受进程内设置多个缓冲区用以存放接收信息。发送进程在执行 Sendb 原语后不必被封锁，可以继续运行用户程序，但当接收缓冲区全满时，发送进程必须等待。

2. 远程过程调用

远程过程调用 RPC 就是把过程调用的概念加以扩充后引入网络环境中的一种形式。RPC 的形式和行为与传统的过程调用的形式和行为极其相似，主要的差别在于被调用的过程代码实际运行在与调用者站点不同的另一站点上。因此，需要设计相应的软件来实现两者之间的连接和信息沟通。

RPC 机制的实质是实现网络七层协议中会话层的功能——在两个试图进行通信的站点之间建立一条逻辑信道（即进行会话连接），并利用这个信道交换信息，不再使用时，负责释放所建立的连接。

RPC 的通信模型是基于客户/服务器进程间相互通信模型的一种同步通信形式，它对客户提供了远程服务的过程抽象，其底层消息传递操作对客户是透明的。在 RPC 中，客户是请求服务的调用者（caller），服务器是执行客户的请求而被调用的程序（callee）。

本地调用和远程调用之间存在许多不同多之处。如果远程调用是在两种异型机器间进行，这就存在数据表示问题，例如，这两类机器的字长可能不同，解决这一问题的方法之一是它在传递数据之前，让 RPC 机制将有关的数据转换成一种统一格式，接收点在接收数据时，再把它们转换成本地所允许的数据格式。

另一问题是如何解释指针。在不具有共享地址空间的情况下，RPC 不允许在网络范围内传递指针，因此，在 RPC 中是不可能用"reference 方式"传递参数的。

更严重的问题是调用者和被调用者都可能在调用期间发生故障，而且经常是被调用者故障，留下调用者挂起。如果发生这种情况，调用者可能不得不夭折，这在本地调用中是决不会出现的。

3. Socket 系统调用

Socket 的英文原义是"孔"或"插座"，在这里作为 4BDS UNIX 的进程通信机制，取后一种意义。Socket 非常类似于电话插座。以一个国家级电话网为例。电话的通话双方相当于相互通信的两个进程，区号是它的网络地址；区内一个单位的交换机相当于一台主机，主机分配给每个用户的局内号码相当于 Socket 号。任何用户在通话之前，首先要占有一部电话机，相当于申请一个 Socket；同时要知道对方的号码，相当于对方有一个固定的 Socket。然后向对方拨号呼叫，相当于发出连接请求(假如对方不在同一区内，还要拨对方区号，相当于给出网络地址)。对方假如在场并空闲(相当于通信的另一主机开机且可以接受连接请求)，拿起电话话筒，双方就可以正式通话，相当于连接成功。双方通话的过程，是一方向电话机发出信号和对方从电话机接收信号的过程，相当于向 Socket 发送数据和从 Socket 接收数据。通话结束后，一方挂起电话机相当于关闭 Socket，撤销连接。

在电话系统中，一般用户只能感受到本地电话机和对方电话号码的存在，建立通话的过程，话音传输的过程以及整个电话系统的技术细节对他都是透明的，这也与 Socket 机制非常相似。Socket 利用网间网通信设施实现进程通信，但它对通信设施的细节毫不关心，只要通信设施能提供足够的通信能力，它就满足了。

至此，我们对 Socket 进行了直观的描述。抽象出来，Socket 实质上提供了进程通信的端点。进程通信之前，双方首先必须各自创建一个端点，否则是没有办法建立联系并相互通信的。正如打电话之前，双方必须各自拥有一台电话机一样。在网间网内部，每一个 Socket 用一个半相关描述；

一个完整的 Socket 有一个本地唯一的 Socket 号，由操作系统分配。最重要的是，Socket 是面向客户/服务器模型而设计的，针对客户和服务器程序提供不同的 Socket 系统调用。客户随机申请一个 Socket (相当于一个想打电话的人可以在任何一台入网电话上拨号呼叫)，系统为之分配一个 Socket 号；服务器拥有全局公认的 Socket，任何客户都可以向它发出连接请求和信息请求(相当于一个被呼叫的电话拥有一个呼叫方知道的电话号码)。

Socket 利用客户/服务器模式巧妙地解决了进程之间建立通信连接的问题。服务器 Socket 半相关为全局所公认非常重要。读者不妨考虑一下，两个完全随机的用户进程之间如何建立通信? 假如通信双方没有任何一方的 Socket 固定，就好比打电话的双方彼此不知道对方的电话号码，要通话是不可能的。

10. 1. 4 网络文件系统

操作系统屏蔽了不同的物理介质上的文件系统的差异，可利用一个统一不同操作平台的文件系统，由它来屏蔽操作系统与操作系统、本地与远程的差异，给用户提供一个跨机器、跨地域的虚拟的统一的文件系统。

网络文件系统(NFS：Network File System) 就是这样一个统一接口。其实，NFS 是一种运行机制，它通过网络给不同操作平台上的用户共享同一个文件系统。这样，用户的文件系统就由原来单一的本地文件系统扩充到由本地文件系统加一个或多个远程文件系统构成的虚拟的文件系统。用户感觉不到远程文件系统与本地文件系统的区别。NFS 给上层提供统一的文件操作平台，在下层有不同的接口与具体的文件系统交互。

要利用 NFS 安装文件系统，必须满足三个必要的条件：第一个条件是具有想用 NFS 安装文件系统的计算机必须能通过 TCP/IP 网络进行通信；第二个条件是把用户想要安装的文件系统作为本地文件系统的计算机必须使该文件系统可以被安装，这个计算机称为服务器，而使文件系统可以被安装的过程称为输出文件系统；第三个条件是要安装被输出文件系统的计算机必须把该文件系统作为一个 NFS 进行安装，该计算机称为客户机。在 Linux 中，客户机既可以在引导时通过/etc/fstab 文件自动安装 NFS，也可以使用 mount 命令手工交互式地安装 NFS。当使用者想用远程文件时就可以用后一种方式把远程文件系统安装在自己的文件系统之下。通过将客户端的内核功能(使用远程文件系统)与服务器端的 NFS 服务器功能(它提供文件数据)相结合，NFS 允许以访问任何本地文件一样的方法，包括打开(Open)、读取(Read)、写入(Write)、定位(Seek)和关闭(Close)，来访问远程主机上的文件。这种文件访问对客户来说是完全透明的，并且可在各种服务器和各种主机结构上工作。

NFS 有如下优点：

(1)被所有用户访问的数据可以存放在一台中央主机上，由客户在引导启动时加载这个目录。例如，可以将所有用户的账户存放在一台主机上，让网络上的所有用户从这台主机上加载/home 目录。如果也安装了 NFS 的话，用户就可以登录进任何系统上，而始终在一组文件上工作。

(2)需要耗费大量磁盘空间的数据可以被保存在一台主机上，在一个地方保存和维护。

(3)管理用的数据可以存放在单个主机上。不再需要使用远程复制命令 rcp 将相同的文件安装到多个不同的机器上。

为实现 NFS，我们需要一个虚拟的统一的文件平台接口，它对上提供统一的操作，对下提供不同的文件系统接口。

10.1.5　数据和文件资源的共享

网络上的用户可以访问服务器硬盘，这样就可以实现数据和文件资源的共享。各个工作站可以同时操作服务器上的数据库，实现数据共享，例如铁路订票系统、航空公司飞机订票系统就是典型的应用。其实，绝大多数用户机器连网的主要目的就是为了共享网络中的文件和数据。当前可采用两种方式来实现文件和数据的共享：数据迁移方式和计算迁移方式。

1. 数据迁移(Data Migration)

例如，网络系统 A 中的用户希望访问在网络系统 B 中的数据，比如一份文件，可采取以下两种方法来实现数据的传送。

第一种方法是将系统 B 中的整个文件送到系统 A。这样，以后凡是系统 A 中的用户要访问该文件时，都变成本地访问。当用户不再需要此文件时，如果文件拷贝已被修改，则须将已修改的拷贝送回系统 B；若未修改，便不必将它返回给系统 B。如果系统 A 中的用户仅需对系统 B 中的某个大文件进行少量的修改，采用这种方法时，仍需来回地传送整个文件，这显然是比较低效的。

第二种方法是把文件中用户当前需要的那一部分从系统 B 传送到 A。如果以后用户又需要该文件中的另一部分，可继续将另一部分从系统 B 传送到 A。当用户不再需要此文件时，则只需把所有被修改的部分传回给 B。这种方法类似于存储管理中的请求调页方式。

如果对一份大文件，只需访问其中的很小一部分，显然第二种方法较有效；但如果是要访问该文件中的大部分，则第一种方法更有效。应当指出，如果两个文件系统类型是不相同的，则在进行数据传输的过程中，还可能需要进行数据变换，例如，将一种编码形式转换为另一种编码形式。

2. 计算迁移(Computation Migration)

在某些情况下，传送计算要比传送数据更有效。例如，有一个作业，它需访问多个驻留在不同系统中的大型文件，以获得这些文件的摘要。此时，若采取数据迁移方式，便须将驻留在不同系统上的所需文件传送到该作业驻留的系统中。这样，要传送的数据量相当大。但如果采用计算迁移方式，则只需向各个驻留了大文件的系统分别发送一个远程命令，然后，由各系统将所需结果返回，此时，网络所传输的数据量相当小。一般来说，如果传输数据所需的时间长于远程命令的执行时间，则计算迁移的方式更可取，反之，则数据迁移方式更有效。

至于作业所驻留的系统 A，如何向驻留文件的系统 B(或 C、D 等)发送远程命令，去执行对远地文件的访问，这里介绍两种实现方法。第一种方法是利用远程过程调用 RPC。第二种方法是由系统 A 中的进程 P 向系统 B 发送一个消息，系统 B 的操作系统收到该消息后，便创建一个新进程 Q，由 Q 去执行 P 所指定的任务，Q 执行完后便发回一结果给系统 A 的 P。这里，Q 和 P 可以并行执行。

10.2　分布式操作系统

分布式系统是指把多个处理器互连而构成的系统，系统的处理和控制功能分布在各个处理器上。分布式进程(Distributed Processes)是能够真正在多个节点上同时运行的诸进程。显然，一般并发进程利用的是多个虚处理器概念，而分布式进程利用的是多个物理处理器。所以前者实现了逻辑上的并行性，而后者实现了物理上的并行性。

10.2.1　分布式系统概述

分布式系统与计算机网络系统的基础都是网络技术，在计算机硬件连接、系统拓扑结构和通信控制等方面基本一样，都具有数据通信和资源共享功能。分布式系统与网络系统的主要区别在于：网络系统中，用户在通信或资源共享时必须知道计算机及资源的位置，通常通过远程登录或让计算机直接相连来传输信息或进行资源共享；而分布式系统中，用户在通信或资源共享时并不知道有多台计算机存在，其数据通信和资源共享如在单计算机系统上一样，此外，互联的各计算机可互相协调工作，共同完成一项任务，可把一个大型程序分布在多台计算机上并行运行。

通常，分布式计算机系统满足以下条件：系统中任意两台计算机可以通过系统的安全通信机制来交换信息；系统中的资源为所有用户共享，用户只要考虑系统中是否有所需资源，而无需考虑资源在哪台计算机上，即为用户提供对资源的透明访问；系统中的若干台机器可以互相协作来完成同一个任务；系统中的一个节点出错不影响其他节点运行，即具有较好的容错性和健壮性。

配置在分布式系统上的操作系统称为分布式操作系统（Distributed Operating System，简称 DOS）。分布式操作系统具有以下功能：

（1）进程通信：提供有力的通信手段，让运行在不同计算机上的进程可以通过通信来交换数据。

（2）资源共享：提供访问它机资源的功能，使得用户可以访问或使用位于它机上的资源。

（3）并行运算：提供某种程序设计语言，使用户可编写分布式程序，该程序可在系统中多个节点上并行运行。

（4）网络管理：高效地控制和管理网络资源，对用户具有透明性，亦即使用分布式系统与传统单机系统相似。

分布式进程的互斥/同步比集中式进程的互斥/同步，在实现上要复杂得多。分布式进程的互斥/同步算法必须能确定事件发生的先后次序。

分布式计算机系统的主要优点是：健壮性好、容易扩充、维护方便和效率较高。为了实现分布式系统的透明性，分布式操作系统至少应具有以下特征：一是有一个单一全局性进程通信机制，在任何一台机器上进程都采用同一种方法与其他进程通信；二是有一个单一全局性进程管理和安全保护机制，进程的创建、执行和撤销以及保护方式不因机器不同而有所变化；三是有一个单一全局性的文件系统，用户存取文件和在单机上没有两样。

10.2.2　分布式进程通信

在分布式系统中，所采用的通信方式主要有消息传递和远程过程调用两种形式。

1. 消息传递

消息传递机制是网络环境下分布式计算的基础。高性能的应用领域总是向程序员提供网络消息传递的接口，即使这个接口同时被操作系统用来实现分布式环境中的其他部分。当然，程序员需要了解一个新的信息共享接口：IPC（Interprocess Communication）。

消息就是由一个进程发送给另一个接受进程的信息块。它服务于以下两个目标：

（1）通过消息机制，让一个进程和另一个进程共享信息；

（2）实现消息发送方和接收方的同步。

在接收方需要设置一个"邮箱"，在逻辑上没有收到消息之前缓存不断接收到的信息。收发双方间可以是同步或异步的。在同步操作中，发送方在消息安全地被送到接收方的"邮箱"之前，一直处于等待状态；在异步操作中，发送方把消息送出后继续执行，不必等待察看消息是否真的送入接收方的"邮箱"。接收方可以是阻塞或非阻塞的。第一种情况下，接收方从"邮箱"读取消息时，接收方在消息可读(即消息已完全发送到"邮箱")前一直等待，不执行其他操作。在非阻塞的接收操作中，无论接消息是否可读，接收方总处于执行状态。

在网络体系中，为了把信息放入远程计算机上某个进程的地址空间，往往需要将信息的内容复制多次。图 10.1 在逻辑上简要列出一次发送信息的操作需要进行的复制。

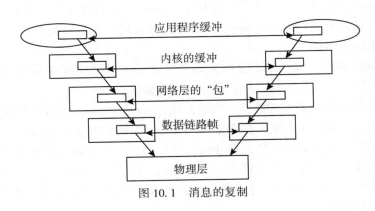

应用程序缓冲

内核的缓冲

网络层的"包"

数据链路帧

物理层

图 10.1　消息的复制

首先，发送方将需要发送的信息放入内部的缓冲池。然后把信息复制并放入操作系统的地址空间，这样才能把它复制放入另一个进程的"邮箱"。假设使用了网络层协议，需要把信息再次拷贝，放入"包"。接着，是把信息从"包"拷贝放入数据链路层的帧(通常放在控制器的某个缓存器)。最后还要再复制一次——把信息放入物理网络中传输。在接受方也要进行类似的操作。这样，一次信息传递至少要进行八次逻辑上的复制操作，这还不包括传输层协议和邮箱管理中可能需要的复制。

复制操作限制了以网络为基础的消息传递机制的性能。这为操作系统的设计者带来新的挑战：如何减少这种复制操作的次数。现代操作系统在实现消息传递机制时尽量减少不必要的复制。这首先要求操作系统提供应用层上的消息传递接口，让系统软件和应用程序设计员直接使用。然后，由操作系统根据它的设计策略和通信时使用到的网络协议来优化该接口的实现。

许多应用软件在传输层协议上使用消息传递接口。系统设计员仅提供底层的发送——接收机制来支持分布式计算，而将分散在各处的信息都交由应用程序设计员负责。此外，应用程序设计员不得不使用发送——接收的操作来同步计算的各个操作部分。他们中有的人希望使用更高层次上的分布式模型——通常是分布式存储器；有的人赞成用面向应用的消息传递接口，以便获得需要的性能。

PVM(并行虚拟机)就是一种被广泛使用的消息传递接口。作为一个平台，它的优势在于可以方便地使用消息发送环境，而这个环境可以在不同的机器上实现。那么，程序员可以在同一个网络的一组不同机器上装上 PVM，然后就能利用 TCP/UDP 的实现来支持PVM 库的程序。于是可以编写多机运行的分布式计算的应用，并且编写时不必关心各台机器上传输层协议的实现细节。

　　PVM 通常不由操作系统实现，而是作为用户层的一个程序库来实现的。它广泛使用 TCP 和 UDP 来支持 PVM 消息。

　　PVM 提供很小进程管理能力来创建和管理 PVM 进程。PVM 任务是在并行虚拟机（PVM）上执行的有序单元。每个 PVM 任务都要调用 pvm_mytid 函数以便和并行虚拟机相连；该函数返回一个任务标识号。另外，可以使用 pvm_gettid 函数获得其他任务的标志号；使用 pvm_spawn 创建另一个任务；使用 pvm_exit 结束任务本身。可以把一些任务设定为兄弟关系，这需要使用 pvm_joingroup 把它们加入同一个逻辑组；从逻辑组中删除某个任务需要使用 pvm_lvgroup。

　　PVM 中有同步调用，包括传统信号 V 和等待调用 P。PVM 库中使用 TCP/IP 实现等同于信号量的机制——这儿的"信号量"共享一块存储区。

　　PVM 消息中包含规定类型的数据。发送方使用 pvm_initsend 函数初始化消息缓冲池。规定类型的数据以压缩的方式放入消息缓冲，在以下的例子中 pvm_pkint 可以将整数加入消息。接收方使用 pvm_upkint 从消息缓冲池取出数据。一旦发送方的任务将缓冲池填满，它就把缓冲交给另一个任务。这过程中，pvm_send，pvm_multicast 或 pvm_broadcast 中都需要使用任务标识号。由 pvm_rcv 来接收消息，接收后需要先把消息放在某个缓冲中并对数据解压、放在本地的变量中。

2. 远程过程调用

　　与一般的过程调用相比较，远程过程调用的突出特点是调用者与被调用者分别属于不同进程，它们均是主动体，而且二者常运行于网络或分布式系统中不同站点上，这会带来如下问题：

　　（1）在本地过程调用中，调用参数及返回结果一般通过堆栈在调用者与被调用者之间传递；而在远程调用中，调用参数与结果通常作为消息在调用者之间传递；

　　（2）在本地过程调用中，调用过程与被调用过程同时存在，并且属于同一地址空间，而在远程过程调中，调用者与被调用者有不同的生存期，而且通常无公共存储区域。

　　调用进程称作顾客进程，被调用进程称为服务进程，顾客进程调用服务进程中的过程，调用参数以消息的形式由调用者传送给被调用者，调用者挂起，被调用者执行相应的过程，执行完毕将返回值以消息形式传送给调用者，然后二者分别继续。

　　在远程过程所在站点内，应当存在一个"代理进程"，它受调用进程之托，执行被调用的远程过程，代理进程和调用进程有不同生存期，存在以下情况：

　　（1）对每一个远程过程调用建立一个代理进程，即代理进程在调用时建立，结束时撤销，这样，代理进程的生存期间调用期间，一个站点可以同时存在多个执行同一远程过程的进程，并发性好，空间开销小，时间开销大。

　　（2）对每位顾客建立一个代理进程，即顾客进程开始时建立代理进程，顾客进程结束时撤销代理进程，这样，代理进程生存期与顾客进程相同。一个站点可以同时存在多个执行同一远程进程的进程，并发性好，空间开销大，时间开销小。

　　（3）为每次服务建立一个代理进程，即在一个站点中仅存在一个执行远程过程的代理进程，该进程不间断地执行，读取服务请求消息，执行相应过程，然后返回回答消息，这一服务进程可被多个顾客调用，此时，时间与空间开销较小，但响应速度慢。

10.2.3 分布式资源管理

资源的管理和调度是操作系统的一项主要任务。单机操作系统往往采用一类资源由一个资源管理者来管的集中式管理方式。在分布式计算机系统中，由于系统的资源分布在各台计算机上，若一类资源归一个管理者来管的办法会使性能很差。假如，系统中各台计算机的存储资源由位于某台计算机上的资源管理者来管，那么，不论谁申请存储资源，即使申请的是自己计算机上的资源，都必须发信给存储管理，这就大大增加了系统开销。如果存储管理所在那台计算机坏了，系统便会瘫痪。由此可见，分布式操作系统如采用集中式来管理资源，不仅开销大，而且坚定性差。

通常，分布式操作系统采用一类资源多个管理者的方式，可以分成两种：集中分布管理和完全分布管理。它们的主要区别在于：前者对所管资源拥有完全控制权，对一类资源中的每一个资源仅受控于一个资源管理者；而后者对所管资源仅有部分控制权，不仅一类资源存在多个管理者，而且该类中每个资源都由多个管理者共同控制。

集中分布管理中，让一类资源有多个管理者，但每个具体资源仅有一个管理者对其负责，比如，上面提到的文件管理，尽管系统有多个文件管理，但每个文件只依属于一个文件管理者。也就是说，在集中分布管理下，使用某个文件必须也仅须通过其相应的某个文件管理者。而完全分布管理却不是这样，假如一个文件有若干副本，则这些副本分别受管于不同的文件管理。为了保证文件副本的一致性，当一份副本正在被修改时，其他各份副本应禁止使用。因此，当一个文件管理接收到一个使用文件的申请时，它只有在和管理该文件其他副本的管理者协商后，才能决定是否让申请者使用文件。在这种情形下，一个具有多副本的文件资源是由多个文件管理者共同管理的。

采用集中分布管理方式时，虽然每类资源由多个管理者管理，但该类中的一个资源却由唯一的一个管理者来管。当一个资源管理者不能满足一个申请者的请求时，它应当帮助用户去向其他资源管理者申请资源。这样用户申请资源的过程类似在单机操作系统上一样，只要向本机的资源管理者提出申请，他无须知道系统中有多少个资源管理者，也无须知道资源的分布情况。因而，集中分布管理方式应具有向其他资源管理者提交资源申请和接受其他资源管理者转来的申请的功能。由于资源管理者分布在不同计算机上，系统必须制定一个资源搜索算法，使得资源管理者按此算法帮助用户找到所需资源。设计分布式资源搜索算法应尽量满足以下条件：效率高、开销小、避免饿死、资源使用均衡、具有坚定性。常用的分布式资源搜索算法有以下三种：

（1）投标算法。该算法的主要规则如下：资源管理者欲向它机资源管理者申请资源时，首先广播招标消息，向网络中位于其他节点的每个资源管理者发招标消息；当一个资源管理者接到招标消息时，如果该节点上有所需资源，则根据一定的策略计算出"标数"，然后发一个投标消息给申请者，否则回一个拒绝消息；当申请者收到所有回答消息后，根据一定策略选出一个投标者，并向它发一个申请消息；接到申请消息后，将申请者的名字登记入册，并在可以分配资源时发消息通知申请者；当资源使用完毕后，向分配资源的资源管理者归还资源。

投标与招标的策略可视具体情况而定，如可以用排队等待申请者的个数、投标与招标者距离的远近等作标数来投标，选择标数最小的投标者中标。

（2）由近及远算法。该算法让资源申请者由近及远地搜索，直到迁上具有所要资源的节点为止。

（3）回声算法。该算法能用来获得全局知识，也可用于搜索资源。

10.2.4　分布式进程同步

在单处理器系统中，所有的进程都驻留在同一系统中，它们共享内存，因此也可以共享信号量和锁。在分布式系统中，原先的进程同步方式不再适用，必须对不同处理器中所发生的事件进行定序。

1. 事件定序

事件定序就是确定两个事件发生的先后次序关系，这在集中式系统中是容易做到的，因系统中只有一个公共内存和一个实时时钟；然而在网络和分布式系统中，没有公共内存和实时时钟，要确定事件发生的次序有时是不可能的，网络或分布式系统中的前发生（Happened Before，简称 HB）关系只是一种偏序（非自反），并用"->"表示前发生关系。

由于一个进程用的程序是有序的而且在各自的处理器上运行，故一个进程内的所有事件是有序的。前发生关系定义如下：

（1）如果 A 和 B 是同一进程内部的事件，而且 A 在 B 前执行，则 A->B。

（2）如果 A 是一个由某一进程发送消息的事件，B 是由另一进程接收该消息的事件，则 A->B；（消息只有在被发送后才能被接收）。

（3）如果 A->B 且 B->C，则有 A->C。

由于一个事件不可能在其本身之前发生，因而关系"->"是非自反的偏序。如果两事件 A 和 B 之间不存在"->"关系，则二者可以并发执行，且它们之间无因果关系。

为了实现分布式进程之间的同步，首先需要解决的问题是如何对系统中所发生的事件进行排序。这不仅要确定两个事件之间的前驱关系，而且还要确定所有时间的全序。

为了确定两事件发生的次序，或者需要一个公共时钟，或需要完全同步的时钟。在每个进程内部定义一个逻辑时钟 LC_i；它给同一进程内的各事件赋予不同的数；某一事件的逻辑时钟值就是它的时间邮戳，在一进程内部，逻辑时钟可以保证：如果事件 A 在事件 B 之前发生，则有 $LC_i(A)<LC_i(B)$。在不同的进程之间此法行不通。例：设两个进程 P1 和 P2 相互通信，假设 P1 于 $LC_i(A)=200$ 时发送消息给 P2（事件 A），而 P2 于 $LC_i(B)=190$ 时接收到此消息（事件 B），显然违反定义。

解决上述矛盾的方法是：进程在接收到一个消息时，而且该消息的邮戳时间比接收进程的邮戳时间当前值还大时，接收进程推进他的逻辑时钟。具体地，如果进程 P 接到一个邮戳时间为 t 的消息（事件 B），$LC_i(B)<t$，则它推进其时钟，使 $LC_i(B)=t+1$。

如图 10.2 所示，设有三个进程 P、Q、R，它们在三个处理器上运行，图中圆圈表示事件，箭头表示进程间的消息传送。

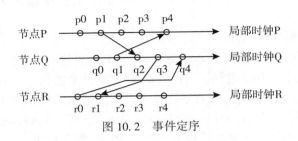

图 10.2　事件定序

设有节点 P、Q、R，它们各自的事件沿本局部时钟依次发生，但对整个系统来说，存在前发生关系和并发关系。图中有矢线相连的代表两个事件有→关系，例如事件 p1 一定要在事件 q2 之前发生尽管两事件在不同节点。注意，仅比较站点 P 和站点 Q 的局部时钟值不能反映事件的前发生的关系。

我们希望引进一个逻辑时钟，并用它的值来反映这种关系，从而实现整个系统中的事件定序。假定对每个进程 Pi 有一个与其相关的逻辑时钟 Ci，赋给进程 Pi 中事件 a 的逻辑时钟值记为 Ci(a)。可用一个单调递增的计数器来实现 Ci。假定 C 为系统的逻辑时钟，为使 C 能正确计值，下面的条件应成立：

(1)对于进程 Pi 中的两个事件 a 和 b，若 a->b，则 Ci(a)<Ci(b)；

(2)若 a 是进程 Pi 发送消息的事件，b 是进程 Pj 接受同一消息的事件，则有 Ci(a)<Cj(b)；

(3)对系统中的任何事件 a 和 b，若 a->b，则 C(a)必须小于 C(b)。

按下述规则做，就能实现上述条件：

(1)进程 Pi 中的任何两个相继事件之间使 Ci 增值，即计数器增加；

(2)若事件 a 是进程 Pi 中发送消息 m 的事件，则 a 事件就附有时间戳 Tm=Ci(a)；

(3)若事件 b 是进程 Pj(j＊i)中接收消息 m 的事件，则令 Cj(b)=Tm+k 且 Tm+k≥Cj 的当前值(k 取正整数，保证 Tm+k≥Cj 即可，一般 k 取整数 1)。

至此，我们可以对分布式系统中的所有事件进行一致的定序了，称进程 Pi 中的事件 a 先于进程 Pj 中的事件 b(用 aTb 表示)，当且仅当 Ci(a)<Cj(b) 或者 Ci(a)=Cj(b)且 Pi<<Pj

其中关系"<<"是进程的一个任意偏序。实现<<关系的一个简单方法是给系统中的每一个进程赋以一个唯一的进程号，且规定若进程号 i<进程号 j，则 Pi<<Pj。

2. Lamport 算法

Lamport 算法利用前述的事件定序方案统一定序所有对临界段的请求，按先来先服务的原则让请求临界资源的进程进入其临界段，进/出临界段 1 次需要 3×(n-1)条消息。

Lamport 算法基本假定如下：

（1）进程 Pi 发送的请求消息形如 request(Ti，i)，其中 Ti = Ci 是进程 Pi 发送此消息时对应的逻辑时钟值，i 代表消息内容。

（2）每个进程保持一个请求队列，队列中的请求消息根据 T 关系定序，队列初始为空。

Lamport 算法描述：

当进程 Pi 请求资源时，它把请求消息 request(Ti，i)排在自己的请求队列中，同时也把该消息发送给系统中的其他进程；当进程 Pj 接收到外来消息 request(Ti，i)后，发送回答消息 reply(Tj，j)，并把 request(Ti，i)放入自己的请求队列。应当说明，若进程 Pj 在收到 request(Ti，i)前已提出过对同一资源的访问请求，那么其时间戳应比(Ti，i)小。

若满足下述两个条件，则允许进程 Pi 访问该资源(即允许进入临界段)：

（1）Pi 自身请求访问该资源的消息已处于请求队列的最前面；

（2）Pi 已收到从所有其他进程发来的回答消息，这些回答消息的时间戳均晚于(Ti，i)。

为了释放该资源，Pi 从自己的队列中撤销请求消息，并发送一个打上时间戳的释放消息 release 给其他进程；当进程 Pj 收到 Pi 的 release 消息后，它撤销自己队列中的原 Pi 的 request(Ti，i)消息。

3. 令牌传递法

为实现分布式系统中的进程互斥，在系统中设置了象征权力的令牌(token)。令牌本身是一种特定格式的报文(通常只有一个字节)，它不断地在系统中由一个进程传递给另一个进程。如果握有令牌的进程想进入临界段，则它保持令牌在手直到退出临界段时才将令牌传递给后继进程。没有令牌的进程不能进入临界段。这样，每次只有一个进程进入临界段，实现了进程互斥。

4. Ricart and Agrawala 算法

Ricart and Agrawala 算法实现了进程互斥，其控制是全分布的。因为进入临界段是根据时间戳的顺序来安排的(即先来先服务方式)，所以根本不可能有进程"饥饿"现象发生。死锁也不可能发生，因为不存在环路等待。

Ricart and Agrawala 算法存在这样两个问题。其一，当有一个进程请求进入临界段时，所有其他进程都被牵连到。这就是说，每个进程都要知道其他进程的名字，当有新进程出现时，必须把新进程名字通知其他各进程，同时新进程要获知全部其他进程名。在分布式系统中完成这件事并不容易。其二，如果某一进程故障，那么该算法因无法收到全部应答消息而崩溃。系统应具有故障监测与恢复功能才能保证该算法切实可行。

该算法对于进程 1 次进/出临界段最多要 2(n-1)条消息，因而比 Lamport 算法更加有效。如前所述，进程的请求队列按 T 关系定序，其算法描述如下：

（1）当进程 Pi 请求资源时，它发送消息 request(Ti，i)到所有其他进程；

（2）当进程 Pj 收到 request 消息后，执行下述操作：如果 Pj 正在临界段，则推迟向 Pi

发 reply 消息；如果 Pj 不请求同一资源，则立即发送回答消息 reply(Tj，j)；如果 Pj 也请求同资源，且时间戳(Ti，i)早于(Tj，j)，则立即返回 reply(Tj，j)，否则推迟发送 reply 消息；

（3）当进程 Pi 收到所有其他进程的 reply 时，便可以进入临界段；

（4）当 Pi 释放资源时，仅向所有推迟发来 reply 消息的进程发送 reply(Ti，i)消息。

10.2.5 分布式系统中的死锁

分布式系统是由各站点组成的，所有进程都归属于各个站点。当这些进程在站点内活动时，因争夺站内资源可能发生死锁，这种情况称为站内死锁或局部死锁。但是，甲站的进程可能会申请乙站的资源，乙站的进程也可能会申请甲站的资源。因此，为竞争全局范围内的资源有可能导致进程死锁，称为全局死锁。

1. 死锁类型

在网络和分布式系统中，除了因竞争可重复使用资源而产生死锁外，更多地会因竞争临时性资源而引起死锁。虽然，对于死锁的防止、避免和解除等基本方法与单处理器相似，但难度和复杂度要大得多。由于分布式环境下，进程和资源的分布性，竞争资源的诸进程来自不同节点。然而，拥有共享资源的每个节点，通常只知道本节点中的资源使用情况，因而，检测来自不同节点中进程在竞争共享资源是否会产生死锁，显然是很困难的。

分布式系统中的死锁可以分成两类：资源死锁和通信死锁。资源死锁是因为竞争系统中可重复使用的资源，如打印机、磁带机、以及存储器等引起的，一组进程会因竞争这些资源，而由于进程的推进顺序不当，从而，发生系统死锁。在集中式系统中，如果进程 A 发送消息给 B，进程 B 发送消息给 C，而进程 C 又发送消息给 A，那么，就会发生死锁。在分布式系统中，通信死锁指的是：在不同节点中的进程，为发送和接收报文而竞争缓冲区，如果出现了既不能发送，又不能接收的僵持状态。

2. 分布式死锁检测与预防

（1）集中式死锁检测。分布式系统中，每台计算机都有一张进程资源图，描述进程及其占有资源状况，让一台中心计算机上拥有一张整个系统的进程资源图，当检测进程检测到环路时，就中止一个进程以解决死锁。检测进程必须适时地获得从各个节点发送的更新信息，可用以下办法解决更新问题：一是每当资源图中加入或删除一条弧时，相应的变动消息就应发送给检测进程；二是每个进程可以周期性的把自己从上次更新后新添加或删除的弧的信息发送给检测进程；三是在需要的时候检测进程主动去请求更新信息。

上述方法可能会产生假死锁问题，因为，在网络和分布式环境下，如果检测出进程资源图中的环形链，是否系统真的发生了死锁呢？答案是不确的，也可能真的发生了死锁，也可能是假的死锁，其原因是进程所发出的请求与释放资源命令的时序，与执行这两条命令的时序未必一致。下面通过一个例子来说明假死锁的情况，考虑有两个节点的分布式系统。进程 A 和 B 运行在节点 1 上，C 运行在节点 2 上；共有三种资源 R，S 和 T；开始状态时的系统资源分配图如图 10.3(a)(b)所示(图中圆圈表示进程，方框表示资源，实线表示分配边，虚线表示请求边)。

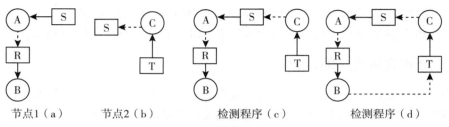

节点1(a)　　　　节点2(b)　　　　　检测程序(c)　　　　　检测程序(d)

图 10.3　集中式死锁检测

检测进程检测到的状态如图 10.3(c)所示，这时系统是安全的。一旦进程 B 运行结束，A 就可以得到 R，然后，运行就能结束，并释放进程 C 所等待的 S。但不久之后，进程 B 释放了 R 并同时请求 T，这是一个合法操作。节点 1 向检测进程发送消息声明进程 B 正在等待它的资源 T。假如，节点 2 的消息比节点 1 发送的消息先到达，这就导致了图 10.3(d)所示的资源图，检测进程错误地得出死锁存在的结论，并中止某进程。由于消息的不完整和延迟使得分布式死锁算法产生了假死锁问题。

可以用 Lamport 算法提供的全局时间来解决假死锁问题。从节点 2 到检测进程的消息是由于节点 1 的请求而发出的，那么，从节点 2 到检测进程的消息的逻辑时钟就应该晚于从节点 1 到检测进程的消息的逻辑时钟。当检测进程收到了从节点 2 发来的有导致死锁嫌疑的消息后，它将给系统中的每台机器发一条消息："我收到了从节点 2 发来的会导致死锁的带有逻辑时钟 T 的消息，如果任何有小于该逻辑时钟的消息要发给我，请立即发送。"当每台机器给出肯定或否定的响应消息后，检测进程会发现从 R 到进程 B 的弧已消失了，因而，系统仍然是安全的。这一方法的缺点是需要全局时间、开销较大。

(2)分布式死锁检测。分布式检测算法无需在网络中设置掌握全局资源使用情况的检测进程，而是通过网络中竞争资源的进程相互协作来实现对死锁的检测，具体实现方法如下：在每个节点中都设置一个死锁检测进程；必须对请求和释放资源的消息进行排队，每个消息上附加逻辑时钟；当一个进程欲存取某资源时，它应先向所有其他进程发送请求信息，在获得这些进程的响应信息后，才把请求资源的消息发给管理该资源的进程；每个进程应将资源的已分配情况通知所有进程。

由此可见，为实现分布式环境下的死锁检测，通信的开销相当大，而且还可能出现假死锁，因而，实际应用中，主要还是采用死锁预防方法。

(3)分布式死锁预防。为了防止在网络中出现死锁，可以采取破坏产生死锁的下述四个必要条件之一的方法来实现。

第一种方法可以采用静态分配方法，让所有进程在运行之前，一次性地申请其所需的全部网络资源。这样，进程在运行中不会再提出资源申请，破坏了"占用和等待"条件。如果网络系统无法满足进程的所有资源要求，索性一个资源也不分配给该进程，这样也能预防死锁。

第二种方法是按序分配，把网络中可供共享的网络资源进行排序，同时要求所有进程对网络资源的请求，严格按资源号从小到大的次序提出申请，这样可防止在分配图中出现循环等待事件。

第三种方法主要解决报文组装、存储和转发造成缓冲区溢出而产生的死锁。为了避免发生组装型死锁，源节点的发送进程，在发送报文之前，应先向目标节点申请一份报文所需的全部缓冲区，如果目标节点无缓冲区，干脆便一个也不分配，让发送进程等待。为了避免存储转发型死锁，可以为每条链路上的进程配置一定数量缓冲区，且不允许其他链路上的进程使用；或者当节点使用公共缓冲池时，系统限制每个进程只能使用一定数量的缓冲区，而留出足够的后备缓冲空间。

第四种方法是通过抢占资源来破坏循环等待条件，其做法是：给每个进程赋一个唯一的优先数，这些优先数用以决定 Pi 是否等待 Pj。Rostenkrantz 等人提出了使用时间戳作为优先数的方法。对系统中的每一进程，当创建它时，就赋给它一个时间戳，利用时间戳预防死锁。

10.2.6　分布式文件系统

分布式文件系统是分布式系统的重要组成部分，它允许通过网络来互连的，使不同机器上的用户共享文件的一种文件系统。它的任务也是存储和读取信息，许多功能都与传统的文件系统相同。它不是一个分布式操作系统，而是一个相对独立的软件系统，被集成到分布式操作系统中，并为其提供远程访问服务。分布式文件系统具有以下特点：

(1)网络透明性。客户访问远程文件服务器上的文件的操作如同访问本机文件的操作一样；

(2)位置透明性。客户通过文件名访问文件，但并不知道该文件在网络中的位置；同理文件的物理位置变了，但只要文件的名字不变，客户仍可进行访问。

在分布式系统中，区分文件服务(File Service)和文件服务器(File server)的概念是非常重要的。文件服务是文件系统为其客户提供的各种功能描述，如可用的原语、它们所带的参数和执行的动作。对于客户来说，文件服务精确地定义了他们所期望的服务，而不涉及实现方面的细节。实际上，文件服务提供了文件系统与客户之间的接口。

文件服务器是运行在网络中某台机器上的一个实现文件服务的进程，一个系统可以有一个或多个文件服务器，但客户并不知道有多个文件服务器及它们的位置和功能。客户所知道的只是当调用文件服务中某个具体过程时，所要求的工作以某种方式执行，并返回所要求的结果。事实上，客户不应该也不知道文件服务是分布的，而它看起来和通常单处理器上的文件系统一样。

分布式文件系统为系统中的客户机提供共享的文件系统，为分布式操作系统提供远程文件访问服务。分布式操作系统通常在系统中的每个机器上都有一个副本，但分布式文件系统并不一样。它由两部分组成：运行在服务器上的分布式文件系统软件和运行在每个客户机上的分布式文件系统软件。这两部分程序代码在运行中都要与本机操作系统的文件系统紧密配合，共同起作用。由于现代操作系统都支持多种类型的文件系统，因此，本机上的文件系统均是虚拟文件系统，而它就可以支持多个实际的不同文件系统，分布式文件系统将通过虚拟文件系统（vfs）和虚拟节点（vnode）与本机文件系统交互作用。

10.2.7　分布式进程迁移

在单处理器系统中，不存在进程迁移问题；在计算机网络中，允许程序或数据从一个节点迁移到另一个节点，在分布式系统中，更是允许将一个进程从一个系统迁移到另一个系统中。

进程迁移在分布式操作系统中很重要，主要有以下几个原因：

（1）负载均衡。通过将进程从负载较重的节点迁移到负载较轻的节点，使系统负载达到平衡，从而提高整体执行效率。

（2）减少通信开销。可以将相互间紧密作用的进程迁移到同一节点，以减少它们相互作用期间的通信开销。

（3）提高计算速度。可以为一个大型作业建立多个进程，然后将这些进程迁移到不同的处理器上并行执行。

（4）提高可利用性。运行时间较长的进程在某个节点出现错误时，可能需要迁移。一个想继续的进程既可以迁移到另外的节点上，也可以推迟运行，待错误恢复后在当前节点中重新开始。

（5）利用特定资源。当某些进程必须在具有特定资源的处理器上才能运行完成时，将这些进程迁移到具有特定资源的处理器上运行。

为了实现进程迁移，在分布式系统中必须建立相应的进程迁移机制。进程迁移机制要考虑这样几个问题，其中包：由谁来激发迁移？进程的哪一部分被迁移？如何进行迁移？如何处理未完成的消息和信号？

由谁激发迁移取决于迁移机制的目的。若其目的在于负载均衡，那么，通常由操作系统中掌管系统负载的组件决定什么时候进行迁移；若其目的在于获得特定资源，那么，可由需要资源的进程自行决定何时进行迁移，这种迁移也称为自迁移（Self-migration）。对前一种情况，整个迁移作用以及多处理器的存在，对进程都可以是透明的；对后一种情况，进程必须了解分布式系统的分布情况。

当迁移一个进程时，必须在源节点上破坏该进程，并在目标节点上建立它。这才是进程的移动，而不是复制进程。因此，进程映像，至少包括进程控制块，必须迁移。另外，这个进程与其他进程间的任何链接也必须更新。

进程控制块的迁移比较简单，对程序和数据的迁移可采取以下两种方式：

（1）迁移时传送整个地址空间。一次性将程序、数据等全部资源从源节点上传送到目标节点。这是最简单的一种方法，但当进程地址空间很大，但进程只用到其中很小一部分时，会造成浪费。

（2）仅传送那些在主存中的地址空间部分，在需要时再通过请求方式，传送虚拟地址空间中的部分。在这种方式下，源节点必须保存被迁移进程的数据、段表或页表，并进行有关操作，这样，并没有将将源节点从对该进程的管理中解脱出来。如果被迁移的进程不用或很少再去访问未迁移的地址空间，则这种方法是可取的。

对于那些未完成的消息和信号，可通过一种机制进行处理：在迁移进行时，暂时存储那些完成的消息和信号，然后将它们直接送到新的目的地，有必要在迁移出发的位置将正在发出的信息维持一段时间，以确保所有的未完成消息和信号都被传送到目的地。

进程迁移涉及进程迁移的决定，在某些情况下，由单个实体作决定；但是，有些系统允许指定的目标系统参与作决定，主要是为了保持对用户的响应时间。

例如在分布式操作系统 Charlotte 中采用的是迁移协商(Negotiation of Migration)机制。它是由若干个 Starter 进程负责迁移策略(什么时候将哪个进程迁移到什么地方)，及作业调度和内存分配。因此，Starter 可以在这三方面进行协调，每个 Starter 进程可以控制一簇机器，Starter 从它控制的每台机器的内核获取当时的详细负载统计信息。

在 Charlotte 中必须由两个 Starter 进程联合起来，按以下步骤决定迁移：

(1)由控制源节点 S 的 Starter 决定将进程 P 迁移到特定的目标节点 D，它发送一个消息给 D 的 Starter，要求传送。

(2)如果 D 的 Starter 准备接受进程 P，就回复一个肯定的确认。

(3)S 的 Starter 通过服务请求的方式将这个决定传给 S 的内核，或者将消息传给 S 机上的 KernJob(KJ)进程，将来自远程进程的消息转换成服务请求。

(4)S 的内核将进程 P 传给 D。

(5)如果 D 资源不足，它可以拒绝接受，否则，D 的内核就把来自 S 的信息传给它的控制 Starter。

(6)Starer 通过一个迁入(MigrateIn)请求与 D 协商决定迁移策略。

(7)D 保留必要的资源以避免死锁和流控问题，然后给 S 返回一个接收信息。

Charlotte 进程迁移功能有以下三个重要特征：

(1)它把决策机制从嵌入内核的迁移机制中分离出来。

(2)迁移对迁移进程和与其相连的进程是透明的。

(3)迁移进程可以在任何时候被抢先，被中断的进程可以移到另一个节点中。

10.2.8　计算机集群

集群(Cluster)是分布式系统的一种，是目前较热门的领域。它是由一组互连的节点构成统一的资源，通过相应软件协调工作的计算机机群。优点是可伸缩性、高可用性和高性价比。

集群分为同构与异构两种，它们的区别在于：组成集群系统的计算机之间的体系结构是否相同。

集群计算机按功能和结构可以分成以下几类：

(1)高可用性集群(High Availability Clusters)。一般是指当集群中有某个节点失效的情况下，其上的任务会自动转移到其他正常的节点上。还指可以将集群中的某节点进行离线维护再上线，该过程并不影响整个集群的运行。

2

（2）负载均衡集群（Load Balancing Clusters）。负载均衡集群运行时一般通过一个或者多个前端负载均衡器将工作负载分发到后端的一组服务器上，从而达到整个系统的高性能和高可用性。这样的计算机集群有时也被称为服务器群（Server Farm）。一般高可用性集群和负载均衡集群会使用类似的技术，或同时具有高可用性与负载均衡的特点。

（3）高性能计算集群（High Performance Clusters）。高性能计算集群采用将计算任务分配到集群的不同计算节点提高计算能力，因而主要应用在科学计算领域。HPC 集群特别适合于在计算中各计算节点之间发生大量数据通讯的计算作业，比如一个节点的中间结果或影响到其它节点计算结果的情况。

（4）网格计算（Grid Computing）。网格计算或网格集群是一种与集群计算非常相关的技术。网格与传统集群的主要差别是网格是连接一组相关并不信任的计算机，它的运作更像一个计算公共设施而不是一个独立的计算机。还有，网格通常比集群支持更多不同类型的计算机集合。网格计算是针对有许多独立作业的工作任务作优化，在计算过程中作业间无需共享数据。网格主要服务于管理在独立执行工作的计算机间的作业分配。资源如存储可以被所有结点共享，但作业的中间结果不会影响在其他网格结点上作业的进展。

10.2.9　云操作系统

云操作系统，又称云计算中心操作系统、云计算操作系统，是云计算后台数据中心的整体管理运营系统，它是指构架于服务器、存储、网络等基础硬件资源和单机操作系统、中间件、数据库等基础软件管理海量的基础硬件、软件资源之上的云平台综合管理系统。

云操作系统通常包含以下几个模块：大规模基础软硬件管理、虚拟计算管理、分布式文件系统、业务/资源调度管理、安全管理控制等几大模块组成。简单来讲，云操作系统有以下几个作用，一是治众如治寡，能管理和驱动海量服务器、存储等基础硬件，将一个数据中心的硬件资源逻辑上整合成一台服务器；二是为云应用软件提供统一、标准的接口；三是管理海量的计算任务以及资源调配。

云操作系统是实现云计算的关键一步，从前端看，云计算用户能够通过网络按需获取资源，并按使用量付费，如同打开电灯用电，打开水龙头用水一样，接入即用；从后台看，云计算能够实现对各类异构软硬件基础资源的兼容，更要实现资源的动态流转，如西电东送，西气东输等。将静态、固定的硬件资源进行调度，形成资源池。

10.3　小结

计算机网络是计算机与通信技术相结合的产物。网络操作系统（NOS）是计算机向网络客户提供资源的软件。NOS 实现了在不同主机系统之间的用户通信，全网硬件和软件资源的共享，并向用户提供了统一、方便的网络接口，以方便用户使用网络。分布式操作系统是基于松散耦合的计算机上的紧密耦合软件，是以网络为基础的。

本章分别介绍了以下内容：

1. 网络的拓扑结构；

2. 网络中各主机间通信的一般过程；

3. NOS 所的功能和特点；

4. 分布式操作系统的特点和功能；

5. 分布式进程通信；

6. 分布式资源管理；

7. 分布式进程同步；

8. 分布式文件系统；

9. 分布式进程迁移；

10. 分布式死锁；

11. 计算机集群；

12. 云计算操作系统。

练习题 10

1. 单项选择题

(1) 对网络用户来说，操作系统是指_____。

   A. 能够运行自己应用软件的平台

   B. 提供一系列的功能、接口等工具来编写和调试程序的裸机

   C. 一个资源管理者

   D. 实现数据传输和安全保证的计算机环境

(2) 网络操作系统主要解决的问题是_____。

   A. 网络用户使用界面

   B. 网络资源共享与网络资源安全访问限制

   C. 网络资源共享

   D. 网络安全防范

(3) 以下属于网络操作系统的工作模式是_____。

   A. TCP/IP   B. ISO/OSI 模型

   C. Client/Server   D. 对等实体模式

(4) 目录数据库是指_____。

   A. 操作系统中外存文件信息的目录文件

   B. 用来存放用户账号、密码、组账号等系统安全策略信息的数据文件

   C. 网络用户为网络资源建立的一个数据库

   D. 为分布在网络中的信息而建立的索引目录数据库

(5) 关于组的叙述以下哪种正确_____。

   A. 组中的所有成员一定具有相同的网络访问权限

   B. 组只是为了简化系统管理员的管理，与访问权限没有任何关系

   C. 创建组后才可以创建该组中的用户

D. 组账号的权限自动应用于组内的每个用户账号

（6）计算机之间可以通过以下哪种协议实现对等通信_____。

    A. DHCP   B. DNS   C. WINS   D. NETBIOS

（7）要实现动态 IP 地址分配，网络中至少要求有一台计算机的网络操作系统中安装_____。

    A. DNS 服务器   B. DHCP 服务器

    C. IIS 服务器   D. PDC 主域控制器

2. 填空题

（1）网络操作系统的主要功能有　①　、　②　、　③　和　④　。

（2）Windows NT 本身采用的文件系统是_____。

（3）分布式操作系统的主要功能有　①　、　②　、　③　和　④　。

（4）在多处理器系统中的迁移形式主要有　①　、　②　和　③　。

（5）采用集中分布管理方式时，常用的分布式资源搜索算法有　①　、　②　和　③　。

3. 解答题

（1）试论述网络操作系统与分布式操作系统的异同点。

（2）网络环境下的 send 原语与集中式（单机）环境下的发送原语有什么不同之处？

（3）什么是网络文件系统（NFS）？它有哪些优点？

（4）从网络层次上看，NOS 应包括哪些功能？从资源管理上看，NOS 主要包括哪些功能？

（5）什么是 RPC？说明其工作原理。

（6）什么叫数据迁移和计算迁移？它们各有什么实际意义？

（7）什么是逻辑时钟？局部逻辑时钟和系统逻辑时钟有什么关系？

（8）什么是前发生关系？什么是全序关系？

（9）试讨论分布式系统中进程同步与互斥的复杂性。

（10）在一个分布式系统中，如果 P1 的逻辑时钟在它向 P2 发送消息时为 10，进程 P2 收到来自 P1 的消息时逻辑时钟为 8，下一个局部事件 P2 的逻辑时钟为多少？如果接收时 P2 的逻辑时钟为 16，下一个局部事件 P2 的逻辑时钟为多少？

第 11 章　操作系统实例简介

前面我们讨论了操作系统的基本原理，但在一个实际操作系统的设计过程中，要综合考虑来自用户、系统、兼容性等方方面面的因素，因此实际的操作系统与操作系统原理会有些差异。下面我们将简单介绍两个比较常用的操作系统 Windows 和 Linux 系统。

11.1　Windows 操作系统

11.1.1　Windows 发展历程

Windows 是 Microsoft 公司研发的，一个具有可视化图形用户界面的多任务的操作系统。它为用户提供了风格统一的由窗口、菜单、工具栏等界面元素所构成的多任务环境。

1985 年，Windows1.0 问世，它是一个具有图形用户界面的系统软件。1987 年，推出了 Windows2.0 版，开始采用相互叠盖的多窗口界面形式。1990 年，推出的 Windows3.0 确定了它在 PC 领域的垄断地位。1992 年推出了 Windows3.1 版，为程序开发提供了功能强大的窗口控制能力，具有风格统一、操纵灵活、使用简便的用户界面。Windows3.1 内存管理使应用程序可以超过常规内存空间的限制，不仅支持 16MB 内存寻址，而且在80386 及以上的硬件配置上通过虚拟存储方式可以支持较大的地址空间。Windows3.1 还提供了一定程度的网络支持、多媒体管理、超文本形式的联机帮助设施等。Windows3.1 及以前的版本均为 16 位系统，它们是在 MS-DOS 之上运行还不是独立的、完整的操作系统。

1995 年推出的 Windows95 是脱离 MS-DOS 的独立操作系统，它功能强大、用户操作简单，提供硬件"即插即用"功能和允许使用长文件名，大大提高了系统的易用性。Window95 是一个 32 位操作系统，采用抢占多任务的设计技术，对 MS-DOS 的应用程序和Windows 应用程序提供了良好的兼容性。此时，Windows 系统发生了质的变化，具有了全新的面貌和强大的功能，DOS 时代走下舞台。

Microsoft 公司于 1993 年推出 Windows NT3.1 后，1996 年，又推出了 Windows NT4.0。NT 是 New Technology，即新技术的缩写，采用全新的设计技术，具有超强的性能。Windows NT 是真正的 32 位操作系统，与普通的 Windows 系统不同，它主要面向商业用户，有服务器版和工作版之分。NT 采用客户/服务器的结构，客户可以是一个应用程序，操作系统可以为应用程序提供各种服务，每一种服务都可以看做是一个服务器。当客户提出服务请求时，启动相应的服务器工作。Windows NT 系统可以分成两部分：用户态部分和核心态部分。

Windows98 是 1998 年推出的新版本，它除继承 Windows95 的特点之外，提高了稳定性，使运行速度更快，增强了管理能力，扩大了网络功能，具有高效的多媒体数据处理技术。

2000 年 9 月，Windows Me 发布。2000 年 12 月，Windows 2000（又称 Win NT5.0）发布。

2001 年，Windows XP 发布，Windows XP 是基于 Windows 2000 代码的产品，同时拥有一个新的用户图形界面，它包括了一些细微的修改。XP 把家用操作系统和商用操作系统融合为一体，它结束了 Windows 两条腿走路的历史，包括家庭版、专业版和一系列服务器版。它具有一系列运行新特性，具备更多的防止应用程序错误的手段，进一步增强了Windows 安全性，简化了系统管理与部署，并革新了远程用户工作方式。

2003 年，Windows 2003 发布，是 Windows 2000 的一个升级。2006 年 11 月，Microsoft 公司正是发布了 Windows Vista。Vista 包含了上百种新功能，在安全性方面，也进行了改良。

2009 年正式发布 Windows 7。其设计主要围绕五个重点——针对笔记本电脑的特有设计；基于应用服务的设计；用户的个性化；视听娱乐的优化；用户易用性的新引擎。

2012 年正式推出 Windows 8。Windows 8 支持来自 Intel、AMD 和 ARM 的芯片架构，被应用于个人电脑和平板电脑上，尤其是移动触控电子设备，如触屏手机、平板电脑等。该系统具有良好的续航能力，且启动速度更快、占用内存更少，并兼容 Windows 7 所支持的软件和硬件。另外在界面设计上，采用平面化设计。

2015 年发布的了 Windows 10。Windows 10 在易用性和安全性方面有了极大的提升，除了针对云服务、智能移动设备、自然人机交互等新技术进行融合外，还对固态硬盘、生物识别、高分辨率屏幕等硬件进行了优化完善与支持。

Windows 系统发展的主要趋势是：功能更强大、安全性更高、使用更方便。

11.1.2　Windows 的构成

Windows 采用面向对象的技术来设计系统，提出了一种客户/服务器系统结构，该结构在纯微内核结构的基础上做了一些扩展，它融合了分层操作系统和微内核操作系统的设计思想。它利用硬件机制实现了核心态和用户态两个特权级别，对操作系统性能影响很大的组件放在内核下运行，而其他一些功能则在内核外实现。这种结构的主要优点是模块化程度高、灵活性大、便于维护、系统性能好。

Windows 主要由核心态组件和用户态组件构成，见图 11.1。

1. 核心态组件

Windows 核心态组件执行中最基本的操作，主要提供下列功能：线程安排和调度；陷阱处理和异常调度；中断处理和调度；多处理器同步；供执行体使用的基本内核。

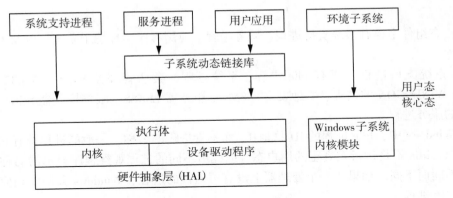

图 11.1 Windows 的结构

核心态组件主要包括基本内核，硬件抽象层，执行体，设备驱动程序，以及子系统。

基本内核提供了一组严格定义的、可预测的、使得操作系统得以工作的基础设施，这为执行体的高级组件提供了必须的低级功能接口。内核包含了最低级的操作系统功能，如线程调度、中断和异常调度、多处理器同步等。Windows 的内核始终运行在核心态，其代码短小紧凑，可移植性很好。

硬件抽象层(HAL，Hardware Abstraction Layer)将内核、设备驱动程序以及执行体同硬件分隔开来，使它们可以适应多种平台，一般做的比较小，当在不同的硬件平台上使用时，只须更改 HAL 即可。这样就使得 Windows 在多种硬件平台上具有可移植性。HAL 是一个可加载的核心态模块 HAL.dll，它为运行在 Windows 上的硬件平台提供低级接口。HAL 隐藏各种与硬件有关的细节，例如 I/O 接口、中断控制器以及多处理器通信机制等任何体系结构专用的和依赖于计算机平台的函数。

Windows 的执行体是实现高级结构的一组例程和基本对象，执行体包含下列重要的组件：进程和线程管理器；虚拟内存管理器；安全引用监视器；I/O 系统；高速缓存管理器。

设备驱动程序是可加载的核心态模块(通常以 .SYS 为扩展名)，它们是 I/O 系统和相关硬件之接口，包括文件系统和硬件设备驱动程序等，其中硬件设备驱动程序将用户的 I/O 函数调用转换为对特定硬件设备的 I/O 请求。Windows 的设备驱动程序不直接操作硬件，而是调用 HAL 功能作为与硬件的接口，有如下几种类型的设备驱动程序：硬件设备驱动程序；文件系统驱动程序；过滤器驱动程序。Windows 增加了对即插即用和高级电源选项的支持。

Windows 子系统与内核一起构成应用程序的执行环境。Windows 的原始设计是一个支持多环境子系统的操作系统，为 UNIX 和 OS/2 应用程序提供一个仿真执行环境。Windows 子系统既有内核模式部分也有用户模式部分。内核模式部分有图形和窗口管理，用户模式部分包括一个单独的子系统进程和一组链接到各个应用进程中的系统 DLL。

2. 用户态组件

用户态组件主要有系统支持进程、服务进程、应用程序、环境子系统，以及子系统动态链接库。

（1）系统支持进程主要有 Idle 进程、系统进程、会话管理器 SMSS、Win32 子系统 CSRSS、WINLOGON 的进程、本地安全身份验证服务器 LSASS、服务控制器 SERVICES 及其相关的服务进程。

在 Windows 中，Idle 进程的 ID 总是 0，而不管进程的名称。一般的进程都有它们的映像名标识，Idle 不是运行在真正的用户态，因此由不同的进程观察程序显示的名称是随该程序的不同而不同。如果在一个处理器上没有可运行的进程，Windows 会调度相应处理器对应的空闲进程。

系统进程是一种特殊类型的、只运行在核心态的"系统线程"的宿主。系统线程具有一般用户态线程的所有属性和描述表，不同点在于它们仅运行在核心态，执行加载于系统空间中的代码，而不管它们是在 NTOSKRNL. EXE 中，还是在任何其他已经加载的设备驱动程序中。另外，系统线程没有用户进程地址空间，因此必须从系统内存堆中分配动态存储区。系统线程只能从核心态调用。

会话管理器 SMSS 是第一个在系统中创建的用户进程。由核心系统线程运行例程 ExlnitializeSystem 创建。除了执行一些关键的系统初始化步骤以外，会话管理器还作为应用程序和调试器之间的开头和监视器。

登录进程 WINLOGIN 处理用户登录和注销的内部活动，负责启动 LSASS. exe（本地安全身份验证服务进程）和 SERVICES. exe（系统服务器进程）。

本地安全身份验证服务进程接收来自 WINLOGON 的身份验证请求，并调用适当的身份验证包来执行实际的验证，例如检查一个密码是否与存储在 SAM 文件中的密码匹配。在身份验证成功时，LSASS 将生成一个包含用户安全配置文件的访问令牌对象。WINLOGON 随后使用这个访问令牌去创建初始外壳进程。这些进程将从外壳启动，然后默认地继承这个访问令牌。

服务控制器是一个运行映像 SERVICES. exe 的特殊系统进程，它负责启动、停止和与服务控制器交互。

（2）服务进程。Windows 中提供服务的进程，如 spoolsv. exe 管理缓冲池中的打印和传真作业；service. exe 管理启动和停止服务；winmgmt. exe 在 Windows 中是作为一个服务来运行的，通过 Windows Management Instrumentation Data（WMI）技术处理来自应用端客户的请求；svchost. exe：svchost. exe 文件对那些从动态连接库中运行的服务来说是一个普通的主机进程名。在启动的时候，svchost. exe 检查注册表中的位置来构建需要加载的服务列表。这就会使多个 svchost. exe 在同一时间运行。每个 svchost. exe 的回话期间都包含一组服务，以至于单独的服务必须依靠 svchost. exe 启动。这样就更加容易控制和查找错误。Windows 一般有 2 个 svchost 进程，一个是 RPCSS（Remote Procedure Call）服务进程，另外一个则是由很多服务共享的一个 svchost. exe。而在 Windows XP 中，则一般有 4 个以上的

svchost. exe 服务进程。

（3）用户应用。

有五种类型的用户应用，分别为 Win32、Windows3.1、MS-DOS、POSIX（Unix 类型的操作系统接口的国际标准）或 OS/2。

（4）环境子系统。Windows 有三种环境子系统：POSIX、OS/2 和 Win32（OS/2 只能用于 x86 系统）。在这三个子系统中，Win32 子系统比较特殊，如果没有它，Windows 就不能运行。而其他两个子系统只是在需要时才被启动，而 Win32 子系统必须始终处于运行状态。

环境子系统的作用是将基本的执行体系统服务的某些子集提供给应用程序。用户应用程序不能直接调用 Windows 系统服务，这种调用必须通过一个或多个子系统动态链接库作为中介才可以完成。

（5）子系统动态链接库。服务进程和应用进程不能直接调用操作系统服务，必须通过子系统动态链接库（Subsystem DLLs）和系统交互才能进行。

11.1.3　Windows 进程管理

1. Windows 的执行对象

Windows 包括三个层次的执行对象：进程、线程和作业。其中作业是共享一组配额限制和安全性限制的进程的集合；进程是相应于一个应用的实体，它拥有自己的资源，如主存、打开的文件；线程是顺序执行的工作调度单位，它可以被中断，使 CPU 能转向另一线程执行。

Windows 进程设计的目标是提供对不同操作系统环境的支持，具有：多任务（多进程）、多线程、支持 SMP、采用了 C/S 模型、能在任何可用 CPU 上运行操作系统等特点。由内核提供的进程结构和服务相对来说简单、适用，其重要的特性如下：作业、进程和线程是用对象来实现的；一个可执行的进程可以包含一个或多个线程；进程或线程两者均有内在的同步设施。

Windows 中进程对象的属性有进程标识符（PID）、资源访问令牌（Access Token）、进程的基本优先级（Basic Priority）和默认亲和处理器集合（Processor Affinity）等。

Windows 是一个基于对象（Object-based）的操作系统，在系统中，用对象来表示所有的系统资源。主要定义了以下两类对象：

（1）执行体对象。由执行体的各种组件实现的对象，具体来说，下列对象类都是执行体的对象：进程、线程、区域、文件、事件、事件对、文件映射、互斥、信号量、计时器、对象目录、符号连接、关键字、端口、存取令牌和终端等。如果把这些对象作进一步分类，那么，执行体创建以下对象：事件对象、互斥对象、信号量对象、文件对象、文件映射对象、进程对象、线程对象和管道对象等。

（2）内核对象。是由内核实现的一种更原始的对象集合，包括：内核过程对象、异步过程调用对象、延迟过程调用对象、中断对象、电源通知对象、电源状态对象、调度程序对象等。它们对用户态代码是不可见的，仅在执行体内创建和使用，许多执行体对象包含一个或多个内核对象，而内核对象能提供仅能由内核来完成的基本功能。

Window 通过对象管理器为执行体中的各种内部服务提供一致的和安全的访问手段，它是一个用于创建、删除、保护和跟踪对象的执行体组件，提供了使用系统资源的公共和一致的机制。对象管理器接收到创建对象的系统服务后，要完成以下工作：为对象分配主存；为对象设置安全描述体，以确定谁可使用对象，及访问对象者被允许执行的操作；创建和维护对象目录表；创建一个对象句柄并返回给创建者。

Windows 的线程是内核线程，系统的处理器调度对象为线程。Windows 把线程状态分成如下七种状态，与单挂起进程模型很相似，它们的主要区别在于从就绪状态到运行状态的转换中间多上一个备用状态，以优化线程的抢先特征。

(1)就绪状态(Ready)：线程已获得除处理器外的所需资源，正等待调度执行。

(2)备用状态(Standby)：已选择好线程的执行处理器，正等待描述表切换，以进入运行状态。系统中每个处理器上只能有一个处于备用状态的线程。

(3)运行状态(Running)：已完成描述表切换，线程进入运行状态。线程会一直处于运行状态，直到被抢先、时间片用完、线程终止或进入等待状态。

(4)等待状态(Waiting)：线程正等待某对象，以同步线程的执行。当等待事件出现时，等待结束，并根据优先级进入运行或就绪状态。

(5)转换状态(Transition)：转换状态与就绪状态类似，但线程的内核堆栈位于外存。当线程等待事件出现而它的内核堆栈处于外存时，线程进入转换状态；当线程内核堆栈被调回内存时，线程进入就绪状态。

(6)终止状态(Terminated)：线程执行完就进入终止状态；如执行体有一指向线程对象的指针，可将处于终止状态的线程对象重新初始化，并再次使用。

(7)初始化状态(Initialized)：线程创建过程中的线程状态。

CreateThread 完成线程创建，在调用进程的地址空间上创建一个线程，以执行指定的函数；它的返回值为所创建线程的句柄。

ExitThread 用于结束当前线程。

SuspendThread 可挂起指定的线程。

ResumeThread 可激活指定线程，它的对应操作是递减指定线程的挂起计数，当挂起计数减为 0 时，线程恢复执行。

2. Windows 的调度算法

Windows 的处理器调度的调度对象是线程，也称为线程调度。采用严格的抢占式动态优先级调度，依据优先级和分配时间配额来调度。

每个优先级的就绪线程排成一个先进先出队列；当一个线程状态变成就绪时，它可能立即运行或排到相应优先级队列的尾部，总运行优先级最高的就绪线程；在同一优先级的各线程按时间片轮转算法进行调度；在多处理器系统中多个线程并行运行。

Windows 实现了一个基于优先级抢占式的多处理器调度系统，系统总是运行优先级最高的就绪线程。通常线程可在任何可用处理器上运行，但可限制某线程只能在某处理器上运行，亲合处理器集合(由应用进程预先通过系统调用请求的那些运行处理器集)允许用户线程通过 Win32 调度函数选择它偏好的处理器。

当一个线程被调度进入运行状态时，它可运行一个被称为时间配额(quantum)的时间片。时间配额是 Windows 允许一个线程连续运行的最大时间长度，随后系统会中断线程的运行，判断是否需要降低该线程的优先级，并查找是否有其他高优先级或相同优先级的线程等待运行。Windows 不同版本的时间配额是不同的，同一系统中各线程的时间配额是可修改的。由于系统的抢占式调度特征，因此，一个线程的一次调度执行可能并没有用完它的时间配额。如果一个高优先级的线程进入就绪状态，当前运行的线程可能在用完它的时间配额前就被抢占。事实上，一个线程甚至可能在被调度进入运行状态之后开始运行之前就被抢走。

Windows 在内核中实现它的线程调度代码，这些代码分布在内核中与调度相关事件出现的位置，并不存在一个单独的线程调度模块。内核中完成线程调度功能的这些函数统称为内核调度器(kernel's dispatcher)。线程调度出现在 DPC/线程调度中断优先级，线程调度的触发事件有以下四种：

(1)一个线程进入就绪状态，如一个刚创建的新线程或一个刚刚结束等待状态的线程。

(2)一个线程由于时间配额用完而从运行状态转入退出状态或等待状态。

(3)一个线程由于调用系统服务而改变优先级或被 Windows 系统本身改变其优先级。

(4)一个正在运行的线程改变了它的亲合处理器集合。

这些触发事件出现时，系统必须选择下一个要运行的线程。当 Windows 选择一个新线程进入运行状态时，将执行一个线程上下文切换以使新线程进入运行状态。线程上下文是指保存正在运行线程的相关运行环境，加载另一个线程的相关运行环境，并开始新线程执行的过程。

由于 Windows 的处理器调度对象是线程，这时的进程仅作为提供资源对象和线程的运行环境，而不是处理器调度的对象。处理器调度是严格针对线程进行的，并不考虑被调度线程属于哪个进程。

3. Windows 的进程通信

在 Windows 中提供了互斥对象、信号量对象和事件对象等三种同步对象和相应的系统调用，用于进程和线程同步。从本质上讲，这组同步对象的功能是相同的，它们的区别在于适用场合和效率会有所不同。

对象名称是由用户给出的字符串。不同进程中用同样的名称来创建或打开对象，从而获得该对象在本进程的句柄。

对象状态可分成可用和不可用两种。对象可用(signaled state)表示该对象不被任何线程使用或所有；而对象不可用(nonsignaled state)表示该对象被某线程使用。

互锁变量访问是最基本的互斥手段，其他的互斥和共享机制都是以它为基础的。它相当于硬件 TS 指令。用于对整型变量的操作，可避免线程间切换对操作连续性的影响。只能用于在同一进程内使用的临界区，同一进程内各线程对它的访问是互斥进行的。互斥对象相当于互斥信号量，在一个时刻只能被一个线程使用。信号量对象的取值在 0 到指定最大值之间，用于限制并发访问的线程数。事件对象相当于"触发器"，可通知一个或多个线程某事件的出现。

对于这些同步对象，Windows 提供了两个统一的等待操作 WaitForSingleObject 和 WaitForMultipleObjects。

（1）WaitForSingleObject 在指定的时间内等待指定对象为可用状态（signaled state）；

（2）WaitForMultipleObjects 在指定的时间内等待多个对象为可用状态。

信号是进程与外界的一种低级通信方式。进程可发送信号，每个进程都有指定信号处理例程。信号通信是单向和异步的。Windows 有两组与信号相关的系统调用，分别处理不同的信号。

SetConsoleCtrlHandler 在本进程的处理例程（HandlerRoutine）列表中定义或取消用户定义的处理例程；GenerateConsoleCtrlEvent 发送信号到与本进程共享同一控制台的控制台进程组。

Windows 基于文件映射的共享存储区，将整个文件映射为进程虚拟地址空间的一部分来加以访问。在 CreateFileMapping 和 OpenFileMapping 时可以指定对象名称。CreateFileMapping 为指定文件创建一个文件映射对象，返回对象指针；OpenFileMapping 打开一个命名的文件映射对象，返回对象指针；MapViewOfFile 把文件映射到本进程的地址空间，返回映射地址空间的首地址。

这时可利用首地址进行读写；FlushViewOfFile 可把映射地址空间的内容写到物理文件中；UnmapViewOfFile 拆除文件映射与本进程地址空间间映射关系；随后，可利用 CloseHandle 关闭文件映射对象。

Windows 提供无名管道和命名管道两种管道机制，类似于 UNIX 系统的管道，但提供的安全机制比 UNIX 管道完善。利用 CreatePipe 可创建无名管道，并得到两个读写句柄；然后利用 ReadFile 和 WriteFile 可进行无名管道的读写。

Windows 的套接字（socket）是一种网络通信机制，它通过网络在不同计算机上的进程间作双向通信。套接字采用的数据格式可以是可靠的字节流或不可靠的报文，通信模式可为 C/S 或对等模式。为实现不同操作系统上的进程通信，需约定网络通信时不同层次的通信过程和信息格式，TCP/IP 是广泛使用的网络通信协议。Windows 中的套接字规范称"Winsock"，它除了支持标准的 BSD 套接字外，还实现了一个与协议独立的 API，可支持多种网络通信协议。

11.1.4 Windows 内存管理

Windows 的内存管理器是执行体中的虚存管理程序 VMM（Virtual Memory Manager）的一个组件，位于 Ntoskrnl. exe 文件中，是 Windows 的基本存储管理系统。它实现内存的一种管理模式——虚拟内存，为每个进程提供一个受保护的、大而专用的地址空间。系统支持的面向不同应用环境子系统的存储管理也都基于 VMM 虚存管理程序。

Windows 采用"请页式"虚存管理技术，运行于 386 以上的机器上，提供 32 位虚地址，每个进程都有多达 4GB(2^{32}B) 的虚地址空间。进程 4GB 的地址空间被分成两部分：高地址的 2GB 保留给操作系统使用，低地址的 2GB 是用户存储区，可被用户态和核心态线程访问，Windows 提供一个引导选项，允许用户拥有 3GB 虚地址空间，而仅留给系统 1GB，以改善大型应用程序运行的性能。Windows 在 X86 体系结构上，利用二级页表来实现虚拟地址向物理地址的变换(非 PAE 系统)。

系统存储区又分为三部分：上部分固定页面区，页面不可交换以存放系统的关键代码；中部为页交换区，用以存放非常驻的系统代码和数据；下部分为操作系统驻留区，存放内核、执行体、引导驱动程序和硬件抽象层代码，永不失效；为了加快运行速度，这一区域的寻址由硬件直接映射。

基于 32 位虚拟地址空间布局如表 11.1 所示。

表 11.1　　　　　　**基于 32 位 X86 体系结构的 Windows 的虚拟地址布局**

地址范围	大小	功　能
0x0000，0000-0x7FFF，FFFF	2GB	进程的私有地址空间
0x8000，0000-0x9FFF，FFFF	512MB	系统内核和引导驱动
0xA000，0000-0xA2FF，FFFF	48MB	系统映射视图或会话空间
0xA300，0000-0xA3FF，FFFF	16MB	终端服务的系统映射视图
0xA400，0000-0xBFFF，FFFF	448MB	附加系统页入口或附加系统高速缓存
0xC000，0000-0xC03F，FFFF	4MB	进程页表
0xC040，0000-0xC07F，FFFF	4MB	工作集链表
0xC080，0000-0xC0BF，FFFF	4MB	未使用
0xC0C0，0000-0xC0FF，FFFF	4MB	系统工作集链表
0xC100，0000-0xE0FF，FFFF	512MB	系统高速缓存
0xE100，0000-0xEAFF，FFFF	160MB	分页缓存池
0xEB00，0000-0xEFBD，FFFF	331MB	系统页表入口和非分页缓冲池
0xFFBE，0000-0xFFFF，FFFF	4MB	故障处理和硬件抽象层结构

系统服务和应用程序是通过虚拟地址来操作内存的，访问之前需要将虚拟地址映射到实际的物理内存地址，内存管理器利用页表来进行地址转换。页表存储在系统地址空间中，每个虚拟地址都和一个页表入口相关。

Windows 中与管理应用程序内存相关的有两个数据结构：虚址描述符和区域对象。三种应用程序内存管理方法如下：

(1)虚页内存分配：最适合于管理大型对象数据或动态结构数组。在 Windows 中使用虚拟内存，要分三个阶段：保留内存（reserved memory）、提交内存（committed memory）和释放内存（release memory）。

（2）内存映射文件：最适合于管理大型数据流文件及多个进程之间的数据共享。Windows 内存映射文件用途很多，主要可以用于三种场合：Windows 执行体使用内存映射把可执行文件 .exe 和动态连接库 .dll 文件装入内存，节省应用程序启动所需时间；进程使用内存映射文件来存取磁盘文件信息，这可以减少文件 I/O，且不必对文件进行缓存；多个进程可使用内存映射文件来共享内存中的数据和代码。此外，Windows 高速缓存管理程序使用内存映射文件来读写高速缓存的页。

（3）内存堆分配：最适合于管理大量小对象数据。堆（heap）是保留地址空间中一个或多个页组成的区域，并由堆管理器按更小块划分和分配内存的技术。堆管理器的函数位于 Ntdll 和 Ntoskrnl.exe 中，分配和回收内存空间时，不必像虚页分配一样按页对齐。Win32API 可以调用 Ntdll 中的函数，执行组件和设备驱动程序可调用 Ntoskrnl 中的函数进行堆管理。进程启动时带有一个缺省的进程堆，通常有 1KB 大小，如果需要它会自动扩大。

进程也可以使用 HeapCreate 创建另外的私有堆，使用完就可通过 Heap Destroy 释放申请的堆空间，也只有另外创建的私有堆才可以在一个进程的生命周期中被释放。为了从缺省堆中分配内存，线程调用 GetprocessHeap 函数得到一个指向堆的句柄，然后，线程可以调用 HeapAlloc 和 HeapFree 函数从堆中分配和回收内存块。

Windows 中一个进程的虚地址空间可以大到 4GB，这意味着进程的虚地址不是连续的，系统维护了一个数据结构来描述哪些虚拟地址已经在进程中被保留，而哪些没有，这个数据结构叫做"虚地址描述符"VAD（Virtual Address Descriptor），对每个进程，内存管理器都维护一组 VAD；用来描述进程虚地址空间的状态。为了加快对虚地址的查找速度，VAD 被构造成记录虚址分布范围的一棵平衡二叉树（Self-balancing Binary Tree）。在 Windows 中，当进程保留地址空间或映射一个内存区域时，内存管理器创建一个 VAD 来保存分配请求所提供的信息，例如，保留的地址范围、该范围是共享的还是私有的、子进程能否继承该地址范围的内容，以及此地址范围内应用于页面的保护限制。

当线程首次访问一个地址，内存管理器必须为包含此地址的页面创建一个页表项。为此，它找到一个包含被访问的地址的 VAD，并利用所得信息填充页表项。如果这个地址落在 VAD 覆盖的地址范围以外，或所在的地址范围仅被保留而未提交，内存管理器就会知道这个线程在试图使用内存之前并没有分配的内存，因此，将产生一次访问违规。

区域对象（section object）在 Win32 子系统中被称为"文件映射对象"，表示可以被两个或多个进程所共享的内存块。其主要作用有以下几点：系统利用区域对象将可执行映像和动态链接库装入内存；高速缓存管理器利用区域对象访问高速缓存文件中的数据。使用区域对象将一个文件映射到进程地址空间，然后，可以像访问内存中一个大数组一样访问这个文件，而不是对文件进行读写。

一个区域对象代表一个可由两个或多个进程共享的内存块。一个进程中的一个线程可以创建一个区域对象，并为它起一个名字，以便其他进程中的线程能打开这个区域的句柄。区域对象句柄被打开后，一个线程就能把这个区域对象映射到自己或另一个进程的虚地址空间中。

Windows 提供了出色的内存共享机制，共享的进程通过创建"区域对象"

作为共享的内存区域。当两个进程对同一区域对象建立视窗时，就发生了对区域对象的共享。不同的进程的视窗在区域对象空间中的位置可以相同也可以不同。

Windows 采用请页式和页簇化调页技术，当一个线程发生缺页中断时，内在管理器引发中断的页面及其后续的少量页面一起装入内存。根据局部性原理，这种页簇化策略能减少线程引发的缺页中断次数，从而，减少调页 I/O 的数量。缺省页面读取簇的数量取决于物理内存的大小，当内存大于 19MB 时，通常，代码页簇为 8 页、数据页簇为 4 页、其他页簇为 8 页。

Windows 采用局部 FIFO 算法(在多处理器系统中)。采用局部淘汰可防止客户进程损失太多内存；采用 FIFO 算法可让被淘汰的页在淘汰后在物理内存中会停留一段时间，因此，如果马上又用到该页的话，就可很快将该页回收，而无需从磁盘读出。

Windows 对一个进程工作集的定义为"该进程当前在内存中的页面的集合。"当创建一个进程时，系统为其指定最小工作集(最少页框)和最大工作集(最多页框)，开始时所有进程缺省工作集的最小和最大值是相同的。系统初始化时，会计算一个进程最小和最大工作集值，当物理内存大于 64MB 时，进程缺省最小工作集为 50 页，最大工作集为 345 页。在进程执行过程中，内存管理器会对进程工作集大小进行自动调整。

当一个进程的工作集降到最小后，如果该进程再发生缺页中断，并且内存并不满，系统就会增加该进程的工作集尺寸。当一个进程的工作集升到最大后，如果没有足够的内存可用，则该进程每发生一次缺页中断，系统都要从该进程工作集中淘汰掉一页，再调入此次页中断所请求的页面。当然，如果有足够内存可用的话，系统也允许一个进程的工作集超过它的最大工作集尺寸。

当物理内存剩余不多时，系统将检查内存中的每个进程，其当前工作集是否大于其最小工作集，是则淘汰该进程工作集中的一些页，直到空闲内存数量足够或每个进程都达到其最小工作集。

系统定时从进程中淘汰一个有效页，观察其是否对该页发生缺页中断，以此测试和调整进程当前工作集的合适尺寸。如果进程继续执行，并未对被淘汰的这个页发生缺页中断，则该进程工作集减 1，该页框被加到空闲链表中。

综上所述，Windows 的虚存管理系统总是为每个进程提供可能好的性能，而无需用户或系统管理员的干预。尽管这样，系统还提供 Win32 函数 Set process working Set，可让用户或系统管理员改变进程工作集的尺寸，不过工作集的最大规模不能超过系统初始化时计算出并保存的最大值。

11.1.5　Windows 设备管理

Windows 输入/输出系统是 Windows 执行体的组件，存在于 NTOSKRNL. EXE 文件中。它接受来自用户态和核心态的 I/O 请求，并且以不同的形式把它们传送到 I/O 设备。其设计目标如下：高效快速进行 I/O 处理；使用标准的安全机制保护共享的资源；满足 Win32、OS/2 和 POSIX 子系统指定的 I/O 服务的需要；允许用高级语言编写驱动程序；根据用户的配置或者系统中硬件设备的添加和删除，能在系统中动态地添加或删除相应的设备驱动程序；为包括 FAT、CD-ROM 文件系统(CDFS)、UDF 文件系统和 Windows 文件系统(NTFS)的多种可安排的文件系统提供支持；允许整个系统或者单个硬件设备进入和离开低功耗状态，这样可以节约能源。

Windows 输入/输出系统主要负责创建代表 I/O 请求的 IRP 和引导通过不同驱动程序的包，在完成 I/O 时向调用者返回结果。I/O 管理器通过使用 I/O 系统对象来定位不同的驱动程序和设备，这些对象包括驱动程序对象和设备对象。内部的 Windows I/O 系统以异步操作方式获得高性能，并且向用户态应用程序提供同步和异步 I/O 功能。

设备驱动程序不仅包括传统的硬件设备驱动程序，还包括文件系统、网络和分层过滤器驱动程序。通过使用公用机制，所有驱动程序都具有相同的结构，并以相同的机制在彼此之间和 I/O 管理器通信。所以，它们可以被分层，即把一层放在另一层上来达到模块化，并可以减少在驱动程序之间的复制。同样，所有的 Windows 设备驱动程序都应被设计成能够在多处理器系统下工作。

Windows 输入/输出系统由一些执行体组件和设备驱动程序组成如下：

(1)用户态即插即用组件：用于控制和配置设备的用户态 API。

(2)I/O 管理器：把应用程序和系统组件连接到各种虚拟的、逻辑的和物理的设备上，并且定义了一个支持设备驱动程序的基本构架。负责驱动 I/O 请求的处理，为设备驱动程序提供核心服务。它把用户态的读写转化为 I/O 请求包 IRP。

(3)设备驱动程序：为某种类型的设备提供一个 I/O 接口。设备驱动程序从 I/O 管理器接受处理命令，当处理完毕后通知 I/O 管理器。设备驱动程序之间的协同工作也通过 I/O 管理器进行。

(4)即插即用管理器 PnP(plug and play)：通过与 I/O 管理器和总线驱动程序的协同工作来检测硬件资源的分配，并且检测相应硬件设备的添加和删除。

(5)电源管理器：通过与 I/O 管理器的协同工作来检测整个系统和单个硬件设备，完成不同电源状态的转换。

(6)WMI(Windows Management lnstrumentation)支持例程 也叫做 Windows 驱动程序模型 WDM(Windows Driver Model)WMI 提供者，允许驱动程序使用这些支持例程作为媒介，与用户态运行的 WMI 服务通信。

(7)即插即用 WDM 接口：I/O 系统为驱动程序提供了分层结构，这一结构包括 WDM 驱动程序、驱动程序层和设备对象。WDM 驱动程序可以分为三类：总线驱动程序、驱动程序和过滤器驱动程序。每一个设备都含有两个以上的驱动程序层，用于支持它所基于的 I/O 总线的总线驱动程序，用于支持设备的功能驱动程序，以及可选的对总线、设备或设备类的 I/O 请求进行分类的过滤器驱动程序。

(8)注册表 作为一个数据库，存储基本硬件设备的描述信息以及驱动程序的初始化和配置信息。

(9)硬件抽象层(HAL) I/O 访问例程把设备驱动程序与多种多样的硬件平台隔离开来，使它们在给定的体系结构中是二进制可移植的，并在 Windows 支持的硬件体系结构中是源代码可移植的。

大部分 I/O 操作并不会涉及所有的 I/O 组件，一个典型的 I/O 操作从应用程序调用一个与 I/O 操作有关的函数开始，通常会涉及 I/O 管理器、一个或多个设备驱动程序以及硬件抽象层。

在 Windows 中，所有的 I/O 操作都通过虚拟文件执行，隐藏了 I/O 操作目标的实现细节，为应用程序提供了一个统一的到设备的接口。虚拟文件是指用于 I/O 的所有源或目标，它们都被当做文件来处理(例如文件、目录、管道和邮箱)。所有被读取或写入的数据都可以看作是直接读写到这些虚拟文件的流。用户态应用程序(不管它们是 Win32、POSIX 或 OS/2)调用文档化的函数(公开的调用接口)，这些函数再依次调用内部 I/O 子系统函数来从文件中读取、对文件写入和执行其他的操作。I/O 管理器动态地把这些虚拟文件请求指向适当的设备驱动程序。

11.1.6　Windows 文件系统

Windows 支持传统的 FAT 文件系统，对 FAT 文件系统的支持起源于 DOS，以后的 Windows3.x 和 Windows95 系列均支持它们。该文件系统最初是针对相对较小容量的硬盘设计的，但是随着计算机外存储设备容量的迅速扩展，出现了明显的不适应。不难看出，FAT 文件系统最多只可以容纳212 或216 个簇，单个 FAT 卷的容量小于 2GB，显然，如果继续扩展簇中包含的扇区数，文件空间的碎片将很多，浪费很大。

从 Windows 9x 和 Windows Me 开始，FAT 表被扩展到 32 位，形成了 FAT32 文件系统，解决了 FAT16 在文件系统容量上的问题，可以支持 4GB 的大硬盘分区，但是由于 FAT 表的大幅度扩充，造成了文件系统处理效率的下降。Windows98 操作系统也支持 FAT32，但与其同期开发的 Windows NT 则不支持 FAT32，基于 NT 构建的 Windows 则又支持 FAT32，此外还支持只读光盘 CDFS、通用磁盘格式 UDF、高性能 HPFS 等文件系统。

Microsoft 的另一个操作系统产品 Windows NT 开始提供一个全新的文件系统 NTFS (New Technology File System)。NTFS 除了克服 FAT 系统在容量上的不足外，主要出发点是立足于设计一个服务器端适用的文件系统，除了保持向后兼容性的同时，要求有较好的容错性和安全性。为了有效地支持客户/服务器应用，Windows 在 NT4 的基础上进一步扩充了 NTFS，这些扩展需要将 NT4 的 NTFS4 分区转化为一个已更改的磁盘格式，这种格式被称为 NTFS5。

在 Windows 中，I/O 管理器负责处理所有设备的 I/O 操作，文件系统的组成和结构模型如图 11.2 所示。

设备驱动程序位于 I/O 管理器的最低层，直接对设备进行 I/O 操作。中间驱动程序与低层设备驱动程序一起提供增强功能，如发现 I/O 失败时，设备驱动程序只会简单地返回出错信息；而中间驱动程序却可能在收到出错信息后，向设备驱动程序下达重执请求。文件系统驱动程序 FSD(File System Driver)：扩展低层驱动程序的功能，以实现特定的文件

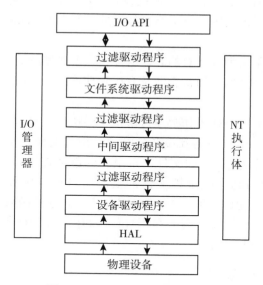

图 11.2　Windows 文件系统结构

系统(如 NTFS)。过滤驱动程序：可位于设备驱动程序与中间驱动程序之间，也可位于中间驱动程序与文件系统驱动程序之间，还可位于文件系统驱动程序与 I/O 管理器 API 之间。例如，一个网络重定向过滤驱动程序可截取对远程文件的操作，并重定向到远程文件服务器上。

　　在以上组成构件中，与文件管理最为密切相关的是 FSD，它工作在内核态，但与其他标准内核驱动程序有所不同。FSD 必须先向 I/O 管理器注册，还会与内存管理器和高速缓存管理器产生大量交互，因此，FSD 使用了 Ntoskrnl 出口函数的超集，它的创建必须通过IFS(Installable File System)实现。

　　物理磁盘可以组织成一个或多个卷。卷与磁盘逻辑分区有关，由一个或多个簇组成，随着 NTFS 格式化磁盘或磁盘的一部分而创建，其中镜像卷和容错卷可能跨越多个磁盘。NTFS 将分别处理每一个卷，同 FAT 一样，NTFS 的基本分配单位是簇，它包含整数个物理扇区；而扇区是磁盘中最小的物理存储单位，一个扇区通常存放 512 个字节，但 NTFS并不认识扇区。簇的大小可由格式化命令或格式化程序按磁盘容量和应用需求来确定，可以为 512B，1KB，2KB，…，最大可达 64KB，因而，每个簇中的扇区数可为 1 个、2 个、直至 128 个。

　　NTFS 使用逻辑簇号 LCN(Logical Cluster Number)和虚拟簇号 VCN(Virtual Cluster Number)来定位簇。LCN 是对整个卷中的所有簇从头到尾进行编号；VCN 则是对特定文件的簇从头到尾进行编号，以方便引用文件中的数据。簇的大小乘以 LCN，就可以算出卷上的物理字节偏移量，从而得到物理盘块地址。VCN 可以映射成 LCN，所以不要求物理上连续。

NTFS 卷中存放的所有数据都包含在一个 NTFS 元数据文件中，包括定位和恢复文件的数据结构、引导程序数据和记录整个卷分配状态的位图。

主控文件表 MFT(master file table)是 NTFS 卷结构的中心，NTFS 忽略簇的大小，每个文件记录的大小都被固定为 1KB。从逻辑上讲，卷中的每个文件在 MFT 上都有一行，其中还包括 MFT 自己的一行。除了 MFT 以外，每个 NTFS 卷还包括一组"元数据文件"，其中包含用于实现文件系统结构的信息。每一个这样的 NTFS 元数据文件都有一个以美元符号($)开头的名称，虽然该符号是隐藏的。NTFS 卷中的其余文件是正常的用户文件和目录。

11.2 Linux 操作系统

Linux 是在日益普及的 Internet 上迅速形成和不断完善的操作系统。Linux 操作系统高效、稳定，适应多种硬件平台，而最具有魅力的是它遵循 GNU("GNU's Not Unix"首字母的缩写)通用公共许可协议(General Public License，简称 GPL)，整个系统的源代码可以自由获取，并且在 GPL 许可的范围内自由修改、传播。

Linux 是由 Linus Benedict Torvalds 在 1991 年首次开发和公开发布的一个自由操作系统内核。Torvalds 当时是芬兰赫尔辛基大学的学生。Torvalds 选择发布 Linux 作为遵守 GPL 的自由软件。

Linux 以它的高效性和灵活性著称。它能够在 PC 计算机上实现全部的 Unix 特性，具有多任务、多用户的能力。Linux 是在 GNU 公共许可权限下免费获得的，是一个符合 POSIX 标准的操作系统。Linux 操作系统软件包不仅包括完整的 Linux 操作系统，而且还包括了文本编辑器、高级语言编译器等应用软件。它还包括带有多个窗口管理器的 X-Windows 图形用户界面，如同我们使用 Windows 一样，允许我们使用窗口、图标和菜单对系统进行操作。

11.2.1 Linux 系统发展历史

Linux 是在 Unix 的基础上发展而来的。Unix 是由 AT&T 贝尔实验室的 Ken Thompson 和 Dennis Ritchie 于 1969 年在 PDP-7 上开发的；它最初是一个用汇编语言写成的单用户操作系统。不久，Thompson 和 Ritchie 在 PDP-11 上用 C 语言重新编写了 Unix。

1991 年，一个名叫 Linus Torvalds 的芬兰赫尔辛基大学的大学生想要设计一个代替 Minix(是由一位名叫 Andrew Tannebaum 的计算机教授编写的一个操作系统示教程序)的操作系统，这个操作系统可用于 386、486 或奔腾处理器的个人计算机上，并且具有 Unix 操作系统的全部功能，因而开始了 Linux 雏形的设计。。

1991 年 10 月 5 日，Linus Torvalds 在新闻组 comp. os. minix 发表了 LinuxV0.01，约有 1 万行代码。

1992 年，全世界大约有 100 个左右的人使用 Linux，并有不少人提供初期的代码上载和评论。

1993 年，大约由 100 多个程序员参与内核代码修改，内核核心由 5 人组成，LinuxV0. 99 约有十万行代码。1993 年 12 月，Linux 全球用户数约在 10 万左右。

1994 年 3 月，Linux 已经升级到 1.0 版本，实现了基本的 TCP/IP 功能。源代码量约有 17 万行。它按完全自由免费的协议发布，正式采用 GPL 协议。

1995 年 Linux 全球用户数大大超过 50 万，Linux 已可在 Intel，Digital 和 SunSPARC 处理器上运行，LinuxJournal 杂志已发行了 10 万册。内核发展到 1.2，约有 25 万行代码。

1996 年 6 月 Linux 内核 2.0 发布，可支持多个处理器，约有 40 万行代码。Linux 全球用户数约在 350 万左右。

1997 年，版本升至 2.1，约有代码 80 万行。

1998 年 12 月，Linux 已拥有 17%的市场份额，这种增长是任何其他操作系统无法匹敌的。

1999 年 Linux 已经拥有了大约 1000 万用户。

2000 年，HP、IBM、Intel 及 NEC 公司创立开放源代码开发实验室。

2001 年 1 月，Linux 内核 2.4 版发布。

2003 年 1 月，IBM 称将把对 Linux 的投资每年递增 35%，直至 2006 年。

2003 年 12 月，Linux 内核 2.6.0 版发布。

2004 年 1 月，IBM 称其 2003 年基于 Linux 的服务营销额超过 20 亿美元。

2011 年 7 月，Linux 内核 3.0 发布。

2015 年 4 月，Linux 内核 4.0 发布。

2019 年 3 月，Linux 内核 5.0 发布。

现在 Linux 内核 GNU/Linux 附同 GNU 工具已经占据了 Unix 50%的市场。一些公司正在把内核和一些应用程序同安装软件打包在一起，生产出 Linux 的 Distribution(发行版本)。现在的 GNU/Linux 已经备受注目，得到了诸如 Sun、IBM、SGI 等公司的广泛支持。

11.2.2　Linux 进程管理

在 Linux 系统中，进程被称为任务。Linux 是一个典型的多用户多任务的操作系统。多用户是指多个用户可以在同一时间使用计算机系统；多任务是指 Linux 可以同时执行几个任务，它可以在还未执行完一个任务时又执行另一项任务。

存放在磁盘上的可执行文件的代码和数据的集合称为可执行映象(Executable Image)。当它被装入系统中运行时，它就形成了一个进程。Linux 进程由三部分组成：正文段、用户数据段和系统数据段。

(1)正文段(text)。正文段是存放了程序代码的数据，假如机器中有数个进程运行相同的一个程序，那么它们就可以使用相同的正文段，正文段具有只读的属性。

(2)用户数据段(user segment)。用户数据段是进程在运行过程中处理数据的集合，它们是进程直接进行操作的所有数据(包括全部变量在内)，以及进程使用的进程堆栈。

(3)系统数据段(system segment)。系统数据段存放着进程的控制信息，即进程控制块

(PCB)，它存放了程序的运行环境。Linux 中进程控制块 PCB 是名字为 task_struct 的数据结构，它称为任务结构体。任务结构体是进程存在的唯一标志，其中容纳了一个进程的所有信息，是系统对进程进行管理和控制的有效手段，是系统实现进程调度的主要依据。当一个进程被创建时，系统就为该进程建立一个 task_struct 任务结构体。当进程运行结束时，系统撤销该进程的任务结构体。

系统为每个进程分配一个独立的虚拟地址空间(虚拟内存)。进程的虚拟地址空间被分做两个部分，用户空间和系统空间。用户进程本身的程序和数据(可执行映象)映射到用户空间中。内核被映射到所有进程的系统空间中。它们只允许在具有较高特权的内核态下访问。进程运行在特权较低的用户态下时，不允许它直接访问系统空间。进程只能通过系统调用(system call)转换为内核态后，才能访问系统空间。一个进程在运行过程中，总是在两种执行状态之间不断地转换。

1. Linux 进程控制

系统启动时总是处于内核模式，此时只有一个进程：初始化进程。在系统初始化的最后，初始化进程启动一个称为 init 内核线程(或进程)，然后保留在 idle 状态。如果没有任何事要做，调度管理器将运行 idle 进程。idle 进程是唯一不是动态分配 task_struct 的进程，它的 task_struct 在内核构造时静态定义，叫 init_task，其标识号为 0。

init 内核线程是系统中第一个真正有用的进程，其标识号为 1。它负责完成系统的一些初始化设置任务(如打开系统控制台与安装根文件系统)，以及执行系统初始化程序，如/etc/init，/bin/init 或者/sbin/init，这些初始化程序依赖于具体的系统。init 程序使用/etc/inittab 作为脚本文件来创建系统中的新进程。这些新进程又创建各自的新进程。例如 getty 进程将在用户试图登录时创建一个 login 进程。系统中所有进程都是从 init 内核线程中派生出来。

新进程通过克隆老进程或当前进程来创建。函数 fork() 用来创建一个新的进程，该进程几乎是当前进程的一个完全拷贝。

在 Linux 系统初启时，只生成 1 号进程，其他进程都是由当前进程通过系统调用 fork() 建立的。调用 fork() 的进程称为父进程，通过 fork() 建立的新进程称为子进程。Linux 中，进程既是一个独立拥有资源的基本单位，又是一个独立调度的基本单位。一个进程实体由若干个区(段)组成，包括程序区、数据区、栈区、共享存储区等。每个区又分为若干页，每个进程配置有唯一的进程控制块 PCB，用于控制和管理进程。

子进程为了和父进程完成不同的任务，利用 exec() 系统调用装载新的程序映像，放弃从父进程那里拷贝过来的内容。父进程可用系统调用 wait() 等待它的一个子进程的结束，wait() 的参数指定了父进程等待的子进程。当需要一个进程结束或进程希望终止自己时，可通过系统调用 exit() 来实现。

2. Linux 进程调度

Linux 系统进行调度时，把进程分成两类：普通与实时进程。实时进程的优先级要高于其它进程。进程调度分为实时进程调度和普通进程调度。如果一个实时进程处于可执行状态，它将先得到执行。实时进程又有两种策略：时间片轮转(SCHED-RR)和先进先出(SCHED-FIFO)。在时间片轮转策略中，每个可执行实时进程轮流执行一个时间片，而先进先出策略每个可执行进程按各自在运行队列中的顺序执行并且顺序不能变化。对普通进程，一律采用基于动态优先级的轮转法(SCHED-OTHER)。进程类型由 policy 域表示。

进程的权值作为选择进程的唯一依据，权值大的优先调度。进程的权值由 priority 域和 rt_priority 域确定。普通进程的优先级随剩余时间片 counter 值在动态变化。实时进程的权值取决于实时优先级 rt_priority。

priority 域是调度管理器分配给进程的优先级。同时也是进程允许运行的时间(jiffies)。系统调用 renice 可以改变进程的优先级。

rt_priority 域是实时进程的优先级，且它们的优先级要高于非实时进程。调度器使用这个域给每个实时进程一个相对优先级。同样可以通过系统调用来改变实时进程的优先级。

counter 域是进程允许运行的时间(保存在 jiffies 中)。进程首次运行时为进程优先级的数值，它随时间变化递减。

3. Linux 进程通信

Linux 支持多种通信机制，常用的有：信号(signal)、管道(pipe)以及与 SYSTEM V 兼容的消息队列(message queue)、信号量(semaphore)和共享内存(shared memory)。Linux 还支持用于不同机器之间的进程间通信套接字(socket)。

(1)信号机制。信号是 Unix 系统中的最古老的进程间通信方式。它们用来向一个或多个进程发送异步事件信号。信号也是 Linux 最基本的进程通讯机制，用于通知接收进程有某种事件发生，除了用于进程间通信外，进程还可以发送信号给进程本身。信号机制的一个主要特点是它的异步特性，这表现在进程在执行期间可随时接收到信号，甚至可能当进程正在执行系统调用时接收信号。

Linux 除了支持 Unix 早期信号语义函数 signal 外，还支持语义符合 POSIX.1 标准的信号函数 sigaction。实际上，该函数是基于 BSD 的，BSD 为了实现可靠信号机制，又能够统一对外接口，用 sigaction 函数重新实现了 signal 函数。

(2)管道机制。管道是实现进程间大容量信息传送的机构。管道用于连接一个读进程和一个写进程，是实现二者之间通信的共享文件。管道可分为匿名管道(anonymous pipe)及有名管道(named pipe)。匿名管道可用于具有亲缘关系进程间的通信，它实际是由固定大小的高速缓冲区构成。有名管道克服了管道没有名字的限制，是一个按名存取的文件，该文件可长期存在，任意进程都可按通常的文件存取方法存取有名管道。有名管道除具有管道所具有的功能外，它还允许无亲缘关系进程间的通信。

(3)System V 的进程通信机制。Linux 支持三种 SystemV 进程通信机制：消息机制、信号量机制和共享内存机制。Linux 对三种机制的实施大同小异。其中最快的一种形式是共享内存。

　　消息队列：消息队列是消息的链接表，包括 POSIX 消息队列和 System V 消息队列。有足够权限的进程可以向队列中添加消息，被赋予读权限的进程则可以读走队列中的消息。消息队列克服了信号承载信息量少，管道只能承载无格式字节流以及缓冲区大小受限等缺点。

　　共享内存：使得多个进程可以访问同一块内存空间，是最快的可用 IPC 形式。是针对其他通信机制运行效率较低而设计的。往往与其它通信机制，如信号量结合使用，来达到进程间的同步及互斥。

　　信号量：主要作为进程间以及同一进程不同线程之间的同步手段。

　　(4)套接字(Socket)。套接字是更为一般的进程间通信机制，可用于不同机器之间的进程间通信。起初是由 Unix 系统的 BSD 分支开发出来的，但现在一般可以移植到其它类 Unix 系统上。Linux 和 System V 的变种都支持套接字。

11.2.3　Linux 内存管理

1. 虚拟内存的管理

　　进程运行时能访问的存储空间只是它的虚拟内存空间。对当前进程而言只有属于它的虚拟内存是可见的。在进程的虚拟内存包含着进程本身的程序代码和数据。进程在运行中还必须得到操作系统的支持。进程的虚拟内存中还包含着操作系统内核。

　　Linux 把进程的虚拟内存分成两部分，内核空间和用户空间。在 Linux 中，每个用户进程都可以访问 4GB 的线性虚拟内存空间。其中从 0 到 3GB-1 的虚存地址是用户空间，用户进程可以直接访问。从 3GB 到 4GB-1 的虚存地址为内核态空间，存放供操作系统内核访问的代码和数据，用户态进程不能访问。所有进程从 3GB 到 4GB-1 的虚拟空间都是一样的，Linux 以此方式让内核态进程共享代码段和数据段。

　　操作系统内核的代码和数据等被映射到内核空间。进程的可执行映像(代码和数据)映射到虚拟内存的用户空间。进程虚拟内存的内核空间的访问权限设置为 0 级，用户空间为 3 级。内核访问虚存的权限为 0 级，而进程的访问权限为 3 级。

　　Linux 运行在 I386 时，进程的虚拟内存为 4GB。进程虚存空间的划分在系统初始化时由 GDT 确定。

　　Linux 的存储管理主要是管理进程虚拟内存的用户区。进程虚拟内存的用户区分成代码段、数据段、堆栈以及进程运行的环境变量、参数传递区域等。

　　Linux 用结构 mm_struct 描述了一个进程的整个虚拟地址空间。mm_struct 结构包含了当前可执行文件信息和进程页目录指针 pgd，以及指向 vm_area_struc 结构链表的指针。进程的 task_struct 内嵌了 mm_struct 的指针 mm。

　　每一个进程，用一个 mm_struct 结构体来定义它的虚存用户区。mm_struct 结构体首地址在任务结构体 task_struct 成员项 mm 中。mm_struct 结构定义在/include/linux/schedul.h 中。

　　mm_struct 结构描述了一个进程的页目录，有关进程的上下文信息，以及数据，代码，

303

堆栈的起始、结束地址，还有虚拟存储器的数目，以及调度存储用的链表指针。

Linux 在管理进程虚存空间时定义了虚存段(vma)。虚存段是进程一段连续的虚存空间，在这段虚存里，所有单元拥有相同特征。Linux 用数据结构 vm_area_struct 描述了虚存段的属性，它主要包括：

（1）vma 在虚存中的起始地址和终止地址。

（2）vma 段内容来源，例如磁盘文件由其 inode 指示。

（3）一系列对 vma 操作例程。

（4）同一进程的 vma 段的 vm_area_struct 结构通过 vm_next 指针连接组成链表。系统以虚拟内存地址的降序排列 vm_area_struct 结构。这样建立了文件的逻辑地址到虚拟线性地址的映射。

vm_area-struct 是描述进程的虚拟地址区域，一个虚存区域是虚存空间中一个连续的区域，在这个区域中的信息具有相同的操作和访问特性。它形成一个单向链表，这样当内核需要在一个给定进程页上执行给定操作时。可从双向列表中找到该项。每个虚拟区域用一个 vm_area_struct 结构体进行描述。

2. Linux 分页机制及地址映射

Linux 系统本身支持三级分页结构，在 I386 体系结构中实现的是两级分页机构。

页表是从线性地址向物理地址转换中不可缺少的数据结构，而且它使用的频率较高。页表必须存放在物理存储器中。如果虚存空间有 4GB，按 4KB 页面划分页表，则可以有 1M 页。若采用一级页表机制，页表有 1M 个表项，每个表项 4 字节，这个页面就要占用 4MB 的内存空间。由于系统中每个进程都有自己的页表，如果每个页表占用 4MB，对于多个进程而言就要占去大量的物理内存，这是不现实的。

在目前用户的进程不可能需要使用 4GB 这么庞大的虚存空间，若使用 1M 个表项的一级页表，势必造成物理内存极大的浪费。为此，Linux 采用了三级页表结构，以利于节省物理内存。三级分页管理把虚拟地址分成四个位段：

页目录、页中间目录、页表、页内偏址。

系统设置三级页表系列：

页目录 PGD(PaGe Directory)、页中间目录 PMD(Page Middle Directory)、页表 PTE(Page TablE)。

三级分页结构是 Linux 提供的与硬件无关的分页管理方式。当 Linux 运行在某种机器上时，需要利用该种机器硬件的存储管理机制来实现分页存储。Linux 内核中对不同的机器配备了不同的分页结构的转换方法。对 I386，提供了把三级分页管理转换成两级分页机制的方法。其中一个重要的方面就是把 PGD 与 MGD 合二为一，使所有关于 PMD 的操作变为对 PGD 的操作。

地址的映射机制，主要完成主存，辅存和虚存之间的关联。包括磁盘文件到虚存的映射和虚存与内存的映射关系。地址映射就是在几个存储空间(逻辑地址空间、线形地址空间、物理地址空间)或存储设备之间进行的地址转换。

在多进程操作系统中，同时运行多个用户的程序，系统分配给用户的物理地址空间放不下代码和数据等。为了解决这个矛盾而出现了虚拟存储技术。在虚拟存储技术中，用户的代码和数据（可执行映像）等并不是完整地装入物理内存，而是全部映射到虚拟内存空间。在进程需要访问内存时，在虚拟内存中"找到"要访问的程序代码和数据等。系统再把虚拟空间的地址转换成物理内存的物理地址。

Linux 使用 do_mmap( ) 函数完成可执行映像向虚存区域的映射，由它建立有关的虚存区域。

3. Linux 物理内存的管理

在 32 位架构上的 Linux 内核按照 3∶1 的比率来划分虚拟内存：3GB 的虚拟内存用于用户空间，1GB 的内存用于内核空间。内核代码及其数据结构都必须位于这 1GB 的地址空间中。

为了满足用户的需要，支持更多内存、提高性能，并建立一种独立于架构的内存描述方法，Linux 内存模型将内存划分成分配给每个 CPU 的空间。每个空间都称为一个节点；每个节点都被划分成一些区域。区域（表示内存中的范围）可以进一步划分为以下类型：

ZONE_DMA(0-16MB)：包含 ISA/PCI 设备需要的低端物理内存区域中的内存范围。

ZONE_NORMAL(16-896MB)：由内核直接映射到高端范围的物理内存的内存范围。所有的内核操作都只能使用这个内存区域来进行，因此这是对性能至关重要的区域。

ZONE_HIGHMEM(896MB 以及更高的内存)：系统中内核不能映像到的其他可用内存。

节点的概念在内核中是使用 struct pglist_data 结构来实现的。区域是使用 struct zone_struct 结构来描述的。物理页框是使用 struct page 结构来表示的，所有这些 struc 都保存在全局结构数组 struct mem_map 中，这个数组存储在 ZONE_NORMAL 的开头。

当实现了对 Pentium II 的虚拟内存扩展的支持（在 32 位系统上使用 PAE——Physical Address Extension——可以访问 64GB 的内存）和对 4GB 的物理内存（同样是在 32 位系统上）的支持时，高端内存区域就会出现在内核内存管理中了。这是在 I386 和 SPARC 平台上引用的一个概念。通常这 4GB 的内存可以通过使用 kmap( ) 将 ZONE_HIGHMEM 映射到 ZONE_NORMAL 来进行访问。请注意在 32 位的架构上使用超过 16GB 的内存是不明智的，即使启用了 PAE 也是如此。

PAE 是 Intel 提供的内存地址扩展机制，它通过在宿主操作系统中使用 Address Windowing Extensions API 为应用程序提供支持，从而让处理器将可以用来寻址物理内存的位数从 32 位扩展为 36 位。

这个物理内存区域的管理是通过一个区域分配器（zone allocator）实现的。它负责将内存划分为很多区域；它可以将每个区域作为一个分配单元使用。每个特定的分配请求都利用了一组区域，内核可以从这些位置按照从高到低的顺序来进行分配。

Linux 对物理内存的分配和释放是采用基于分页管理的伙伴算法。

物理内存以页帧（page fram）为单位，页帧的长度固定，等于页长（I386 缺省为 4KB）。

Linux 通过 mem_map 数组对物理内存进行管理。

Linux 对物理内存的管理是以页为单位，但是它对内存空闲块的分配和回收则以 2 的幂次方个连续页帧为单位。

用页面分配器来分配内存时是以页为最小的单位，虽然对内核管理系统物理内存比较方便，但是由于内核自身在运行过程中需要大量而频繁地使用内存，如文件描述符，进程描述符，虚拟内存区域描述符等。内核这些内存有以下特点：不参与交换；使用时间较短；要求动态分配和回收；响应时间要快，尺寸很小，往往远小于一页的内存块。因此 Linux 采用了一套独立的机制，Cache-Slab 机制来实现更细粒度的内存管理。

11.2.4　Linux 设备管理

Linux 设备管理的主要任务是控制设备完成输入输出操作，所以又称输入输出(I/O)子系统。它的任务是把各种设备硬件的复杂物理特性的细节屏蔽起来，提供一个对各种不同设备使用统一方式进行操作的接口。

设备管理是 Linux 操作系统管理中最复杂的部分。在 Linux 系统中，I/O 软件和文件系统是紧密联系的，文件系统提供了用户访问设备、进行数据 I/O 操作的一致性接口，这个部分是设备独立的，用户可以采用统一的方式访问不同的设备，从而将硬件设备的特性及管理细节对用户隐藏起来，文件系统中实现了设备管理的设备无关性。

在 Linux 系统中设备都是按照文件的方式命名的，每一个设备是一个特殊类型的文件，从用户使用的角度看，对设备的访问也等同于对文件的访问，具体的设备操作由文件系统根据情况映射到具体的设备驱动程序来完成。

所有的设备都采用和文件相同的访问权限控制方法，这种访问权限的控制和用户联系在一起，有效地实现了设备的保护和设备数据的保密。缓冲区管理和设备分配也由文件系统完成。

处理和管理硬件控制器的软件是设备驱动程序。在 Linux 系统中，设备驱动程序是内核的一部分，Linux 系统的设备驱动程序通常可以采用模块方式设计，在系统引导完成之后，可以动态地加载或卸载。

在 Linux 系统中，硬件设备分为三种，即块设备(block device)、字符设备(char device)和网络设备(network device)。对设备的识别使用设备类型、主设备号、次设备号。设备类型：字符设备还是块设备。按照设备使用的驱动程序不同而赋予设备不同的主设备号。主设备号是与驱动程序一一对应的，同时还使用次设备号来区分一种设备中的各个具体设备。次设备号用来区分使用同一个驱动程序的多个设备。

Linux 设备管理的基本特点是把物理设备看成文件，采用处理文件的接口和系统调用来管理控制设备。

11.2.5　Linux 文件系统

Linux 的最重要特征之一就是支持多种类型的文件系统。这样它更加灵活并可以和许多其它种操作系统共存。Linux 的虚拟文件系统 VFS 屏蔽了各种文件系统的差别，为处理各种不同文件系统提供了统一的接口。

Linux 文件系统采用了多级目录的树型层次结构管理文件，树型结构的最上层是根目录，用/表示。在根目录之下是各层目录和文件。在每层目录中可以包含多个文件或下一级目录。每个目录和文件都有由多个字符组成的目录名或文件名。系统在运行中通过使用命令或系统调用进入任何一层目录，这时系统所处的目录称为当前目录。

Linux 使用两种方法来表示文件或目录的位置，绝对路径和相对路径。绝对路径是从根目录开始依次指出各层目录的名字，它们之间用"/"分隔，如/usr/include。相对路径是从当前目录开始，指定其下层各个文件及目录的方法，如系统当前目录为/usr，bin/cc。

需要注意的是 Linux 文件系统区分大小写，并且 Linux 文件没有扩展名的概念。

Linux 的一个目录是一个驻留在磁盘上的文件，称为目录文件。系统对目录文件的处理方法与一般文件相同。目录由若干目录项组成，每个目录项对应目录中的一个文件。

在一般操作系统的文件系统中，目录项由文件名和属性、位置、大小、建立或修改时间、访问权限等文件控制信息组成。Linux 继承了 UINX 的文件管理方法，把文件名和文件控制信息分开管理，文件控制信息单独组成一个称为 i 节点(inode)的结构体。inode 实质上是一个由系统管理的"目录项"。每个文件对应一个 inode，它们有唯一的编号，称为 inode 号。Linux 的目录项只由两部分组成：文件名和 inode 号。

Linux 有五种基本文件系统类型：普通文件、目录文件、设备文件、管道文件和链接文件，可用 file 命令来识别。

Linux 并不使用设备标识符(如设备号或驱动器名称)来访问独立文件系统，而是通过一个将整个文件系统表示成单一实体的层次树结构来访问它。Linux 每挂载(mount)一个文件系统时都会将其加入到文件系统层次树中。不管是文件系统属于什么类型，都被连接到一个目录上，且此文件系统上的文件将取代此目录中已存在的文件。这个目录被称为挂载点或者挂载目录。当卸载此文件系统时这个挂载目录中原有的文件将再次出现。

当磁盘初始化时(使用 fdisk)，磁盘中将添加一个描述物理磁盘逻辑构成的分区结构。每个分区可以拥有一个独立文件系统。文件系统将文件组织成包含目录，软连接等存在于物理块设备中的逻辑层次结构。包含文件系统的设备叫块设备。Linux 文件系统认为这些块设备是简单的线性块集合，它并不关心或理解底层的物理磁盘结构。这个工作由块设备驱动来完成，由它将对某个特定块的请求映射到正确的设备上去；此块所在硬盘的对应磁道、扇区及柱面数都被保存起来。不管哪个设备持有这个块，文件系统都必须使用相同的方式来寻找并操纵此块。至少对系统用户来说，Linux 文件系统不管系统中有哪些不同的控制器控制着哪些不同的物理介质且这些物理介质上有几个不同的文件系统，文件系统甚至还可以不在本地系统，而在通过网络连接的远程硬盘上。

第二代扩展文件系统由 Rey Card 设计，其目标是为 Linux 提供一个强大的可扩展文件系统，同时也是 Linux 系统中设计最成功的文件系统。ext3 是第三代扩展文件系统，是一个日志文件系统。ext3 的后继版本是 ext4。

一个文件系统一般使用块设备上的一个独立的逻辑分区。在文件的逻辑分区中除了表示文件内容的逻辑块(称为数据块)外，还设置了若干包含管理和控制信息的逻辑块。

EXT2 文件系统也是由逻辑块序列组成的。除装有引导或初启操作系统的引导代码的之外，EXT2 文件系统把所使用的逻辑分区划分成块组（Block Group），并从 0 开始依次编号。每个块组中包含若干数据块，数据块中就是目录或文件内容。块组中包含着几个用于管理和控制的信息块：超级块、组描述符表、块位图、inode 位图和 inode 表。

Linux 除了自己的文件系统 EXT2，还支持多种其它操作系统的文件系统。Linux 的虚拟文件系统 VFS 屏蔽了各种文件系统的差别，为处理各种不同文件系统提供了统一的接口。在 VFS 管理下，Linux 不但能够读写各种不同的文件系统，而且还实现了这些文件系统相互之间的访问。

Linux 虚拟文件系统又称虚拟文件系统转换（Virtual Filesystem Switch，简称 VFS）。它既是 Linux 内核的其他子系统与实际文件系统的一个接口，也是各种文件系统的管理者。严格地说，VFS 并不是一个真正的文件系统。VFS 只存在于内存，不存在于任何外存空间，它在系统启动时建立，在系统关闭时消亡。如果只有 VFS，没有实际的文件系统结合，系统就无法工作。VFS 主要功能如下：

（1）记录可用的逻辑文件系统类型。

（2）对逻辑文件系统的数据结构进行抽象，以一种统一的数据结构进行管理。

（3）接受进程一些面向文件的通用操作。

（4）接受内核其他子系统操作请求。

（5）支持多种逻辑文件系统之间相互访问。

VFS 使用了和 EXT2 文件系统类似的方式：超级块和 i 节点来描述文件系统。象 EXT2 i 节点一样 VFS i 节点描述系统中的文件和目录以及 VFS 中的内容和拓扑结构。注意用 VFS i 节点和 VFS 超级块来将它们和 EXT2 i 节点和超级块进行区分。

某种类型的逻辑文件系统要得到 Linux 操作系统的支持，首先必须向内核注册。Linux 支持的文件系统必须注册后才能使用，文件系统不再使用时则予以注销。向系统内核注册有两种方式，一种是在内核编译过程种确定要支持的文件系统类型，并在系统初始化过程中使用特定的函数调用注册，在系统关闭时注销。另一种是在系统启动完成之后，把某种逻辑文件系统类型作为一个内核模块加入到内核中，加入模块时完成注册，并在模块卸载时注销。

每一个注册过的文件系统类型都初始化为一个称为 file_system_type 的数据结构，所有这些数据结构组成一个单向链表，称为文件系统类型注册表。对于某一种文件系统类型，可以管理多个磁盘分区，也就是说有多个该类型的文件系统，但是它只占用类型注册表中的一个结点。当某一种类型的文件系统都不再使用时，可以使用卸载模块的方法来注销文件系统类型。每种注册的文件系统类型都登记在 file_system_type 结构体中，file_system_type 结构体组成一个链表，称为文件系统类型注册链表，链表的表头由全局变量 file_system 给出。

在使用一个文件系统前，除需要进行文件系统类型注册外，还必须向内核注册和挂载该文件系统，而卸载一个文件系统时，还需向内核申请注销该文件系统。文件系统注册表由系统中所有注册的文件系统组成。也采用单向链表来描述，结点类型为 vfsmount，记录着对应文件系统的设备号、安装目录名称、超级块以及存储空间限额管理数据。

在安装 Linux 时，硬盘上已经有一个分区安装了 EXT2 文件系统，它被用来作为根文件系统，是在系统启动时自动挂载的。其它逻辑文件系统(如软盘构成的文件卷)可以根据需要作为子系统动态地挂载到系统中。一个逻辑文件系统挂载之后才能使用。

要挂载的文件系统必须已经存在于外存磁盘空间上，每个文件系统占用一个独立的磁盘分区，并且具有各自的树型层次结构。逻辑文件系统挂载后，下挂在根文件系统的一个子目录上，Linux 文件系统的树型层次结构中用于挂载其它文件系统的目录称为挂载点或挂载目录。新挂载的逻辑文件系统的所有文件和目录就成为挂载目录下的文件或子目录。由此可见，经过文件系统挂载，根文件系统构造了一个包容多种文件系统类型的、完整目录层次结构的、容量更大的文件系统。

超级用户挂载一个文件系统可以使用 mount 命令，该命令参数给出了文件系统类型、存储文件系统的块物理设备和文件系统挂载点。执行 mount 命令进行文件系统挂载过程如下：

(1)首先搜索文件系统类型注册表 file_system，查看是否含有该文件系统类型的 file_system_type 节点，若有，说明内核支持该文件系统，否则 VFS 请求内核装入相应文件系统模块，并重新注册初始化。

(2)检查存储该文件系统的物理设备是否存在且尚未挂载，若已挂载，则返回错误。因为块设备只能挂载到一个目录下，不能多次挂载。若肯定回答，mount 必须准备挂载点的 inode，该挂载点可能在索引节点的高速缓存中，也可能需要从挂载点所在的物理设备上读入。合格的挂载点必须是目录类型，且尚未用做其他文件系统的挂载点。

(3)为新文件系统分配 VFS 超级块，系统中所有的 VFS 超级块保存在 super_blocks 数组中。首先需申请一个空闲的 super_blocks 数组元素，并在相应的 file_system_type 节点中取得该文件系统的超级块读取例程指针，调用该例程将待挂载文件系统信息映射到 VFS 超级块中。

(4)每个被挂装的文件系统需申请填写信息到 vfsmount 结构，vfsmount 结构包含该文件系统所在块设备号、文件系统安装点目录名，以及该文件系统 VFS 超级块指针。所有的 vfsmount 结构形成了一个链表，称为已挂载文件系统链表。

超级用户卸载文件系统用 umount 命令。在执行 umount 命令时需检查文件系统超级块的状态，若文件系统的超级块已被修改过，则应将它写回磁盘，若文件系统正在被其他进程使用，该文件系统不能被卸载。若卸载成功，则对应的 VFS 超级块和 vfsmount 数据结构将被释放。

11.2.6　Linux 发行版本

从技术上来说，Linux 只是一个内核，是一个提供设备驱动、文件系统、进程管理、网络通信等功能的系统软件，并不是一套完整的操作系统，它只是操作系统的核心。一些组织或厂商将 Linux 内核与各种软件和文档包装起来，并提供系统安装界面和系统配置、设定与管理工具，就构成了 Linux 的发行版本。

Linux 历史上的发行版本很多,这里只简单介绍几个比较有影响的发行版本。

1. Red Hat Linux

Red Hat 创建于 1993 年,其产品主要包括 RHEL(Red Hat Enterprise Linux,收费版本)和 CentOS(RHEL 的社区克隆版本,免费版本)、Fedora Core(由 Red Hat 桌面版发展而来,免费版本)。

2. Debian Linux

Debian 创建于 1993 年,迄今为止最遵循 GNU 规范的 Linux 发行版本,一般来说 Debian 适合于作为服务器的操作系统。

3. Ubuntu Linux

Ubuntu 基于知名的 Debian Linux 发展而来,界面友好,容易上手,对硬件的支持非常全面,是目前最适合做桌面系统的 Linux 发行版本,而且 Ubuntu 的所有发行版本都免费提供。

4. SuSE Linux

SuSE Linux 以 Slackware Linux 为基础,原来是德国的 SuSE Linux AG 公司发布的 发行版本,1994 年发行了第一版,早期只有商业版本,2004 年被 Novell 公司收购后,成立了 OpenSUSE 社区,推出了自己的社区版本 OpenSUSE。SuSE Linux 在欧洲较为流行。

5. Gentoo Linux

Gentoo 最初由 Daniel Robbins(FreeBSD 的开发者之一)创建,首个稳定版本发布于 2002 年。自从 Gentoo 1.0 面世后,它就像一场风暴,给 Linux 世界带来了巨大的惊喜,同时也吸引了大量的用户和开发者投入 Gentoo 的怀抱。Gentoo 适合比较有 Linux 使用经验的人使用。

6. openEuler Linux

openEuler 是一个开源免费的 Linux 发行版,通过开放的社区形式与全球的开发者共同构建一个开放、多元和架构包容的软件生态体系,openEuler 同时是一个创新的系统,倡导客户在系统上提出创新想法、开拓新思路、实践新方案。

华为服务器操作系统 EulerOS,开源后命名为 openEuler。openEuler 面向企业级通用服务器架构平台,基于 Linux 稳定系统内核,支持鲲鹏处理器和容器虚拟化技术,特性包括系统高可靠、高安全以及高保障。openEuler 拥有三级智能调度,可以将多进程并发时延缩短 60%,而且还可以智能自动有规划,可将 Web 服务器性能提升 137%。

11.3　小结

本章简单介绍了操作系统原理在 Windows 和 Linux 系统中的实现方式，如进程管理、内存管理、设备管理和文件系统的实现。

练习题 11

1. 单项选择题

（1）以下著名的操作系统中，属于自由软件的是_____。

    A. Unix 系统　　　　　　　　　　B. Linux 系统

    C. DOS 系统　　　　　　　　　　D. Windows 系统

（2）Windows XP 操作系统是_____。

    A. 分布式操作系统　　　　　　　B. 实时操作系统

    C. 单用户多任务操作系统　　　　D. 多用户多任务操作系统

（3）在 Linux 操作系统中与通信无关的文件是_____。

    A. /etc/ethers　　　　　　　　　B. /etc/hosts

    C. /etc/services　　　　　　　　D. /etc/shadow

（4）Linux 内核不可分割的一部分是_____。

    A. 信号　　　　B. 信号量　　　　C. 消息队列　　　　D. 共享内存

2. 填空题

（1）Windows NT 本身采用的文件系统是_____。

（2）NTFS 中主文件表（MFT）每行包含的信息主要有_____、_____、_____、_____。

3. 解答题

（1）Linux 系统中文件分为哪些类型？

（2）如果一个 Linux 文件拥有保护模式为 755（八进制），则文件所有者、同组用户和其他用户能对该文件做什么操作？

（3）在当前所有的 Windows 发行版本中，regedit 命令可用于导出部分或全部注册表到一个文本文件。在一次工作会话中保存注册表若干次，看看有什么变化。

参 考 文 献

[1]邹恒明. 计算机的心智操作系统之哲学原理. 机械工业出版社, 2009

[2]何炎祥等. 计算机操作系统. 清华大学出版社(第2版), 2011

[3]费翔林等. 操作系统教程(第五版). 高等教育出版社, 2014

[4]曾平等. 操作系统习题与解析(第3版). 清华大学出版社, 2006

[5]汤小丹等. 计算机操作系统(第三、四版). 西安电子科技大学出版社, 2012

[6]张尧学等. 计算机操作系统教程(第四版). 清华大学出版社, 2013

[7]庞丽萍. 操作系统原理(第四版). 华中理工大学出版社, 2008

[8]潘爱民. Windows 内核原理与实现. 电子工业出版社, 2010

[9]蒋静等. 操作系统原理技术与编程. 机械工业出版社, 2005

[10][美]Willian Stallings. 操作系统——内核与设计原理(第四版). 魏迎梅等译. 电子工业出版社, 2001

[11][美]Abraham Silberschatz 等. 操作系统概念(第九版). 机械工业出版社, 2018

[12][荷]Andrew S. Tanenbaum 等. 现代操作系统(第四版). 机械工业出版社, 2017

[13]卿斯汉, 刘文清, 刘海峰. 操作系统安全导论. 科学出版社, 2003

[14]贾春福, 郑鹏. 操作系统安全. 武汉大学出版社, 2006

[15]石文昌. 安全操作系统开发方法的研究与实施. 博士论文. 中国科学院软件研究所, 2001

[16]刘海峰. 安全操作系统若干关键技术研究. 博士论文. 中国科学院研究生院, 2002

[17]吴明桥. 安全操作系统体系结构研究及其在服务体模型上的应用. 博士论文. 中国科学技术大学, 2004

[18]谭良. 可信操作系统若干关键问题的研究. 博士论文. 电子科技大学, 2007

[19]汪伦伟. 安全操作系统中基于可信度的认证和访问控制技术研究. 博士论文. 国防科学技术大学研究生院, 2005

[20]任炬等. openEuler 操作系统. 清华大学出版社, 2020